新污染物对微藻毒性效应与作用机制的研究

邓祥元
罗光宏
何梅琳
刘海燕　等 著

Research on the Toxic Effects and Mechanisms of Emerging Pollutants on Microalgae

化学工业出版社
·北京·

内容简介

本书以项目组多年研究成果为基础，结合最新的科研成果，具有较强的针对性和原创性。本书主要介绍了微塑料、纳米材料、离子液体、防污剂等新污染物对微藻的毒性效应，并尝试从生理生化和分子水平上解析该毒性效应的作用机制。全书共分八章，包括绪论、微塑料对微藻的毒性效应与作用机制、微塑料和其他污染物对微藻的联合毒性效应与作用机制、环境因素变化下微塑料对微藻的毒性效应与作用机制、纳米材料对微藻的毒性效应与作用机制、离子液体对微藻的毒性效应与作用机制、不同环境因素下 [C_8mim] Cl对三角褐指藻的毒性效应与作用机制，以及防污剂 Irgarol 1051 对三角褐指藻的毒性效应与作用机制等内容。通过本书，读者不仅能够系统地了解新污染物对微藻的毒性效应及其作用机制，还能够将这些知识应用于实际工作中，为新污染物治理和环境保护工作提供有益的启示和帮助。

本书可作为从事新污染物环境监测、调查评估、风险管控、治理修复等工作的科研人员、工程技术人员及管理人员的参考书；同时，本书还可作为化学品管理、环境科学与工程、生态工程等相关专业科研教学的教学用书。

图书在版编目（CIP）数据

新污染物对微藻毒性效应与作用机制的研究 / 邓祥元等著. -- 北京 : 化学工业出版社, 2024. 9. -- ISBN 978-7-122-46604-4

Ⅰ. X173

中国国家版本馆 CIP 数据核字第 2024UE4389 号

责任编辑：刘丽菲　　文字编辑：白华霞
责任校对：李　爽　　装帧设计：张　辉

出版发行：化学工业出版社
（北京市东城区青年湖南街 13 号　邮政编码 100011）
印　　装：北京天宇星印刷厂
710mm×1000mm　1/16　印张 13½　字数 227 千字
2024 年 9 月北京第 1 版第 1 次印刷

购书咨询：010-64518888　　售后服务：010-64518899
网　　址：http: //www. cip. com. cn
凡购买本书，如有缺损质量问题，本社销售中心负责调换。

定　　价：69. 00 元　

前言

为了深入贯彻落实党中央、国务院决策部署，加强新污染物治理，切实保障生态环境安全和人民健康，2021 年 11 月，中共中央、国务院发布了《中共中央　国务院关于深入打好污染防治攻坚战的意见》，2022 年 5 月，国务院办公厅印发了《新污染物治理行动方案》，2022 年 12 月，生态环境部等 6 部门联合发布了《重点管控新污染物清单（2023 年版）》，2024 年 3 月，生态环境部对组织编制的《新污染物生态环境监测标准体系表（征求意见稿）》公开征求意见。上述文件的陆续出台和发布为当前和今后一个时期我国新污染物防治工作指明了方向和目标。

新污染物的出现和扩散已成为全球关注的焦点。这些新污染物，包括但不限于持久性有机污染物、内分泌干扰物、抗生素、微塑料、纳米材料等，它们正在逐步渗透到水生生态系统中，对生物多样性和生态环境构成严重威胁。微藻作为生态系统中的基础生物，对于水体生态平衡的维持至关重要，然而其受到新污染物的影响情况尚未得到充分的关注和研究。

《新污染物对微藻毒性效应与作用机制的研究》旨在全面、系统地阐述新污染物对微藻的毒性效应及其作用机制，同时结合当前环境科学领域的前沿研究成果，深入探讨微藻在新污染物生态风险评估中的应用。本书内容主要包括以下几个方面：

首先，对新污染物的种类、特性及其来源进行详细介绍，以便读者对新污染物有一个全面而清晰的认识。同时，对微藻的生物学特性、分类及其在水生生态系统中的作用进行概述，为后续章节的深入讨论奠定基础。

其次，重点阐述新污染物对微藻的毒性效应。通过介绍不同污染物对微藻生长、生理代谢、遗传等方面的影响，揭示新污染物对微藻的作用机制。同时，通过案例分析和实验研究，深入探讨新污染物对微藻的毒性效应及其与污染物浓度、暴露时间等因素的关系。

最后，探讨新污染物与微藻相互作用的机制。从新污染物在微藻体内的吸收、分布、转化和排出等方面入手，揭示新污染物与微藻相互作用的内在机制。同时，通过对比不同微藻种类对新污染物的响应差异，揭示微藻种类对新污染物毒性的敏感性和抗性机制。

在编写过程中，编者广泛查阅国内外相关领域的文献资料，并结合已有的研究成果和实验数据，力求为读者提供一份系统、全面的参考资料，促进该领域的研究和实践。本书共八章，其中，第一章由罗光宏和邓祥元编写，第二章由何梅琳、罗光宏、王春和马菁钰编写，第三章由何梅琳、王长海、王春和姜利娟编写，第四章由邓祥元、罗光宏、高坤和董京伟编写，第五章由何梅琳、王长海、刘海燕、吴明珠和裴峰编写，第六章由高坤、刘海燕、陈彪和罗光宏编写，第七章由邓祥元、刘海燕、刘巧巧和高坤编写，第八章由罗光宏、高坤、成婕和邓祥元编写，最后由邓祥元和罗光宏负责统稿。

在本书编写过程中，我们汇集了众多专家学者的研究成果和经验，在此表示诚挚谢意。此外，我们也要感谢江苏科技大学、河西学院、南京农业大学等单位的大力支持，更要感谢所有为本书出版做出贡献的作者、编辑和工作人员，感谢他们的辛勤付出和无私奉献。特别值得一提的是，本书的出版得到了甘肃省科技计划（创新基地和人才计划——技术创新中心建设）项目“甘肃省微藻技术创新中心”（编号：18JR2JG001、甘科技〔2019〕5 号和 6 号）及重点研发计划（社会发展领域）项目（编号：22YF7FG188）的大力支持，对此表示衷心的感谢。

由于作者水平有限，本书难免存在一些疏漏和不足之处，欢迎读者批评指正，以便修订时继续完善。我们相信，本书的出版将对推动新污染物对微藻毒性效应与作用机制的研究、促进水生生态保护和水环境安全管理工作的开展具有积极意义。希望本书能够为广大研究者、从业者和政策制定者提供有益的启示和帮助。

著　者

2024 年 5 月

目录

第一章　绪　论

随着科技的快速发展，监测手段的不断进步，新污染物普遍存在于水环境中的问题及其可能带来的危害逐渐受到重视和研究。近些年来，许多学者从基因、分子、生化、细胞、生理器官、个体、种群及群落等不同生命层次，研究了新污染物对水生生态系统中各种动物、植物与微生物的影响，通过直接或间接的分析检测，解析损害作用、影响规律与可能的作用机制，研究结果可为水环境中新污染物的防治、水环境保护及生态风险评价提供理论基础与数据支持[1]。

微藻作为初级生产者，对维持生态系统的稳定和平衡起到了至关重要的作用，是研究水生生态必不可少的对象，常用来评价水生生态系统的健康程度。新污染物对微藻的影响表现在多个方面，如对微藻生长、细胞形态和结构、光合作用、细胞内氧化还原平衡及活性酶水平的影响等。同时，微藻也是重要的水环境监测指示生物，一直被用来直观判断水体的污染程度。近些年来，不仅水生生态学和环境监测中利用微藻进行研究，微藻还被视为水生态毒理学的重要研究对象[1,2]。

本章共分两节，主要介绍新污染物及其毒性效应和微藻及其在生态环境评估中的应用，可让读者充分认识到研究新污染物及其毒性效应的必要性和紧迫性，同时也能让读者深刻理解利用微藻为模型进行研究的科学性和严谨性。

第一节　新污染物及其毒性效应

一、新污染物的概念、种类及特点

目前，对于新污染物的概念，国内外尚无权威定义。美国环境保护署将没有纳入监管的新化学品定义为新污染物（emerging contaminants，ECs），国外有学者将新污染物定义为由人类活动造成的，尚未受到监测与法律规制，但可能对环境与健康造成影响的化学物质。在我国，“新污染物”又称“新型污染物”，在“十四五”规划提出后，才统称为“新污染物”。

从保护生态环境和人体健康的角度出发，国内有科学家认为，新污染物是指环境中具有持久性、远距离传输性和生物毒性等特征，对生态环境和人体健康存在较大安全风险，但尚未纳入现有管理体系的有毒有害化学品。还有学者认为，新污染物是指新近产生的或人工合成的有毒有害化学品，这些化学品可以导致生物毒性作用。从污染物环境管理的角度，有研究者认为新污染物是指人类活动产生的、新近被关注的一些污染物，这些污染物对环境或生物体存在较大危害，但暂时还没有被纳入已有的环境管理体系。根据国务院办公厅印发的《新污染物治理行动方案》（国办发〔2022〕15号），新污染物是指那些具有生物毒性、环境持久性、生物累积性等特征的有毒有害化学物质，它们对生态环境或人体健康存在较大风险隐患，但尚未纳入环境管理或现有管理措施不足。因此，“新污染物”一般包含两个方面的含义：一方面是与新污染物危害隐蔽直接相关的“发现时间新”，另一方面是与法律制度相关的“应对时间晚”[3]。

目前已知的新污染物种类超过二十大类，每一类又包含多种化学品，其中被人们关注较多的新污染物主要有全氟化合物（perfluorinated compounds，PFCs）、微塑料（microplastics，MPs）、纳米材料（nanometer materials，NMs）、药品及个人护理品（pharmaceuticals and personal care products，PPCPs）、多环芳烃（polycyclic aromatic hydrocarbons，PAHs）和抗生素抗性基因（antibiotic resistance gene，ARG）等；此外，人造甜味剂、卤代甲磺酸和稀土元素等也逐渐引起关注[1]。随着对新污染物环境行为和归趋的进一步研究，以及新污染物监测技术的发展，在不久的将来，新污染物的类型和数量也会不断发生变化。

新污染物一般化学性质稳定且易生物积累，对人类及水生生物具有内分泌干扰性、致畸性以及抗药性等潜在危害。在研究污染物的水生态毒理学时发现，新污染物在水环境中的长期存在，不仅对生活用水的安全构成了威胁，还影响着湖库、海洋及流域的生物生存与群落结构，干扰甚至破坏生态系统的可持续发展，存在巨大的安全隐患[4,5]。总结起来，新污染物通常具有如下特点：

(1) 危害比较严重。新污染物对器官、神经、生殖、发育等方面都可能有危害，其生产和使用往往与人类的生活息息相关，对生态环境和人体健康存在较大风险。

（2）风险比较隐蔽。多数新污染物的短期危害并不明显，一旦发现其危害性时，它们可能通过各种途径已经进入环境中。

（3）环境持久性和生物累积性。新污染物大多具有环境持久性和生物累积性的特征，在环境中难以降解并在生态系统中易于富集，可长期蓄积在环境中和生物体内。

（4）来源广泛性。在产在用的化学物质有数万种，每年还新增上千种新化学物质，其生产消费都可能存在环境排放。

（5）治理复杂性。对于具有持久性和生物累积性的新污染物，即使以低剂量排放到环境，也可能危害环境、生物和人体健康，对治理程度要求高。此外，新污染物涉及行业众多，产业链长，替代品和替代技术研发较难，需多部门跨领域协同治理，实施全生命周期环境风险管控。

二、新污染物的来源、风险与防范

1. 新污染物的来源

新污染物的来源极其广泛，可分为自然来源和人为来源两部分，其中自然来源主要为植物所释放的雌激素等，其所占比例较低，主要还是来自人为排放。人为排放源又可分为工业源、畜牧和水产源、医疗源、给排水处理设施以及垃圾渗滤液等（图 1-1）[6]。

2. 新污染物的风险

随着科技的进步和工业化的发展，新污染物已经成为我们面临的一个严峻挑战。这些污染物往往是随着现代生活方式、新兴产业以及科技发展应用而产生的，具有特殊的化学性质和生物效应，对环境和人类健康构成了不容忽视的风险[4]。

首先，新污染物对环境的影响是不可忽视的。许多新污染物被释放到大气、水域和土壤中。例如，微塑料是一种近年来备受关注的新污染物，它由于微小的颗粒，往往能够被环境中的生物吸收，进而进入食物链，对海洋生态系统造成严重影响。此外，一些新型化学物质可能在生态系统中累积，进而影响土壤的肥力，导致生物多样性的丧失，甚至对整个生态系统的稳定性构成威胁。

其次，新污染物对人类健康造成了潜在的威胁。许多新型化学物质具有较高的毒性，可能通过空气、水源或食物链进入人体，并在人体内积累。举例来说，挥发性有机化合物是一类常见的新污染物，它们可能导致室内空气污染，引发呼吸道疾病、过敏反应甚至癌症。此外，一些新污染物可能影响人类的生殖健康，导致生育率下降、胎儿发育异常等问题，给人类社会带来巨大的健康负担。

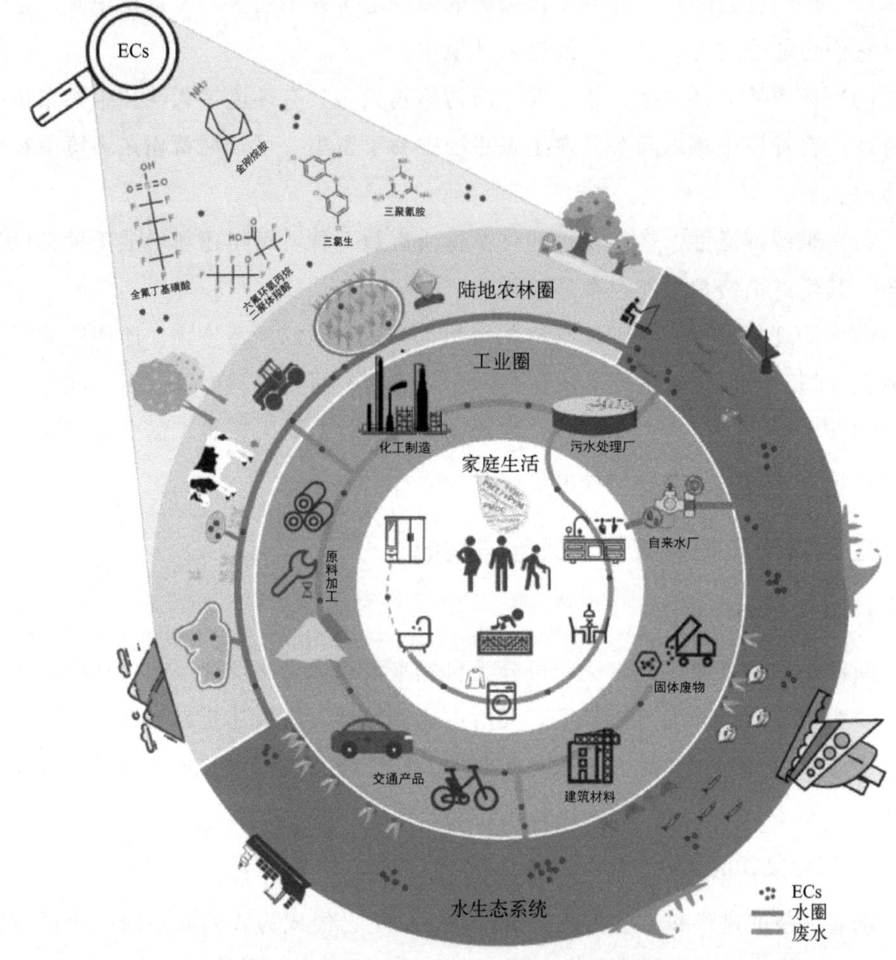

图 1-1　新污染物的来源及其在水环境中的分布[7]

最后，新污染物的存在也给社会经济发展带来了挑战。由于新污染物的复杂性和难以处理性，它们可能导致环境污染事件，造成公共卫生事件、生态系统受损等后果，给当地社区和经济带来严重影响。例如，化工厂泄漏有毒化学物质可能导致周围居民疏散、农作物受损、饮水污染等严重后果，这将给当地经济和社会秩序造成严重冲击。

面对新污染物存在的风险和挑战，社会各界必须采取有效措施来应对。首先，需要加强对新兴化学物质的监测和管理，制定严格的环境标准和排放限制，防止其对环境和人体健康造成损害。其次，应该加强科学研究，深入了解新污染物的毒性机制和生物效应，为其风险评估和治理提供科学依据。此外，政府、企业和公众之间需要建立有效的沟通机制，共同参与环境保护和污染防治工作，推动形成全社会共治的环境治理格局[8,9]。

3. 新污染物的防范与应对

为强化顶层设计，保障新污染物风险防范工作的有效开展，我国制定了与新污染物风险防范相关的一系列法规、规划、标准、政策，其中 2022 年 5 月国务院办公厅发布的《新污染物治理行动方案》是我国第一个专门针对环境中新污染物治理的顶层设计文件，是“十四五”时期新污染物治理的行动指南。该行动方案中明确提出了我国新污染物治理的分阶段目标任务和实施路线图，并从六个方面对我国新污染物治理工作进行全面部署，包括：

（1）加强法律法规制度和技术标准体系建设，建立新污染物治理跨部门协调机制，按照国家统筹、省负总责、市县落实的原则，全面落实新污染物治理属地责任，建立健全新污染物治理体系。

（2）开展调查监测，评估新污染物环境风险状况，动态发布重点管控新污染物清单。

（3）全面落实新化学物质环境管理登记制度，严格实施淘汰或限用措施，加强产品中重点管控新污染物含量控制，严格源头管控，防范新污染物产生。

（4）加强清洁生产和绿色制造，规范抗生素类药品使用管理，强化农药使用管理，强化过程控制，减少新污染物排放。

（5）加强新污染物多环境介质协同治理，强化含特定新污染物废物的收集利用处置，深化末端治理，降低新污染物环境风险。

（6）加大科技支撑力度，加强基础能力建设，夯实新污染物治理基础。

《新污染物治理行动方案》体现了中国积极参与全球环境治理的思想，对建设美丽中国和共建地球生命共同体具有重要意义。此外，根据该行动方案的要求，各省级人民政府作为组织实施该方案的主体，组织制定本地区《新污染物治理工作方案》。2022 年 8 月，广西壮族自治区、四川省和黑龙江省率先出台《新污染物治理工作方案（征求意见稿）》；随后，2022 年 11 月，广西壮族自治区、黑龙江省、陕西省、海南省和山西省正式印发《新污染物治理工作方案》；截至 2022 年 12 月 31 日，我国 18 个省级行政区按照该行动方案时间要求正式发布了《新污染物治理工作方案》。2023 年 1～3 月，10 个省级行政区及新疆生产建设兵团相继出台《新污染物治理工作方案（正式发布稿）》，随后，2023 年 4～5 月，重庆市、北京市和辽宁省正式发布本地《新污染物治理工作方案》[10]。

根据《中华人民共和国环境保护法》《中共中央　国务院关于深入打好污染防治攻坚战的意见》以及国务院办公厅印发的《新污染物治理行动方案》等相关

法律法规和规范性文件，生态环境部、工业和信息化部、农业农村部、商务部、海关总署和国家市场监督管理总局于2022年12月联合发布了《重点管控新污染物清单（2023年版）》，明确了持久性有机污染物类、有毒有害污染物类、环境内分泌干扰物类、抗生素类四大类14种重点管控新污染物及其禁止、限制、限排等环境风险管控措施，并于2023年3月1日起施行。

三、水环境中新污染物的识别与检测技术

新污染物在水环境中的含量极低（浓度一般在ng/L～μg/L），其存在形态受到复杂环境的影响，因此对分析检测技术提出了更高要求。针对水中新污染物的检测，目前应用较为广泛的主要有气相色谱法、气相色谱-质谱联用法、液相色谱法、液相色谱-质谱联用法及其他检测方法。一般是根据新污染物的物理化学性质选择合适的检测方法，如针对挥发/半挥发性有机物，选择气相色谱法、气相色谱-质谱联用法；针对难挥发性、强极性、热不稳定性有机物，选择液相色谱法、液相色谱-质谱联用法；针对异味物质，还可以选择感官分析法、感官气相色谱法；针对新污染物的生物毒性和生物稳定性指标还可以选择生物监测法。通常，完整的新污染物检测流程包括样品采集、样品前处理、分析与检测等几个步骤，其中样品前处理是整个分析流程中至关重要的一环，对后续分析步骤的效率和准确度具有重要影响。

1. 样品前处理技术

传统的样品前处理技术包括索氏提取、液-液萃取等技术，但其耗时较长，有机溶剂用量高，易对环境造成新的污染。因而开发出更加高效且环境友好的萃取技术尤为必要，目前使用较为广泛的萃取技术主要为固相微萃取技术，这是一种简单快速的样品前处理技术，可大大提高萃取的灵敏度和选择性，并已成功应用于活体分析。其余的新兴萃取技术如加压溶剂萃取（图1-2）、液相微萃取、超声波辅助萃取、超临界流体萃取、磁性固相萃取等也得到了不同程度的应用。一般而言，针对不同的样品，应采用相应适宜的萃取技术。这些新兴萃取技术往往只需要少量的有机溶剂，因而与传统萃取技术相比大大减少了对环境造成的污染，且大大减少了时间和人力成本，是相对绿色环保的样品前处理技术[6]。

2. 高效液相色谱-质谱联用

高效液相色谱-质谱联用法具有高精度、低检测限的优点，目前已经成为新污染物检测中的常用工具。目前关于该技术的研究热点主要集中于高分辨率质谱

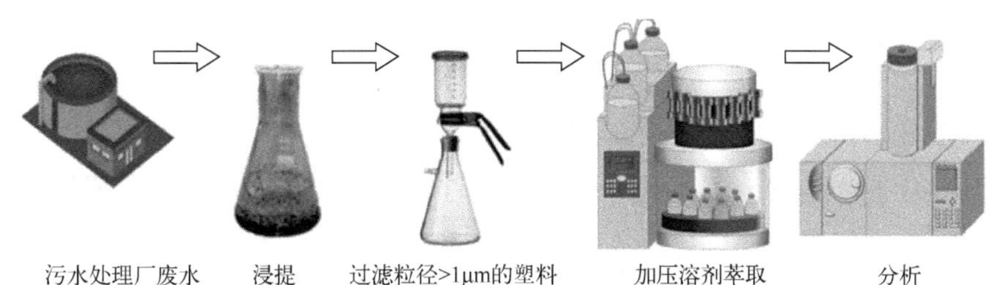

图 1-2　加压溶剂萃取、热解与气相色谱-质谱联用测定微塑料[11]

仪，由于当前的检测手段检测到的污染物数量有限，并根据这些化合物的特性推断其毒害，这种方法往往低估了这些化合物的危险性。高分辨质谱仪可以获得全扫描的质谱，结合数据处理算法可以推断出相应化合物的结构，因而可以帮助鉴定环境水体中的新污染物及其中间产物，从而可更加全面地表征水体中的新污染物。目前研发出的一种新型氟化石墨烯探针，可对复杂环境介质中的多种未知痕量新型化学污染物进行高通量筛查与鉴定，该方法主要是先用氟化石墨烯对复杂环境介质中的未知痕量污染物进行富集，然后将富集了污染物的探针直接进行分析，其优势在于省去了复杂的样品前处理步骤，具有操作简单、分析通量高、省时等优点。可以预测的是，面对新污染物种类的不断增多和当前检测能力有限的局面，高效快捷、测量通量高、对环境友好的新污染物检测技术必将应运而生[6,12]。

四、新污染物对水生生物的毒性效应

新污染物对水生生物的毒性效应是环境科学领域的一个重要问题，其影响涵盖了水体中的各种生物，包括鱼类、水生昆虫、浮游生物、底栖生物等。

1. 对鱼类的毒性效应

鱼类是水生生物中最重要的种群之一，也是新污染物的重要生物响应体。新污染物对鱼类的毒性效应主要包括以下几种。

致死效应：某些新污染物在高浓度下可能对鱼类产生致死效应，导致鱼类死亡；

亚致死效应：在较低浓度下，新污染物可能对鱼类产生亚致死效应，如使鱼类行为异常、呼吸困难等；

发育毒性：部分污染物可能影响鱼类胚胎的正常发育，导致胚胎畸形或死亡；

生殖毒性：某些新污染物可能干扰鱼类的生殖系统，导致其生殖功能障碍、繁殖率下降等。

2. 对水生昆虫的毒性效应

水生昆虫在水生生态系统中扮演着重要角色，是食物链的重要一环。新污染物对水生昆虫的毒性效应主要包括以下几种。

生长受阻：某些新污染物可能影响水生昆虫的生长发育，导致其体型小、生长缓慢等；

行为异常：部分污染物可能干扰水生昆虫的正常行为，如觅食行为、交配行为等；

生殖受损：一些新污染物可能对水生昆虫的生殖系统产生不利影响，导致其繁殖率下降、生殖器官畸形等。

3. 对浮游生物的毒性效应

浮游生物是水生生态系统中的基础生物，对水体中的营养循环和能量流动起着重要作用。新污染物可能对浮游生物产生以下毒性效应。

细胞毒性：某些新污染物可能对浮游生物的细胞产生直接的毒性效应，导致细胞损伤或死亡；

生长受限：部分污染物可能限制浮游生物的生长速率，导致生物数量减少或生态系统结构发生改变；

生物富集：一些新污染物可能在浮游生物中逐级富集，导致生物体内毒素浓度升高。

4. 对底栖生物的毒性效应

底栖生物是水体底部或底层沉积物上生活的生物，对水生生态系统的功能起着重要作用。新污染物可能对底栖生物产生以下毒性效应。

呼吸困难：某些新污染物可能影响底栖生物的呼吸过程，导致其氧气摄取受阻，进而窒息死亡；

摄食受阻：部分污染物可能影响底栖生物的摄食行为，导致生物体内能量供给不足，生长受限；

生态位变化：新污染物的引入可能改变底栖生物在生态系统中的生态位，导致物种竞争关系发生变化。

5. 对水生生物群落结构的影响

新污染物的毒性效应可能导致水生生物群落结构发生变化，使某些敏感种群数量减少，而其他种群数量增加，从而影响整个水生生态系统的稳定性。

总之，新污染物对水生生物的毒性效应具有多样性和复杂性，需要综合考虑污染物的类型、浓度、暴露时间以及生物的种类和生命周期等因素，以全面评估其对水生生物和水生生态系统的影响。

第二节　微藻及其在生态环境评估中的应用

一、微藻的概念及种类

微藻（microalgae）也称单细胞藻类，是指那些在显微镜下才能辨别其形态的微小藻类类群。地球上有 3 万余种不同的微藻，占全球已知藻类的 70%左右。它们个体微小，从几微米至几十微米，结构简单，为单细胞或单细胞群体，绝大多数能够自养生活，广泛分布于淡水、海水中[2]，几种常见微藻种类如图 1-3 所示。

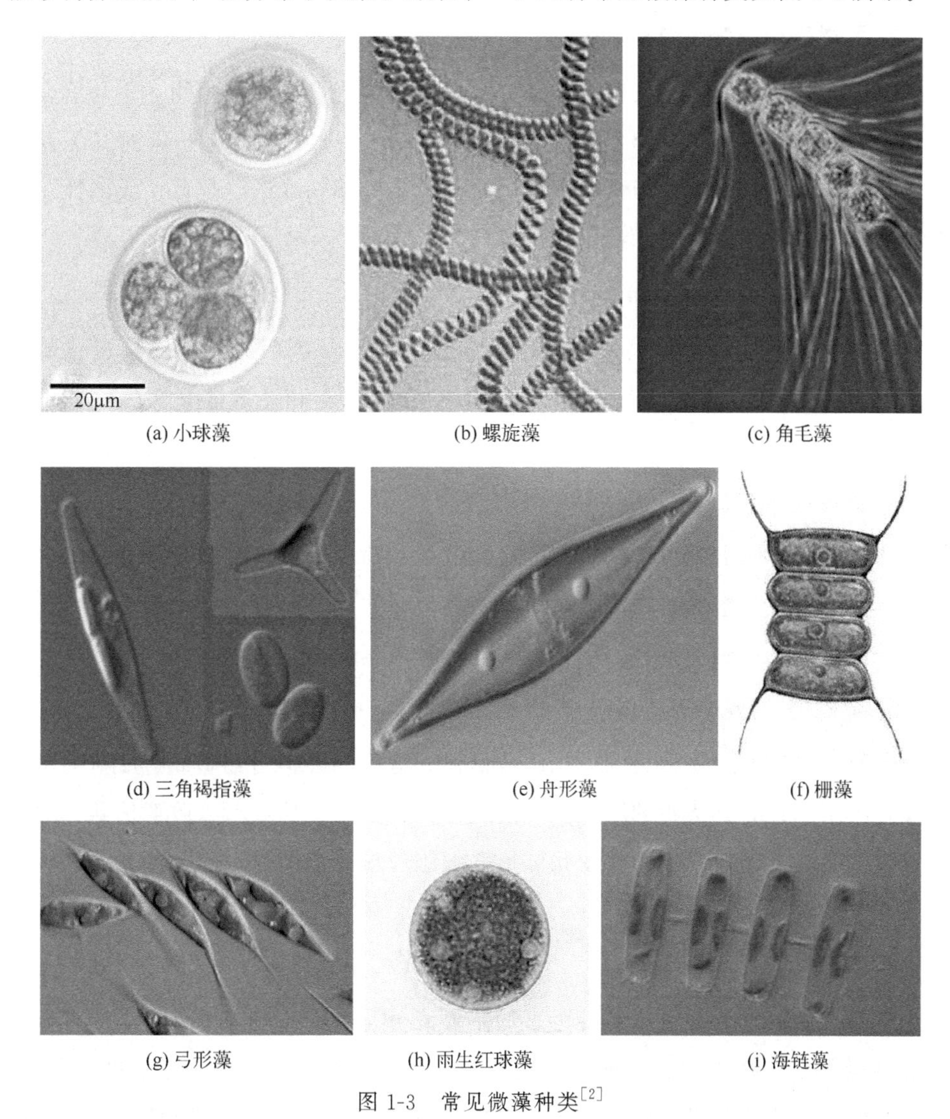

(a) 小球藻　(b) 螺旋藻　(c) 角毛藻

(d) 三角褐指藻　(e) 舟形藻　(f) 栅藻

(g) 弓形藻　(h) 雨生红球藻　(i) 海链藻

图 1-3　常见微藻种类[2]

微藻是生态系统中重要的初级生产者，对于维持地球生态系统的平衡和稳定起到至关重要的作用。同时，由于微藻具有个体小、种类繁多、生长速度快、适应性强、培养容易和活性物质丰富等特点，被认为是一个巨大的资源宝库。微藻的主要种类介绍如下[13]：

1. 蓝藻门（Cyanophyta）

蓝藻是一类原核生物，为单细胞，丝状或非丝状群体，细胞无色素体和真正的细胞核等细胞器，细胞壁由氨基糖和氨基酸组成，有些种属的少数营养细胞分化形成异形胞。代表性藻种为螺旋藻、聚球藻、微囊藻、束丝藻等。

2. 原绿藻门（Prochlorophyta）

原绿藻与蓝藻一样是没有真正细胞核和其他细胞器的原核生物。它与蓝藻的重要区别在于原绿藻的光合色素系统中含有叶绿素 a 和叶绿素 b，同时又无藻胆素；原绿藻的细胞壁结构与蓝藻相似，也是由胞壁酸构成的，呈革兰氏阴性。代表性藻种为原绿球藻、原绿丝藻等。

3. 灰色藻门（Glaucophyta）

灰色藻门包括的类群很少，都是单细胞的，为真核鞭毛类（或具退化的鞭毛），所有类群具有真核、高尔基体、内质网、线粒体和色素体。代表性藻种为灰胞藻、蓝盒藻等。

4. 红藻门（Rhodophyta）

红藻的植物体类型有单细胞、不规则群体、简单丝状、分枝丝状或垫状，色素体包被由两层膜组成，类囊体单条分布在色素体内，红藻的繁殖有无性生殖和有性生殖，生殖细胞都不具鞭毛。代表性藻种为紫球藻。

5. 金藻门（Chrysophyta）

金藻门中自由运动种类为单细胞或群体，群体的种类由细胞放射状排列呈球形或卵形体，有的具透明的胶被。不能运动的种类为变形虫状、胶群体状、球粒形、叶状体形、分枝或不分枝丝状体形、细胞球形、椭圆形、卵形或梨形。代表性藻种为等鞭金藻、金球藻等。

6. 黄藻门（Xanthophyta）

黄藻类色素体黄绿色，光合色素的主要成分是叶绿素 a，还有少量的叶绿素 c_1 和叶绿素 c_2，以及多种类胡萝卜素，如 β-胡萝卜素、无隔藻黄素、硅藻黄素、硅甲藻黄素及黄藻黄素，储藏物质为金藻昆布糖。许多种类营养细胞壁由大小相等或不相等的两节片套合组成，运动的营养细胞和生殖细胞具2条不等长的鞭毛。藻体为单细胞、群体、多核管状或多细胞的丝状体。代表性藻种为黄丝藻、束刺藻等。

7. 硅藻门（Bacillariophyta）

植物体为单细胞，或由细胞彼此连成链状、带状、丛状、放射状的群体，浮游或着生，着生种类常具胶质柄或包被在胶质团或胶质管中。细胞壁除含果胶质外，还含有大量的复杂硅质结构，形成坚硬的硅藻细胞壁，或称为壳体。代表性藻种为三角褐指藻、小环藻、海链藻、舟形藻等。

8. 隐藻门（Cryptophyta）

隐藻绝大多数为单细胞。多数种类具鞭毛，极少数种类无鞭毛。代表性藻种为卵形隐藻、蓝隐藻等。

9. 甲藻门（Dinophyta）

甲藻门绝大多数种类为单细胞，丝状的极少。细胞球形到针状，背腹扁平或左右侧扁；细胞裸露或具细胞壁，壁薄或厚而硬。纵裂甲藻类，细胞壁由左右2片组成，无纵沟或横沟。横裂甲藻类壳壁由许多小板片组成；板片有时具角、刺或乳头状凸起，板片表面常具圆孔纹或窝孔纹。代表性藻种为裸甲藻、多甲藻、角甲藻等。

10. 裸藻门（Euglenophyta）

裸藻类绝大多数为单细胞，只有极少数是由多个细胞聚集成的不定群体。裸藻类的细胞无细胞壁，但质膜下的原生质体外层特化成表质，也称为周质体。表质由平而紧密结合的线纹组成，这些线纹多数以旋转状围绕着藻体。代表性藻种为袋胞藻、双鞭藻、柄裸藻等。

11. 绿藻门（Chlorophyta）

绿藻门的主要特征：光合作用色素组成包括叶绿素a和叶绿素b，与高等植物相同，辅助色素有叶黄素、胡萝卜素、玉米黄素、紫黄质等。少数葱绿藻含有叶绿素c。绝大多数呈草绿色，通常具有蛋白核，储藏物质为淀粉，聚集在蛋白核周边形成板或分散在色素体的基质中。细胞壁主要成分是纤维素。代表性藻种为四爿藻、小球藻、杜氏藻、衣藻、拟球藻、绿球藻、葱绿藻、栅藻、四角藻等。

二、微藻的生长特性及其生态价值

（1）微藻在净化水体方面具有重要作用。微藻具有高效的吸附和降解有害物质的能力，可以去除水中的重金属、有机污染物和营养盐等。微藻还可以利用光合作用吸收水中的CO_2，并释放出O_2，提高水体的O_2含量，提高水质。此外，微藻还可以作为生物滤料，去除水体中的悬浮颗粒，降低其浊度，使水变得清澈透明。因此，利用微藻进行水体净化是一种环保、经济和高效的方法。

（2）微藻可以固碳减少温室气体的排放。微藻在进行光合作用时，可以吸收大量的CO_2，将其转化为有机物质，并释放出O_2。根据研究，微藻的固碳效率比陆地植物高出数倍，是一种理想的固碳材料。

（3）微藻被广泛应用于生物能源领域。由于微藻具有高产量、生长快、生物可再生等特点，被认为是一种理想的生物能源原料。微藻可以通过光合作用，将太阳能转化为化学能，并积累在细胞中。这些细胞可以提取出来，经过处理，可以制成生物柴油、生物乙醇和生物气体等能源产品。与传统能源相比，微藻能源不仅具有环保和可再生的特点，而且可以有效减少对化石燃料的依赖，可为可持续发展做出贡献。

总之，微藻在净化水体、固碳减少温室气体、制造生物能源等方面具有重要的应用价值。利用微藻进行水体净化可以改善水质，提高水体生态环境；微藻的固碳能力可以减少温室气体的排放，对气候变暖问题起到积极作用；微藻能源可以为可持续发展提供新的动力来源。因此，进一步研究和开发微藻的应用潜力，将有助于推动环境保护和可持续发展的进程。

三、微藻在生态环境评估中的应用

作为水生生态系统的重要组成部分，微藻具有敏感、分布广泛和生长迅速等特点，在水质监测、环境污染监测、生态健康评估等方面展现出较大的应用价值和潜力。

1. 微藻在水质监测中的应用

水质监测是评估水体质量、监测水体污染程度和判断水环境健康状况的重要手段。微藻作为水生生物的指示生物，可以对水体中的环境变化做出敏感响应，因此在水质监测中具有重要作用。首先，微藻的丰度和多样性可以作为水质评价的指标，即通过对微藻种类组成和数量的监测，可以了解水体中的生态系统状态和污染程度。其次，微藻对水体中的养分和有机物质的敏感性很高，因此可以作为水体富营养化和有机污染的指示生物。最后，微藻还可以通过对水体中毒素的吸收和富集，帮助评估水体中的有毒物质污染程度。

2. 微藻在环境污染监测中的应用

环境污染监测是评估环境质量和监测污染物浓度的重要手段。微藻作为生态系统中的敏感生物，对环境污染具有较强的响应能力，因此可以作为环境污染监测的指示生物。首先，微藻的生长状态和生物学特征可以反映环境污染程度。例如，环境中存在高浓度的重金属离子或有机物质时，微藻的生长速率和生物量会受到影响，从而可以通过监测微藻的生长状况来评估环境污染程度。其次，微藻对一些特定污染物的富集和生物累积能力较强，可以作为污染物的生物标志物。通过监测微藻体内污染物的含量，可以了解环境中污染物的来源和积累情况，为环境污染治理提供科学依据。

3. 微藻在生态健康评估中的应用

生态健康评估是评估生态系统功能和稳定性的重要手段，可以帮助人们了解生态系统的演变趋势和响应能力。微藻作为生态系统中的关键生物，可以反映生态系统的健康状况和生态功能。首先，微藻的丰度和多样性可以作为生态系统健康状况的指示器。生态系统中微藻种类的丰富度和多样性反映了生态系统的复杂程度和稳定性。其次，微藻对环境因子的敏感性很高，可以作为生态系统对外界压力的响应指标。通过监测微藻在不同环境条件下的生长状况和生物学特征，可以了解生态系统对环境变化的适应能力和稳定性。

总之，通过对微藻的生长状况、种类组成和生物学特征的监测，可以评估水质、监测环境污染和评估生态系统健康状况，为生态环境保护和管理提供科学依据。因此，加强对微藻在生态环境评估中的研究和应用，对于保护水生生态系统和维护人类健康具有重要意义。

参考文献

[1] 洪喻，郝立翀，陈足音．新污染物对微藻的毒性作用与机制研究进展．生态毒理学报，2019，14（5）：22-45.

[2] 邓祥元．应用微藻生物学．北京：海洋出版社，2016.

[3] 孙建林，龙阳可，王可昳，等．环境中新污染物的来源、行为、归趋与治理．广东化工，2023，50（23）：107-109.

[4] 张雪，高欢，王庆．新兴环境污染物健康效应的研究进展．毒理学杂志，2023，37（1）：43-48，53.

[5] Sultan M B，Anik A H，Rahman M M. Emerging contaminants and their potential impacts on estuarine ecosystems：Are we aware of it? Marine Pollution Bulletin，2024，199：115982.

[6] 雷小阳，倪雯倩，陈新涛，等．水中新型污染物及其检测技术研究进展．广东化工，2018，45（13）：191-193.

[7] 张少轩，陈安娜，陈成康，等．持久性、迁移性和潜在毒性化学品环境健康风险与控制研究现状及趋势分析．环境科学，2023，44(6)：3017-3023.

[8] Puri M，Gandhi K，Kumar M S. Emerging environmental contaminants：A global perspective on policies and regulations. Journal of Environmental Management，2023，332：117344.

[9] 张丛林，郑诗豪，邹秀萍，等．新型污染物风险防范国际实践及其对中国的启示．中国环境管理，2020，12(5)：71-78.

[10] 阚西平，隋倩，俞霞，等．我国省级行政区新污染物治理工作方案分析及需求展望．环境科学研究，2023，36(10)：1845-1856.

[11] 王雪瑾，许越，毛钰莹，等．环境中新污染物检测前处理方法分析．科技和产业，2023，23(21)：155-160.

[12] 李青倩，李丽和，王锦，等．新污染物的污染现状及其检测方法研究进展．应用化工，2023，52(7)：2202-2206.

[13] 胡鸿钧，魏印心．中国淡水藻类——系统、分类及生态．北京：科学出版社，2006.

第二章　微塑料对微藻的毒性效应与作用机制

微塑料（microplastics，MPs）广泛分布于全球淡水和海洋中，其赋存量巨大，易被生物摄食，易吸附并富集水环境中持久性有机污染物，对整个生态系统产生难以估量的潜在风险[1,2]。近年来水环境中 MPs 的环境行为与生态毒理学已成为国际生态与环境科学领域的研究热点和前沿。微藻是水生生态系统中主要的初级生产者和微食物网的重要能量来源，其生长速度快，对外界环境敏感，可以作为指示生物来评价水生毒性潜在污染物。MPs 对微藻的影响一方面是产生直接毒性效应，其可从分子到种群水平上与微藻发生相互作用，包括通过遮蔽效应、氧化损伤、机械损伤和有害添加剂化学物质浸出等途径对微藻的生长、色素合成、光合作用、细胞代谢和形态等产生毒性效应[3-5]。这些对个体上的影响可以进一步通过食物链传递或通过代谢物等影响水生生态系统的群落结构和功能[6]。MPs 对微藻的毒性效应受多种因素的影响，包括 MPs 的类型、粒径、表面性质、老化程度、浸出物性质，以及环境因素等[3,6,7]。尤其是 MPs 在水体中纵向迁移过程中伴随着光照强度的动态变化，而微藻作为光合自养生物，其生长和代谢活动高度依赖于光能。光强的变化通过改变微藻的生理代谢，进而影响其与 MPs 之间的相互作用，很可能导致不同的毒性效应甚至生态效应。因此，有必要全面开展 MPs 对微藻的毒性效应研究，为评估 MPs 的生态风险提供参考资料。

如何对自然环境中 MPs 的类型、数量和分布进行定性和定量分析是开展生态毒理学研究的基础。由于 MPs 种类繁多，在复杂自然环境中的赋存特征（大小、粒径、理化性质等）存在极大差异，目前国际上对 MPs 标准分析方法方面仍有争议，仅在基本研究方法上达成一定共识。使用荧光染料尼罗红（nile red，NR）对 MPs 进行荧光标记辅助目视检测，是一种低成本的 MPs 可视化分析方法[8]。但目前NR染色法存在对MPs的区分特异性不强，易受环境中天然有机物荧光干扰等问题[9]。优化MPs的检测分析方法，获得塑料颗粒的数量、大小、形态和成分等关键信息，提高检测灵敏性与特异性，是进行塑料颗粒表征及其与微藻细胞间相互作用的显微观察试验基础。

因此，本章主要围绕MPs分析和表征方法，以及MPs与微藻的相互作用和MPs的毒性效应开展研究，具体内容包括：MPs分析方法的研究；聚氯乙烯微塑料（mPVC）对微藻的毒性效应研究；聚苯乙烯微塑料（mPS）对微藻的毒性效应研究。

第一节　基于尼罗红染色技术的微塑料分析方法

一、激发波长对尼罗红染色的影响

基于NR染色的MPs分析方法一般包含以下步骤：样品收集、密度分离、消化分解和荧光识别。现阶段的NR染色法主要依赖单一的激发和发射波长，无法特异性区分MPs，限制了NR染色法在MPs分析中的适用性和可靠性。由于野外样品通常含有一定数量的天然有机材料，在NR染色过程中可能被共染色，产生荧光干扰，导致假阳性结果，以致高估实际水样中MPs的丰度[9]。为解决这一问题，本节基于双波长激发荧光法提出一种荧光指数以特异性区分不同类型的MPs，并采用氯化钠（NaCl）和过氧化氢（H_2O_2）溶液来分离和消解天然有机物，通过温度控制减轻天然有机物荧光干扰，从而提高基于NR方法检测MPs的适用性和可靠性。

通常，365～510nm的激发波长主要用于NR染色塑料的识别。更长的激发波长可能激发生物样品中的脂质和环境样品中的天然有机物发出荧光[10]，干扰测定。本节以3种代表性MPs［低密度聚乙烯（LDPE）、聚己内酰胺（PA6）和聚氯乙烯（PVC）］为试验材料，探究了激发波长（紫外光355～425nm，蓝光460～500nm）、温度、时间和H_2O_2/NaCl添加对NR染色效果的影响。结果发现3种代表性MPs在紫外光激发下发出橙色或红色荧光，其中LDPE的荧光强度低于PA6和PVC。蓝光激发使LDPE产生强的绿色荧光，而PA6和PVC的荧光性较弱。造成荧光强度差异的原因可能与NR染色MPs在某些激发波长下的荧光性相对较差有关[10]。总体而言，不同波段激发光对不同类型塑料的荧光成像效果有显著差异，紫外光是对NR染色MPs进行荧光检测的适宜光源。

对疏水性较大的塑料类型如 LDPE 来说，蓝光激发下可发出强烈的绿色荧光，进而可以弥补紫外光激发效果的不足，反之亦然。通过合并在紫外光和蓝光下获得的荧光图像，三种塑料颗粒的荧光强度和颜色均得到有效改善（图 2-1）。因此，利用紫外光和蓝光双激发检测 MPs 荧光比单一波长激发检测更灵敏。

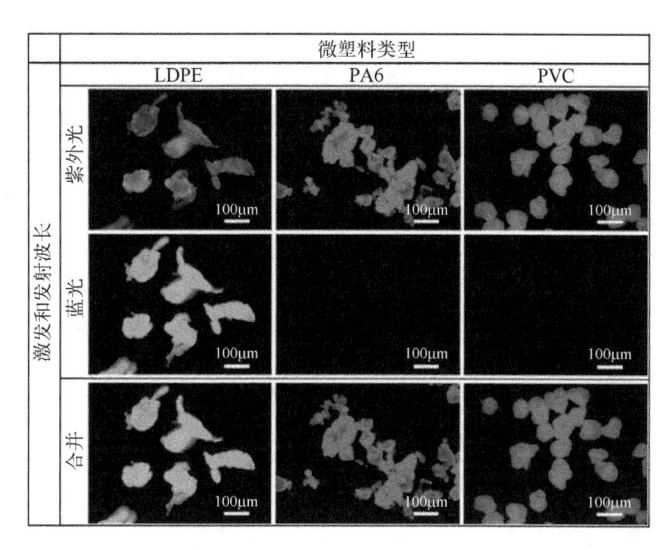

图 2-1 NR 染色 LDPE、PA6 和 PVC 在紫外光和蓝光下的荧光图及其融合图

染色条件：温度 70℃，溶剂为去离子水，时间 0.5h

二、温度对 NR 染色的影响

分析比较了室温（25℃）和升温（70℃）条件下 NR 的染色效果，结果发现 3 种 MPs 的荧光强度均随着染色温度的升高而显著增强，LDPE、PA6 和 PVC 荧光值的增幅分别为 36.4%、41.0%和 375.0%，尤其是 PVC 的红色荧光极显著增强［图 2-2(a)］。在 70℃下染色时，几种塑料颗粒表面的中间区域呈现更高的荧光强度［图 2-2(b)］，从而有利于更好地区分和识别 MPs。

三、 H_2O_2/NaCl 添加对 NR 染色的影响

添加不同含量的 H_2O_2 或 NaCl 可改变 MPs 和天然有机物的 NR 染色荧光强度（图 2-3）。当 H_2O_2 和 NaCl 浓度范围分别在 10%～30%和 5.3%～8.8%时，LDPE 和 PA6 的荧光强度基本不受影响。高浓度的 H_2O_2（20%～30%）和 NaCl（5.3%～26.5%）能够降低 PVC 的荧光强度。较低浓度 H_2O_2（10%）或

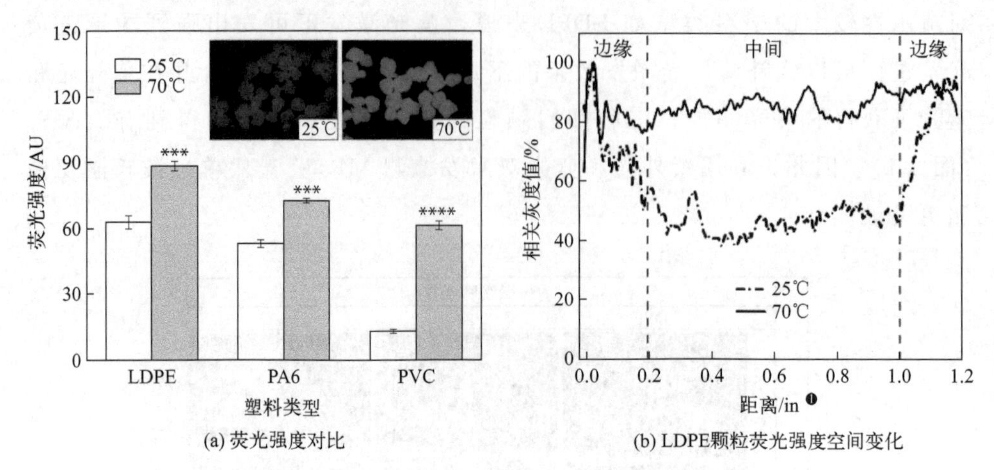

(a) 荧光强度对比　　(b) LDPE颗粒荧光强度空间变化

图 2-2　温度对 NR 染色微塑料荧光强度的影响[11]

内嵌图为 PVC 在 25℃和 70℃下染色后的融合荧光图；染色条件：溶剂为去离子水，时间 0.5h；*** 表示 $p < 0.001$，**** 表示 $p < 0.0001$

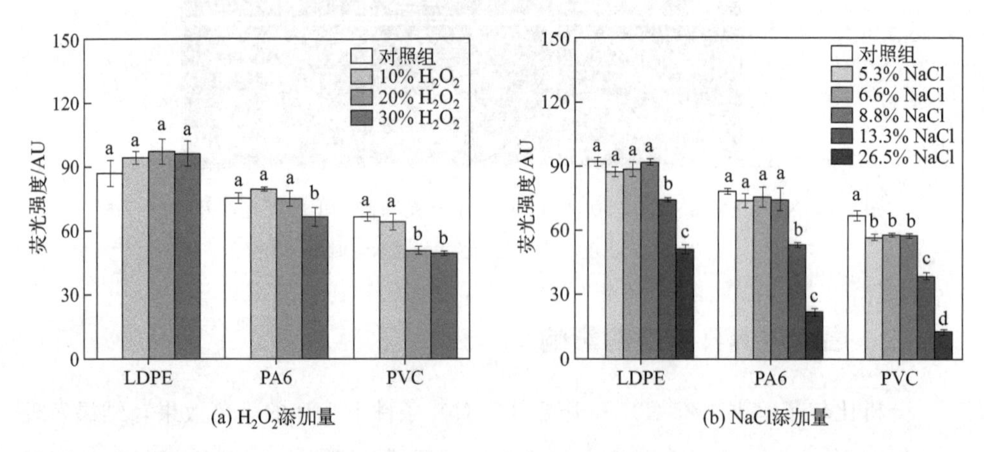

(a) H_2O_2添加量　　(b) NaCl添加量

图 2-3　H_2O_2 和 NaCl 添加量（质量分数，%）对 NR 染色 LDPE、PA6 和 PVC 的影响

不同的小写字母表示每种塑料类型下各组间的差异；染色条件：70℃染色 0.5h

NaCl（8.8%）显著抑制了天然有机物如甲壳素和纤维素的荧光强度［图 2-4(a)］，在 10% H_2O_2 溶液中染色的甲壳素和纤维素的荧光强度分别比对照降低了 53.7%和 52.5%。H_2O_2 添加导致塑料和生物材料的荧光强度差异变化，可能与吸附质和吸附剂的疏水性有关[12]。LDPE、甲壳素、NR 和 H_2O_2 的 $\lg K_{ow}$ 值（反映亲疏水性，值越大，疏水性越强）分别为 17.04、−2.83、4.38 和−1.75，表明 H_2O_2 更易吸附到亲水性的甲壳素表面，可减少天然生物材料与 NR 的结

❶ 1in=0.0254m。

合，减弱其产生的荧光干扰。另外，进一步添加 8.8% NaCl 可使甲壳素和纤维素的荧光强度分别降低 34.2%和 36.7%。荧光显微观察时，纤维素的荧光在对照和处理组中均比较弱［图 2-4(b)］，但处理后甲壳素的红色荧光几乎难以识别。盐离子能够压缩双电层，进而降低吸附质和吸附剂之间的静电引力[13]。MPs 和有机物间的相互作用主要由疏水作用力驱动，因此低浓度的 NaCl（ω_{final}=8.8%）能显著降低天然聚合物的荧光强度，而不影响塑料的荧光强度［图 2-3(b)、图 2-4(a)］。然而，过量的游离盐离子可能导致总吸附位点的数量减少[14]，从而降低塑料的荧光强度（>8.8%～26.5%）。因此，适宜的 H_2O_2 和 NaCl 的质量浓度分别为 10%和 8.8%，既可消除天然有机材料的荧光干扰，亦不会过度影响 MPs 的荧光强度。

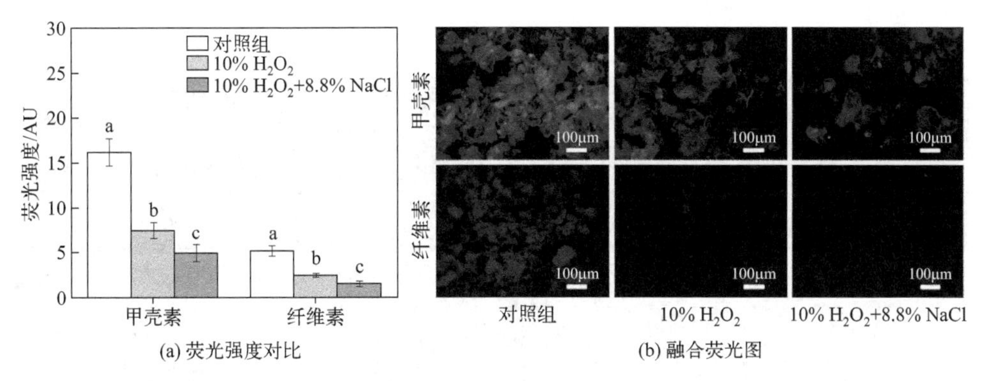

图 2-4 H_2O_2 和 NaCl 添加量对 NR 染色甲壳素和纤维素的荧光强度的影响

图（a）中不同的小写字母表示每种聚合物类型下各组间的差异；染色条件：70℃染色 0.5h

四、时间对 NR 染色的影响

探究了染色时间对 NR 染色 MPs 荧光强度的影响（图 2-5），发现三种类型塑料颗粒的荧光强度随着染色时间的增加而增加，并在 1.5h 时达到最大值，之后 LDPE 和 PA6 的荧光强度呈下降趋势，而 PVC 的荧光强度保持不变。在 0.25～2h 内均可获得较高的荧光强度。综合考虑实验的时效性和荧光强度，以 0.5h 为最佳染色时间。

五、塑料自身特性和荧光指数的评估

将优化和改进后的 NR 染色方法应用于 12 种不同类型的 MPs（图 2-6），其中 9 种 MPs（PET、HDPE、PVC、LDPE、PP、PA、PA6、PU 和 PBS）能发出强烈的荧光。PS 和 ABS 的荧光性相对较弱。PC 可被有效地识别，但具有较

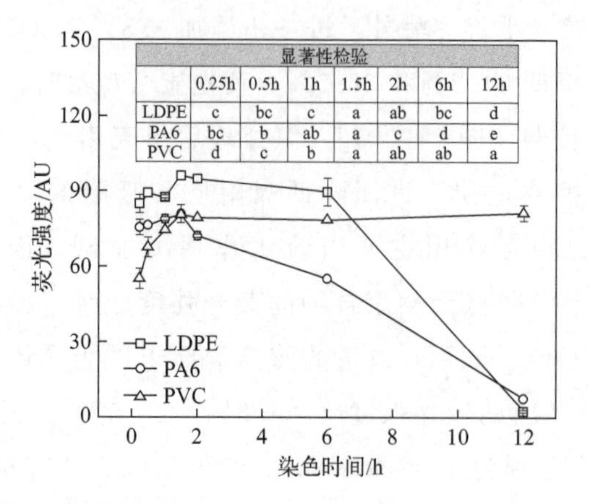

	0.25h	0.5h	1h	1.5h	2h	6h	12h
LDPE	c	bc	c	a	ab	bc	d
PA6	bc	b	ab	a	c	d	e
PVC	d	c	b	a	ab	ab	a

图 2-5　时间对三种尼罗红染色 MPs 荧光强度的影响

不同的小写字母表示每种塑料类型下各组间的差异；染色条件：温度 70℃，溶剂为 10% H_2O_2 溶液

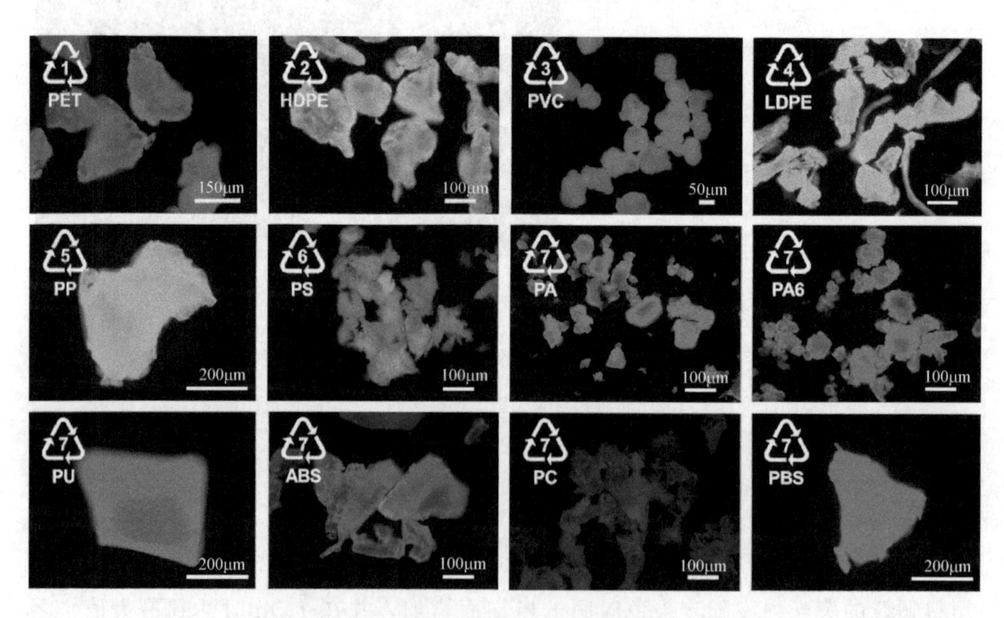

图 2-6　12 种尼罗红染色 MPs 颗粒的融合荧光图

试验用 MPs：PET—聚对苯二甲酸乙二醇酯；HDPE—高密度聚乙烯；PVC—聚氯乙烯；LDPE—低密度聚乙烯；PP—聚丙烯；PS—聚苯乙烯；PA—聚酰胺；PA6—聚己内酰胺；PU—聚氨酯；ABS—丙烯腈-丁二烯-苯乙烯共聚物；PC—聚碳酸酯；PBS—聚丁二酸丁二醇酯；后续图表缩写注释同此图

低的荧光强度。通过多项式拟合分析了塑料自身特性，如玻璃转化温度（T_g）、熔点（T_m）和塑料密度（ρ）与荧光强度间的相关性（图 2-7）。结果显示，T_g 与 NR 染色塑料的荧光强度之间存在显著负相关性［图 2-7(a)，$R^2=0.922$，$p<0.05$］。然而 T_m、ρ 和荧光强度之间的相关性系数较低，分

别为 0.245 和 0.121 [图 2-7(b)，(c)]，这意味着 T_m 和 ρ 对 NR 染色塑料的影响较小。

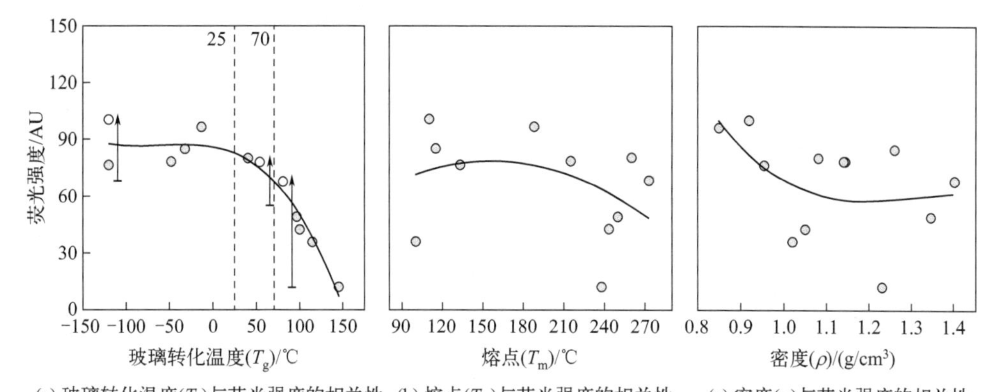

(a) 玻璃转化温度(T_g)与荧光强度的相关性 (b) 熔点(T_m)与荧光强度的相关性 (c) 密度(ρ)与荧光强度的相关性

图 2-7 12 种尼罗红染色塑料颗粒的荧光强度与其玻璃转化温度（T_g）、熔点（T_m）、密度（ρ）之间的相关性

图（a）中空心圆表示 LDPE、PA6 和 PVC；灰色实心圆表示其他 9 种塑料；黑色箭头表示当染色温度从 25℃提高到 70℃后荧光强度的增加幅度

玻璃转化温度即材料从固态转变为液态的温度点，根据 T_g 塑料可分为橡胶态塑料和玻璃态塑料[12]。橡胶态塑料通常具有更高的化学吸附性[15]。温度升高在一定程度上促进了橡胶态塑料 LDPE（T_g=−120℃）对染料的吸附，从而增强了荧光强度。玻璃态塑料 PVC（T_g=81℃）和 PA6（T_g=54℃）在染色温度接近 T_g 时从玻璃态转变为橡胶态，亦有利于吸附染料，提高荧光强度 [图 2-2(a)][12]。总而言之，提高染色温度可以改善 NR 对 MPs 的染色效果。T_g 小于 25℃的 MPs 更容易被 NR 染色，发出较强荧光。具有较高 T_g(＞25℃）的塑料的荧光强度随着 T_g 值的增大而大幅度降低（表 2-1）。由于 PC 塑料的 T_g 在选择的 12 种塑料中最高，因此其荧光值最低，为 12.47±0.79。

表 2-1 12 种塑料的玻璃转化温度（T_g）、熔点（T_m）和密度（ρ）

No.	塑料	玻璃转化温度(T_g)/℃	熔点(T_m)/℃	密度(ρ)/(g/cm³)
1	PET	67～127	245～255	1.31～1.38
2	HDPE	120	128～138	0.94～0.97
3	PVC	81	273	1.40
4	LDPE	−120	105～115	0.91～0.93
5	PP	−13	188	0.85
6	PS	100	243	1.05

续表

No.	塑料	玻璃转化温度(T_g)/℃	熔点(T_m)/℃	密度(ρ)/(g/cm^3)
7	PA	40	260	1.08
8	PA6	48~60	210~220	1.13~1.16
9	PU	−73~−23	180~250	1.00~1.28
10	ABS	115	100	1.02
11	PC	145	225~250	1.20~1.26
12	PBS	−32	115	1.26

注：当 T_g、T_m 和 ρ 值不唯一时取其平均值进行比较。

基于融合荧光图像的荧光强度和颜色提出一种基于复合荧光指数（CFI，表 2-2）区分不同类型 MPs 的方法，计算了 12 种塑料的 CFI 值并基于归一化结果对 MPs 进行分层聚类分析。不同类型塑料间的 FI-1、FI-2 和 FI-3 值存在明显差异。三个单一荧光指数（FI）中，FI-3 值的波动最小，8 种塑料具有相近的数值（表 2-2）。在聚类分析中，12 种塑料被分为两个主要分支，即疏水性塑料和亲水性塑料（图 2-8）。由于在紫外光和蓝光激发下获得的 NR 染色塑料的荧光强度和颜色不同，由此计算出 12 种 MPs 的 CFI 指数差异显著，这使得 MPs 具有特异性的“光谱条形码”[16]。因此，可以把 CFI 作为一种简单有效的 MPs 分类工具参数，在区分出塑料材质样本后对塑料类型进行初步鉴定，该指数可有效区分环境常见的塑料类型 PET、PE、PVC、PP 和 PS。

基于 ImageJ（1.52a 版本）对荧光图像进行处理计算复合荧光指数（CFI），公式如下：

荧光指数 1： $$FI\text{-}1 = 0.299 \times R + 0.587 \times G \quad (2\text{-}1)$$

荧光指数 2： $$FI\text{-}2 = (R + G)/2 \quad (2\text{-}2)$$

荧光指数 3： $$FI\text{-}3 = (R + G)/R \quad (2\text{-}3)$$

式中，R 和 G 分别是融合荧光图 RGB 通道的平均灰度值。

式(2-1）和式(2-2）来源于 ImageJ 软件的内置算法。式(2-3）获自先前的文献报道[17]。

表 2-2　12 种塑料的复合荧光指数（CFI）值

No.	塑料	CFI 值		
		FI-1	FI-2	FI-3
1	PET	38.26 ± 4.96^h	63.49 ± 8.29^f	1.01 ± 0.00^e
2	HDPE	107.07 ± 3.06^c	109.09 ± 3.25^c	2.99 ± 0.08^c

续表

No.	塑料	CFI 值		
		FI-1	FI-2	FI-3
3	PVC	50.72±2.35^{fg}	83.68±3.92^{e}	1.01±0.00^{e}
4	LDPE	140.33±5.44^{b}	138.41±6.64^{a}	3.61±0.21^{b}
5	PP	149.33±4.77^{a}	140.70±4.61^{a}	5.12±0.27^{a}
6	PS	48.12±2.25^{g}	60.06±3.10^{f}	1.55±0.06^{d}
7	PA	55.97±3.91^{f}	93.02±6.56^{d}	1.01±0.00^{e}
8	PA6	66.03±2.14^{e}	109.89±3.58^{c}	1.01±0.00^{e}
9	PU	62.44±3.27^{e}	103.94±2.33^{cd}	1.00±0.00^{e}
10	ABS	19.81±3.80^{i}	32.30±6.11^{g}	1.03±0.00^{e}
11	PC	10.67±0.54^{j}	16.64±0.86^{h}	1.08±0.00^{e}
12	PBS	74.08±1.54^{d}	121.88±2.28^{b}	1.02±0.00^{e}

注：表中同列中不同小写字母表示差异达到 0.05 的显著水平。

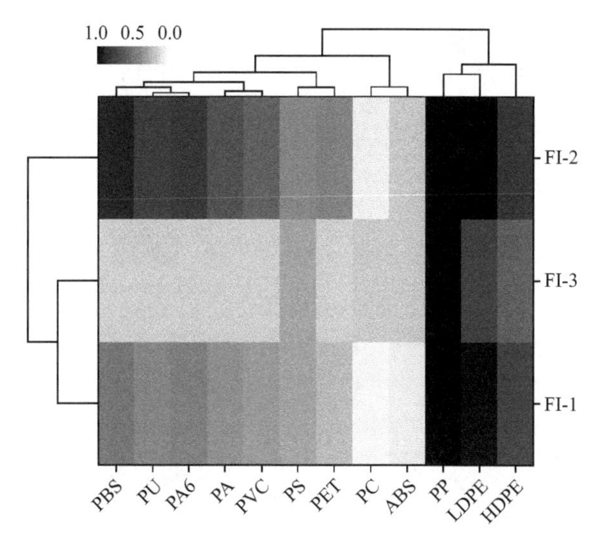

图 2-8　基于归一化荧光指数的 12 种尼罗红染色塑料颗粒的层次聚类分析热图

六、 MPs 分析中流程化 NR 染色方案

基于上述结果，提出基于 NR 染色的 MPs 采样和分析流程方案（图 2-9）：(1) 检测水体样品中 MPs 时，可直接使用 10g/100mL H_2O_2 溶液对筛选后的样品进行清洗，并将样品收集到棕色玻璃瓶中。(2) 检测沉积物样品中 MPs，首先使用饱和 NaCl 溶液浸没玻璃瓶中的沉积物样品，并剧烈摇晃。待自然沉淀后，将含有塑料颗粒的上清液转移到新的棕色玻璃瓶中；用 30g/100mL H_2O_2

溶液和去离子水稀释，使瓶中 H_2O_2 和 NaCl 的终质量浓度分别为 10% 和 8.8%，在 70℃的恒温水浴中消解 24h。对于两类样品的荧光染色，待消解结束后，向体系中加入 NR 标准工作液至 NR 的终浓度为 10mg/L，然后在 70℃下暗孵育 0.5h 后进行荧光检测分析。与目前文献报道的 NR 染色法相比[10]，该染色过程不需要重复的过滤和洗脱步骤，简化了处理流程，缩短了分析时间。同时，中间操作步骤的简化能降低样品损失，可避免来自周围环境中不必要的塑料污染。

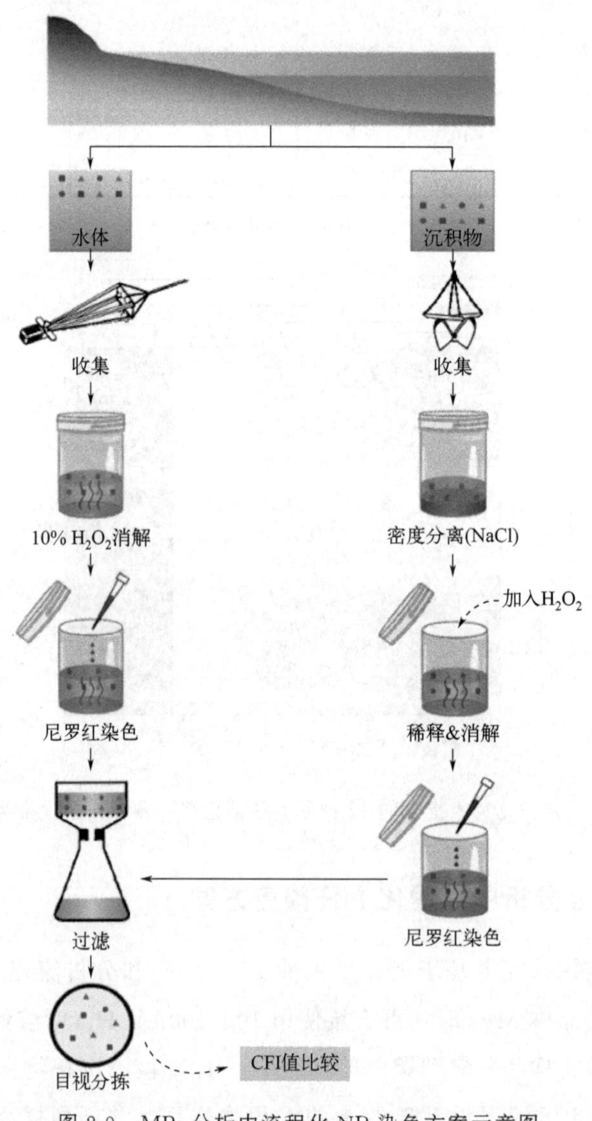

图 2-9 MPs 分析中流程化 NR 染色方案示意图

第二节 聚氯乙烯微塑料（mPVC）对微藻的毒性效应及作用机制

一、适宜光照条件下 mPVC 对微藻生长和生理的影响

本节探究了不同光照强度下 mPVC（100～200μm）对微藻指示种链带藻生长和生理的影响。在适宜链带藻生长的光照强度［40μmol/(m^2·s)］下，不同剂量暴露的 mPVC 处理组对链带藻的细胞密度［图 2-10(a)］和比生长速率［图 2-10(b)］的影响没有显著差异。其叶绿素［图 2-10(c)］和类胡萝卜素［图2-10(d)］含量亦未受 mPVC 暴露影响。相反，叶绿素荧光参数（F_v/F_m、Φ_{PSII}、α、I_k）受到了不同程度的干扰，且存在剂量和时间依赖效应［图 2-10(e)～(h)］。F_v/F_m 是反映微藻最大光化学潜力的指标，同时也反映了藻细胞受光抑制的程度。除 72h 外，mPVC 导致 F_v/F_m 略有下降，但不显著。处理 72h 时，所有暴露浓度下 F_v/F_m 值增加［图 2-10(e)，浓度间无差异］，但并不意味着微藻的潜在光合效率提高。该现象与最小荧光产量 F_o 的显著降低（30%）有关（图 2-11），同时由于最大荧光产量 F_m 比较稳定，导致根据公式 $F_v/F_m=(F_m-F_o)/F_m$ 计算出的值升高。光系统的非光化学能量耗散可引起 F_o 的猝灭，是微藻细胞有效修复可逆光抑制的策略之一[18]。因此，72h 时 F_o 和 F_v/F_m 的变化表明 mPVC 暴露对链带藻光合系统的损伤是可逆的光抑制，藻细胞经过短时间的适应可以在一定程度上修复可逆光抑制损伤。但随着暴露时间增加，mPVC 可能会对微藻产生遮光效应，尤其在高浓度暴露下（100mg/L mPVC，96h），实际光化学效率 Φ_{PSII} 降低了 16.0%［图 2-10(f)］，表明链带藻的光合作用效率受到抑制，此时 mPVC 对其产生了胁迫。发生遮光效应时，通常微藻可以上调光系统的光能利用效率（α）[19]，但由于高浓度 mPVC 的遮光程度可能超出了链带藻自身的调节范围，导致在较高浓度 mPVC（25～100mg/L）暴露 72h 和 96h 后 α 值出现显著降低［图 2-10(g)］。受遮光的影响，到达细胞表面光量子的减少将增加微藻对强光的耐受性，试验中观察到 mPVC 暴露下（100mg/L）半饱和光强（I_k）提高［20.0%，图 2-10（h）］，也佐证了高浓度 mPVC 暴露可引起遮光效应。此外，遮光效应引起的光合效率降低直接导致碳同化物合成减少，在 100mg/L mPVC 暴露下，链带藻的可溶性糖含量比对照组显著降低 13.2%［图 2-10(i)］。

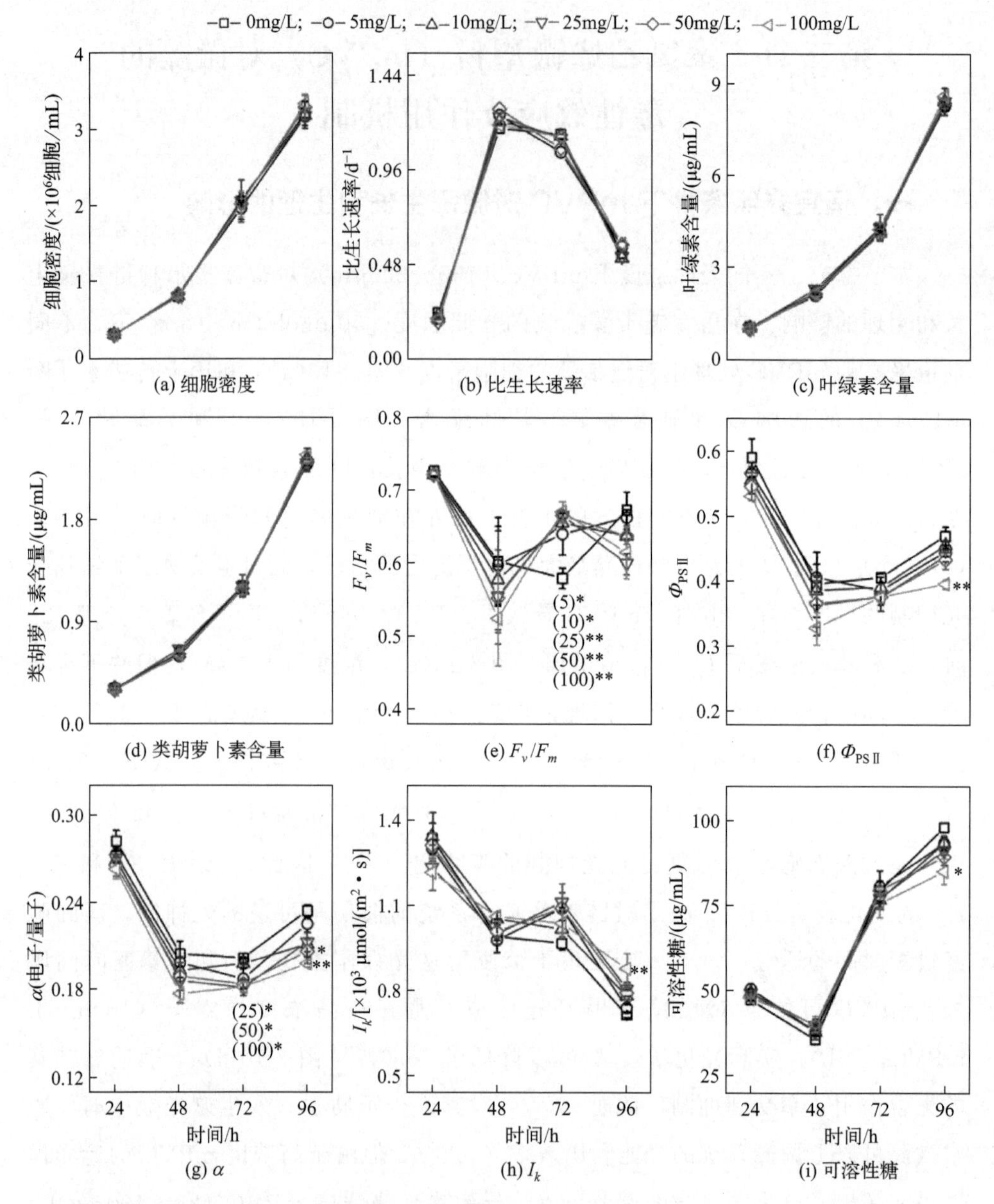

图 2-10　不同浓度 mPVC 对链带藻生长和生理的影响（* $p<0.05$，** $p<0.01$）

光照强度 40μmol/(m^2·s)

虽然光合作用受到了干扰，但在适宜光强下，mPVC 对链带藻生长的影响可忽略不计。本节使用的 mPVC 的平均粒径约为 143.5μm，属于对微藻具有低毒性的 MPs 粒径范围[7]。另外，微藻可通过诱导细胞内生物活性分子的合成，抵御颗粒污染物引发的胁迫，从而维持正常生长[20]。这些可能是链带藻的生长

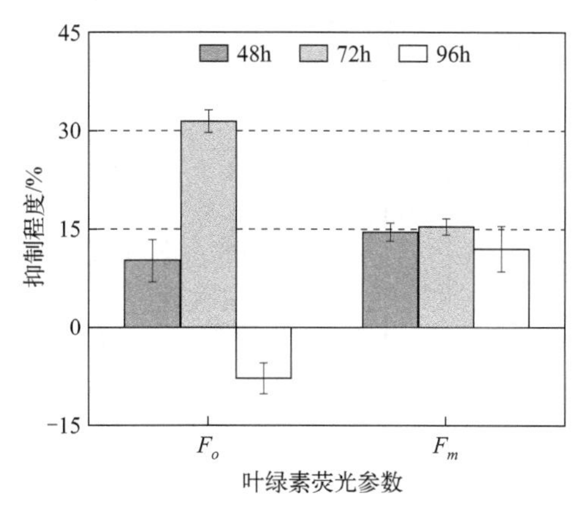

图 2-11　mPVC 对链带藻光合作用过程的影响

mPVC 暴露条件：浓度 25mg/L，光强为 40μmol/(m^2 · s)

在适宜的光强下没有受到 mPVC 影响的主要原因。总而言之，mPVC 对链带藻的生长和生理具有一定程度的干扰，其中藻细胞的光合作用是对 mPVC 胁迫高度敏感的代谢途径。

二、不同光强下 mPVC 对微藻生长和生理的影响

由于光合作用对 mPVC 胁迫非常敏感，这意味着影响光合作用的环境因子可能会与 mPVC 相互作用，从而进一步影响 mPVC 对微藻的毒性效应。而自然水体中光照条件常处于动态变化中，那么光强变化是否影响 mPVC 对微藻的生物效应呢？为解答这个问题，本节进一步研究了不同光照强度对 mPVC 暴露下微藻生理代谢的影响。计算不同光强和不同 mPVC 浓度暴露下链带藻多个生理指标与对照组相比的抑制率（图 2-12），发现链带藻在 100mg/L mPVC 暴露 96h 后，其生长（细胞密度和叶绿素含量）在适宜光强下［40μmol/(m^2 · s) 和 93.8μmol/(m^2 · s)］几乎不受影响；单独强光［162.5μmol/(m^2 · s)］暴露可显著抑制链带藻的生长（细胞密度比适宜光强时降低 45%）。高剂量 mPVC（50mg/L 和 100mg/L）与强光组合处理时，链带藻的生长显著增加了 17.0%～36.1%，表明 mPVC 的存在能够缓解强光生长抑制效应，这可能是由于 mPVC 对强光的遮挡减轻了胁迫。随着光强降低到 20μmol/(m^2 · s)，链带藻的生长被抑制了 8.1%～17.8%。然而，在极弱光［7.5μmol/(m^2 · s)］下，mPVC 暴露并未影响链带藻生长。上述结果表明，mPVC 的毒性效应仅在一定范围内随着光强的降低而加剧，遮光效应是主要的毒性机制，在极弱光下 mPVC 对微藻生长影响不大。

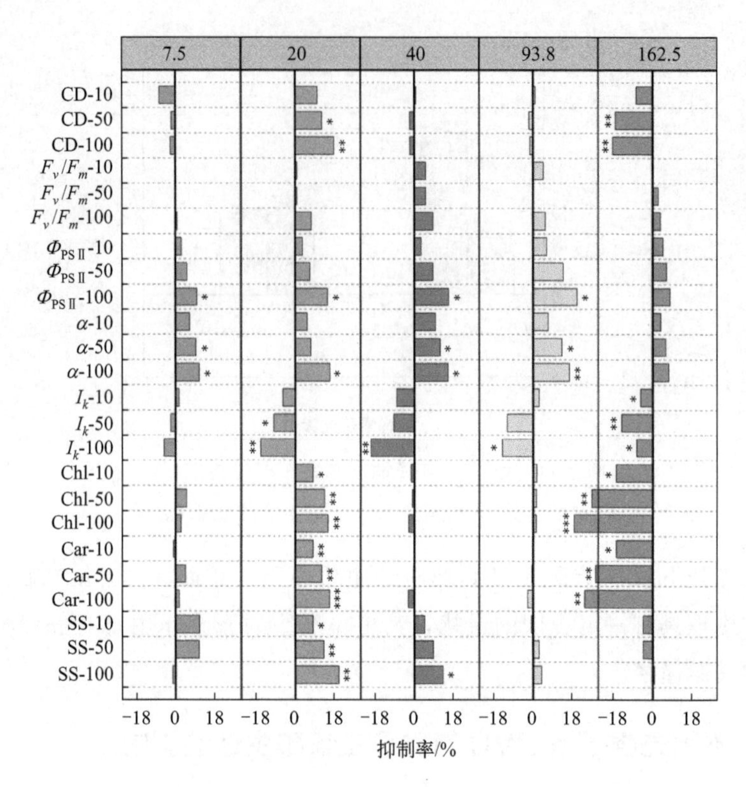

图 2-12　mPVC 和光强对链带藻生长和生理的交互影响

数字 7.5、20、40、93.8 和 162.5 表示光照强度，单位为 μmol/(m² · s)；数字 10、50 和 100 表示 mPVC 浓度，单位为 mg/L；Chl—叶绿素；Car—类胡萝卜素；CD—细胞密度；SS—可溶性糖含量；* 表示 $p < 0.05$，** 表示 $p < 0.01$，*** 表示 $p < 0.001$

在强光 162.5μmol/(m² · s) 下，50mg/L 和 100mg/L mPVC 对链带藻的生长具有明显的促进作用。高剂量 mPVC（50mg/L 和 100mg/L）在中等适宜光强 40μmol/(m² · s) 和 93.8μmol/(m² · s) 下显著降低了链带藻的 Φ_{PSII} 和 α，而藻细胞密度和色素含量不受影响。两种光强下微藻可溶性糖含量存在差异，在 40μmol/(m² · s) 时下降。随着光强进一步降低到 20μmol/(m² · s)，暴露于 mPVC 的链带藻的细胞密度、光合参数（Φ_{PSII} 和 α）、色素（叶绿素和类胡萝卜素）和可溶性糖含量均受到抑制，且随着 mPVC 浓度的增加，抑制作用增强。在极弱的光照［7.5μmol/(m² · s)］下，较高浓度 mPVC（> 50mg/L）导致链带藻的 Φ_{PSII} 和 α 值明显降低，而低浓度 mPVC（10mg/L）下链带藻的细胞密度略增加 7.5%，表明极弱光下低剂量 mPVC 可能对本就处于弱光胁迫状态下的微藻产生了毒物兴奋效应[7]。

利用双因素方差分析发现 mPVC 和光强对链带藻的生长（基于细胞密度和

叶绿素含量）具有交互作用，且 mPVC 浓度越高，交互作用越强（表 2-3）。光强在 7.5～93.8μmol/(m^2·s) 时，mPVC 能够显著干扰链带藻的光合作用（图 2-12），双因素方差分析发现其光合活性主要受单一 mPVC 暴露的影响，对 mPVC 与光强交互作用的响应较弱（表 2-4）。上述结果佐证了光合作用是链带藻对 mPVC 胁迫高度敏感的代谢途径。采用独立作用模型 IA 根据生物测定的结果计算，以适宜光照下无 mPVC 暴露处理组为参考，确定了 mPVC 与光强间的毒性作用模式（表 2-5、图 2-13），二者对链带藻生长的交互效应在强光 [162.5μmol/(m^2·s)] 下为拮抗作用，在弱光 [20μmol/(m^2·s)] 下为协同作用，在适宜光 [40μmol/(m^2·s) 和 93.8μmol/(m^2·s)] 和极弱光 [7.5μmol/(m^2·s)] 下为相加或轻微拮抗作用。此外，mPVC 浓度越高，$EC_{实验}/EC_{预期}$ 值变幅越大，表明毒性交互作用程度越高。

表 2-3 mPVC 与光强对链带藻生长（基于细胞密度和叶绿素含量）影响的双因素方差分析

mPVC 浓度/(mg/L)	组别	细胞密度			叶绿素含量		
		F 值	自由度（*df*）	显著性水平（*Sig.*）	*F* 值	自由度（*df*）	显著性水平（*Sig.*）
10	光强	1019.932	4	5.23×10^{-13}	479.066	4	2.25×10^{-11}
	mPVC	1.958	1	0.192	0.076	1	0.788
	光强×mPVC	4.160	4	0.031	3.600	4	0.046
50	光强	1886.031	4	2.44×10^{-14}	532.334	4	1.33×10^{-11}
	mPVC	1.680	1	0.224	1.222	1	0.295
	光强×mPVC	18.760	4	1.22×10^{-4}	12.342	4	0.001
100	光强	1245.275	4	1.93×10^{-13}	493.388	4	1.95×10^{-11}
	mPVC	3.198	1	0.104	0.781	1	0.397
	光强×mPVC	17.308	4	1.72×10^{-4}	14.852	4	3.28×10^{-4}

表 2-4 mPVC 与光强对链带藻光合作用（基于 Φ_{PSII}，α 和 I_k）影响的双因素方差分析

mPVC 浓度/(mg/L)	组别	Φ_{PSII}			α			I_k		
		F 值	*df*	*Sig.*	*F* 值	*df*	*Sig.*	*F* 值	*df*	*Sig.*
10	光强	207.347	4	1.43×10^{-9}	159.429	4	5.20×10^{-9}	110.723	4	3.09×10^{-8}
	mPVC	12.570	1	5.31×10^{-3}	37.869	1	1.08×10^{-4}	9.171	1	0.013
	光强×mPVC	0.256	4	0.899	1.421	4	0.296	4.674	4	0.022
50	光强	329.211	4	1.45×10^{-10}	257.633	4	4.88×10^{-10}	114.594	4	2.61×10^{-8}
	mPVC	57.316	1	1.90×10^{-5}	124.498	1	5.77×10^{-7}	82.218	1	4.00×10^{-6}
	光强×mPVC	1.789	4	0.208	3.162	4	0.064	4.864	4	0.019
100	光强	239.113	4	7.05×10^{-10}	210.979	4	1.31×10^{-9}	34.007	4	9.00×10^{-6}
	mPVC	131.639	1	4.45×10^{-7}	223.040	1	3.65×10^{-8}	68.469	1	9.00×10^{-6}
	光强×mPVC	3.340	4	0.055	7.961	4	0.004	2.287	4	0.132

表 2-5　生物测定结果和基于独立作用模型 IA 计算所得预测结果及两者的比值

光强 /[μmol/(m² · s)]	mPVC 浓度 /(mg/L)	$EC_{实验}$/%	$EC_{预期}$/%	$EC_{实验}/EC_{预期}$
7.5	10	67.19	74.89	0.90
	50	72.72	74.14	0.98
	100	72.32	74.17	0.98
20	10	46.41	36.70	1.26
	50	48.45	34.80	1.39
	100	54.04	34.87	1.55
93.8	10	−3.96	−4.20	0.94
	50	−6.90	−7.33	0.94
	100	−6.56	−7.21	0.92
162.5	10	39.13	47.04	0.83
	50	29.60	45.46	0.65
	100	28.39	45.52	0.62

注：mPVC 与光强的毒性相互作用类型通过独立作用模型（IA）[21] 确定，$E(Cx_{mix}) = 1-\prod_{i=1}^{n}[1-E(Cx_i)]$；其中，$E(Cx_{mix})$ 为 n 种物质的总生长抑制率（%），$E(Cx_i)$ 为第 i 种物质在 C_i 浓度下的生长抑制率（%）。通过将 IA 模型计算的预期结果（$EC_{预期}$）与实验结果（$EC_{实验}$）进行比较，推断其联合毒性类型[21]。如果预期结果大于实验结果，将毒性相互作用定义为拮抗作用。相反，如果预期结果低于实验结果，则为协同作用。当预期结果与实验结果相等时，表示相加作用。

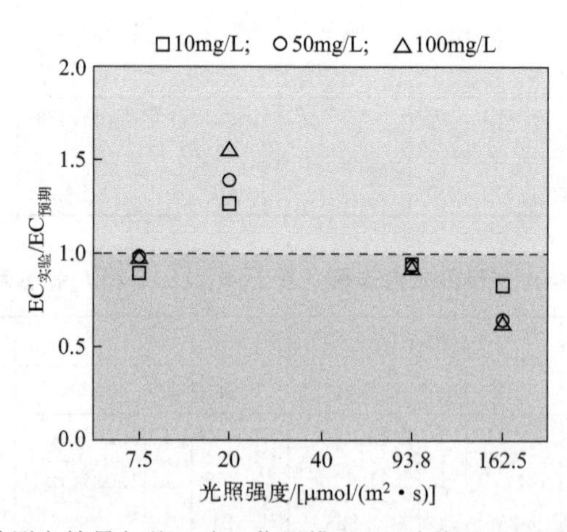

图 2-13　实验测定结果与基于独立作用模型 IA 计算所得预测结果间的比值

三、 mPVC 对微藻能量代谢的调节

可溶性糖是光合碳同化的产物，也是微藻细胞重要的能量物质。在 mPVC 和强光交互作用下，链带藻可溶性糖含量变化显著，表明其可能在藻细胞应对

mPVC 胁迫中发挥了重要作用。为了准确评估 mPVC 对胞内糖代谢的影响，计算了单位细胞内可溶性糖含量［图 2-14(a)］。尽管在 40μmol/(m^2·s) 光强下，链带藻的生长没有受到影响，但暴露于高剂量 mPVC（50mg/L 和 100mg/L）时其胞内可溶性糖含量显著减少了 10.9%～16.5%［图 2-14(a)］。10mg/L 和 100mg/L mPVC 分别在极弱光 7.5μmol/(m^2·s) 和强光 162.5μmol/(m^2·s) 下，导致链带藻胞内可溶性糖含量分别下降了 17.3%和 16.1%，上述条件下藻细胞具有较高的生长速率（图 2-12），据此推测此时可溶性糖含量的降低可能与藻细胞的快速生长需要更多的能量供应有关。对于极弱光［7.5μmol/(m^2·s)］下小幅度的生长促进效应，可归因于毒物兴奋效应[7]。可溶性糖也是微藻环境压力的高敏感胁迫响应指标之一[22]，其含量的变化表明高浓度 mPVC 的暴露增加了链带藻的外界压力。考虑到三种光强下［20μmol/(m^2·s)、40μmol/(m^2·s) 和 93.8μmol/(m^2·s)］，链带藻的 Φ_{PSII} 和 α 受 mPVC 影响的程度基本相同（图 2-12，$p > 0.05$）。因此，推测 40μmol/(m^2·s) 下，链带藻可溶性糖含量的降低原因是藻细胞消耗可溶性糖来克服 mPVC 引起的胁迫，以维持正常的生长状态。Seoane 等人发现，微藻可通过调节其胞内中性脂代谢来抵御 PS 微塑料的胁迫[20]。在试验中，当光强为 40μmol/(m^2·s) 和 93.8μmol/(m^2·s) 时，mPVC（100mg/L）显著降低了链带藻中性脂的含量［图 2-14（b)］。而两种光强下藻细胞内可溶糖和中性脂含量的变化趋势和程度不同，在 40μmol/(m^2·s) 下，链带藻中性脂和可溶性糖的含量均显著降低；在 93.8μmol/(m^2·s) 下，

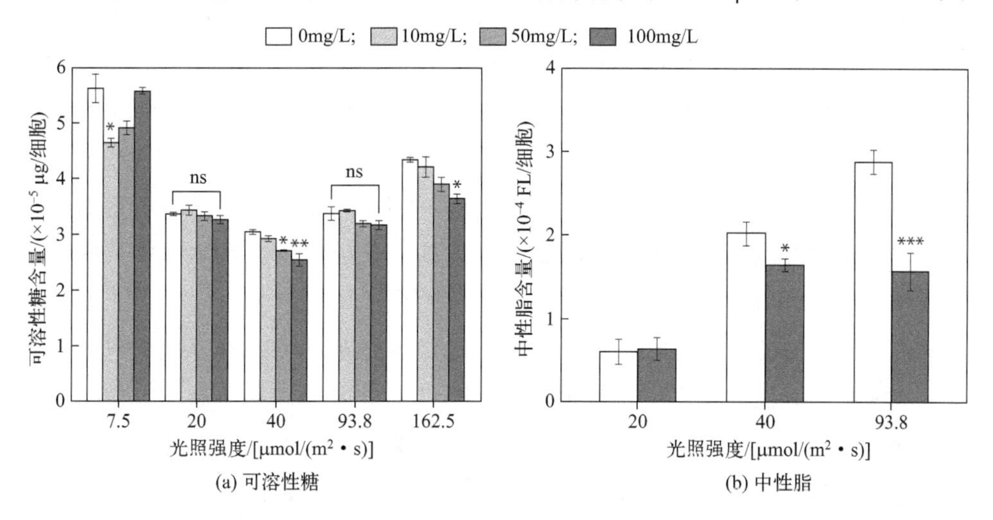

图2-14　不同暴露条件对链带藻胞内可溶性糖和中性脂含量的影响（FL 表示荧光强度）

* 表示 $p < 0.05$，** 表示 $p < 0.01$，*** 表示 $p < 0.001$；ns 表示无显著性差异

链带藻中性脂含量的降幅（45.4%）远高于 40μmol/(m^2·s)（18.8%），而可溶性糖含量的变化可忽略不计。这意味着链带藻可能采用不同的能量物质应对不同光强下 mPVC 的胁迫。然而，当胁迫压力超出藻细胞能够承受的自我调节范围时，这种适应性策略的作用非常有限。试验观察到在 mPVC 和光限制 [20μmol/(m^2·s)] 双重压力下，链带藻的生长受到了抑制，而胞内可溶性糖和中性脂含量没有明显改变（图 2-14）。

四、 mPVC 对微藻的致毒途径

在本节上述研究中，观察到 mPVC 的存在引起链带藻 Φ_{PSII} 的减少和 I_k 的增加，表明藻细胞受到 mPVC 诱导的遮光效应的影响。在 7.5～93.8μmol/(m^2·s) 范围内，Φ_{PSII} 随 mPVC 浓度升高而降低，而 I_k 随 mPVC 浓度的增加而升高，仅有较高浓度 mPVC（> 50mg/L）的暴露能够显著影响链带藻的光合参数（图 2-12），表明随着 mPVC 浓度的增加，遮光效应加剧。弱光 [20μmol/(m^2·s)] 下链带藻的细胞密度和叶绿素含量受到明显抑制，表明在光限制条件下加剧了遮光效应。光强升高 [162.5μmol/(m^2·s)] 时可有效缓解这种遮光抑制效应（图 2-12），佐证了 mPVC 暴露下链带藻的生理活动主要受遮光效应的影响。当光强度从 20μmol/(m^2·s) 提高到 162.5μmol/(m^2·s) 时，mPVC 对链带藻 Φ_{PSII} 和 α 的抑制作用减弱，进一步证实了遮光效应是 mPVC 对链带藻产生不利影响的主要原因。

关于 mPVC 的毒性效应主要是由物理接触还是非接触式引起的，本节进行了显微观察，在荧光、扫描电镜（SEM）和光学显微镜下（图 2-15），培养体系中 mPVC 颗粒主要以游离形态存在，并倾向于下沉到培养体系底部 [图 2-15(e)]，未观察到颗粒与微藻细胞直接物理接触的现象，这可能与 mPVC 表面具有强疏水性有关，不易与亲水性的微藻细胞发生互作。除了遮光效应外，直接相互作用可能会对微藻产生额外的负面效应，如氧化应激[5]。在本节中，即使暴露于 100mg/L mPVC 中，链带藻抗氧化酶活性（SOD 和 CAT）和丙二醛（MDA）含量也没有发生显著改变（图 2-16），也佐证了 mPVC 不会诱导物理接触对微藻细胞产生氧化损伤。据此推测 mPVC 对链带藻诱导的遮光效应属于非接触遮光效应 [图 2-15(f)]，即 mPVC 主要以非接触式遮光效应对链带藻的生长和生理产生不利影响。该结果与先前研究报道的在微藻细胞与小尺寸 MPs 特别是纳米级 MPs 之间观察到更多的物理接触存在差异[5]。

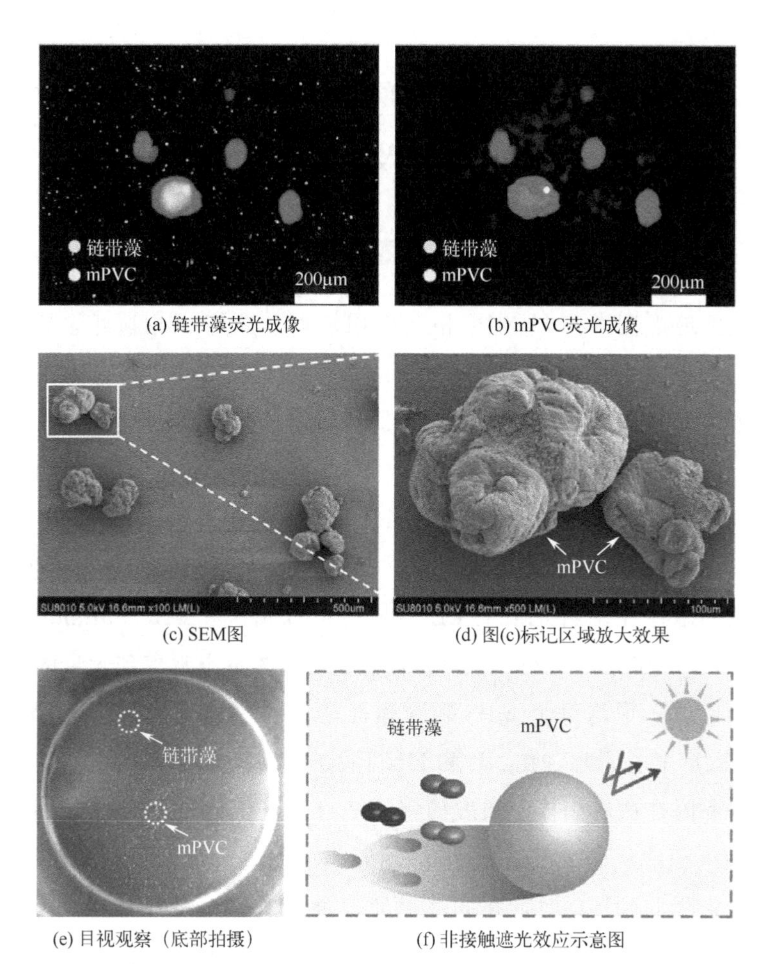

(a) 链带藻荧光成像 (b) mPVC荧光成像

(c) SEM图 (d) 图(c)标记区域放大效果

(e) 目视观察（底部拍摄） (f) 非接触遮光效应示意图

图 2-15　mPVC 与链带藻相互作用观察

mPVC 颗粒暴露浓度为 100mg/L

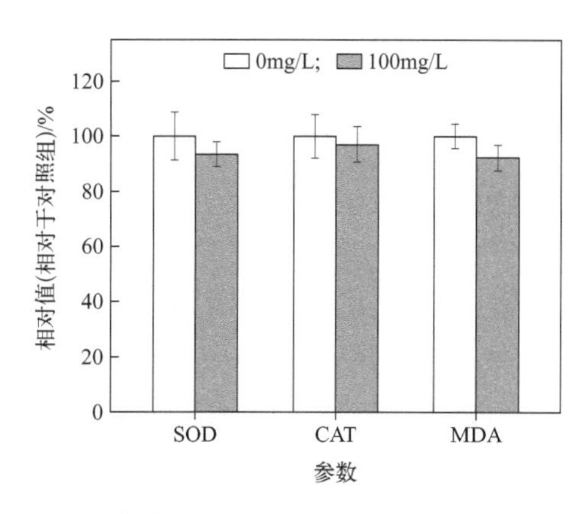

图 2-16　mPVC 对链带藻 SOD、CAT 抗氧化酶活性和 MDA 含量的影响

mPVC 暴露条件：光强 40μmol/(m^2 · s)，时间 96h

第三节 聚苯乙烯微塑料（mPS）对微藻的毒性效应及作用机制

一、不同光强下 mPS 表面微藻的聚集

为了更好地观测微藻与 MPs 相互作用，本节选用一种胞外多聚物（EPS）含量较高且对环境敏感的蛋白核小球藻为受试生物。由于微生物定殖诱导的 MPs 环境行为的改变存在尺寸上限（< 100μm）[23]，因此选用 10μm 聚苯乙烯微塑料（mPS）作为试验材料，监测其与蛋白核小球藻的异质聚集过程。光学显微镜观察到悬浮培养的蛋白核小球藻和 mPS 的聚集随光强的变化而变化（图 2-17）。在低光强［LL，15μmol/(m^2・s)］下，mPS 颗粒对藻细胞的吸附率较低，其主要以游离的形态存在。当光强从 LL 增加至正常光强［NL，55μmol/(m^2・s)］或高光强［HL，150μmol/(m^2・s)］时，在培养体系中观察到大量的 mPS-蛋白核小球藻团聚体，平均每个 mPS 颗粒表面聚集的藻细胞数量为 5.08 个（NL）和 4.56（HL）个。同时，在 NL 和 HL 下蛋白核小球藻及其与 mPS 形成的团聚体会沉积并黏附在底层固体基质表面（图 2-18），这有可能导致二者形成的异聚体从水体中沉积，从而改变 mPS 及其附着微生物在生态系统中的赋存状态[24]。然而，当光强降低到 LL 时，在固体基质表面未观察到单独或与藻细胞结合的

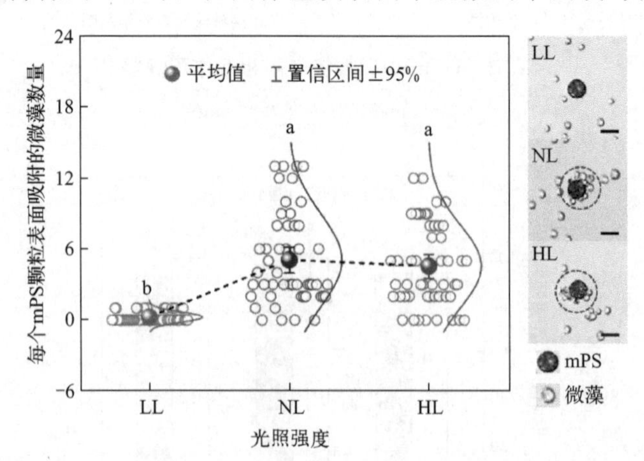

图 2-17 三种光强下每个 mPS 颗粒表面吸附的蛋白核小球藻数量及其光学图（$n = 50$）

圆球和实线分别表示平均值和 95%的置信区间；不同的小写字母表示各光照处理的差异；光学图中黑色实线代表 10μm；光照强度：LL 为低光强，15μmol/(m^2・s)，NL 为中等光强，55μmol/(m^2・s)，HL 为高光强，150μmol/(m^2・s)；本节后续图表缩写注释同此图

mPS颗粒（图2-18）。上述结果表明，mPS与蛋白核小球藻团聚体的形成受光照强度影响，且相对较高的光强条件可促进二者聚集。由于光在水体中的自然衰减和散射，mPS及其与微藻形成的团聚体大小必然会受到光强的影响，如果忽略光强对mPS与微藻之间相互作用的潜在影响，将不能对mPS与微藻的聚集产生的生态效应做出准确评估。

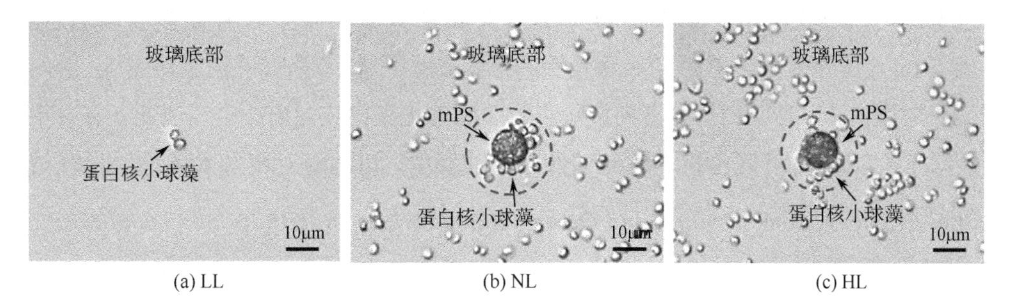

图2-18　三种光强下沉积到玻璃底部的蛋白核小球藻及其与mPS的团聚体的光学图

二、不同光强下mPS对微藻胞外聚合物分泌的影响

已有研究表明，mPS可诱导微藻分泌EPS，且mPS表面微藻的聚集过程受微藻细胞分泌的EPS介导[24-26]。试验发现，与未暴露的对照组相比，mPS暴露使蛋白核小球藻EPS的含量在常光（NL）下增加了20.9%，但在低光（LL）或高光（HL）下无明显变化［图2-19(a)］。更高的EPS分泌量有助于微藻细胞与MPs颗粒间形成异质聚集。当暴露于mPS后，LL、NL和HL下蛋白核小球藻分泌的EPS量分别为0.96×10^{-6} μg/细胞、1.36×10^{-6} μg/细胞和1.24×10^{-6} μg/细胞［图2-19(a)］，与平均每个mPS颗粒表面聚集的藻细胞数量变化趋势一致（图2-17），表明不同光强下mPS-蛋白核小球藻团聚体形成的差异与藻细胞分泌的EPS的含量密切相关。

通过荧光激发-发射矩阵平行因子分析（EEM-PARAFAC）研究了蛋白核小球藻EPS中的有机组分，共可获得三种独立的荧光组分［图2-19(c)］。组分1和组分2在激发波长/发射波长（Ex/Em）为（225，280）nm/346nm和（225，275）nm/302nm处具有明显的荧光峰，可分别定义为色氨酸类物质和酪氨酸类物质。组分3也由两个荧光峰组成，Ex/Em为（220，265）nm/286nm，可归类为芳香蛋白Ⅰ或可溶性微生物产物。进一步对化学成分进行分析，结果显示，LL、NL和HL下mPS存在时蛋白核小球藻分泌的EPS中色氨酸类物质的占比较高，分别为36%、46%和45%［图2-19(b)］，这与mPS颗粒表面聚集的藻细胞数之

间存在一定的正相关性。组分 2 酪氨酸类物质占总荧光强度的比例在光强升高和 mPS 暴露时略有升高，而组分 3 芳香蛋白Ⅰ或可溶性微生物产物含量呈下降趋势。但酪氨酸类物质占总荧光强度的比例在不同光强下的波动较小（26%～28%），表明其不是由微藻 EPS 介导的 mPS-微藻团聚体形成过程中起关键作用的组分。相反，含量显著提高的色氨酸类成分可能起主导作用。也有研究认为，色氨酸类物质能够缓解 mPS 胁迫，是一种抗胁迫物质[27]。三种光强中，NL 处理下 mPS 诱导微藻分泌的 EPS 含量及其色氨酸类物质含量较高［图 2-19(b)］，表明 mPS 对蛋白核小球藻的潜在不利影响可能会随着光强的变化而改变。因此，有必要阐明光强对 mPS 对蛋白核小球藻毒性效应的影响，以加深对复杂水环境中微藻与 mPS 相互作用引起的生态效应的理解。

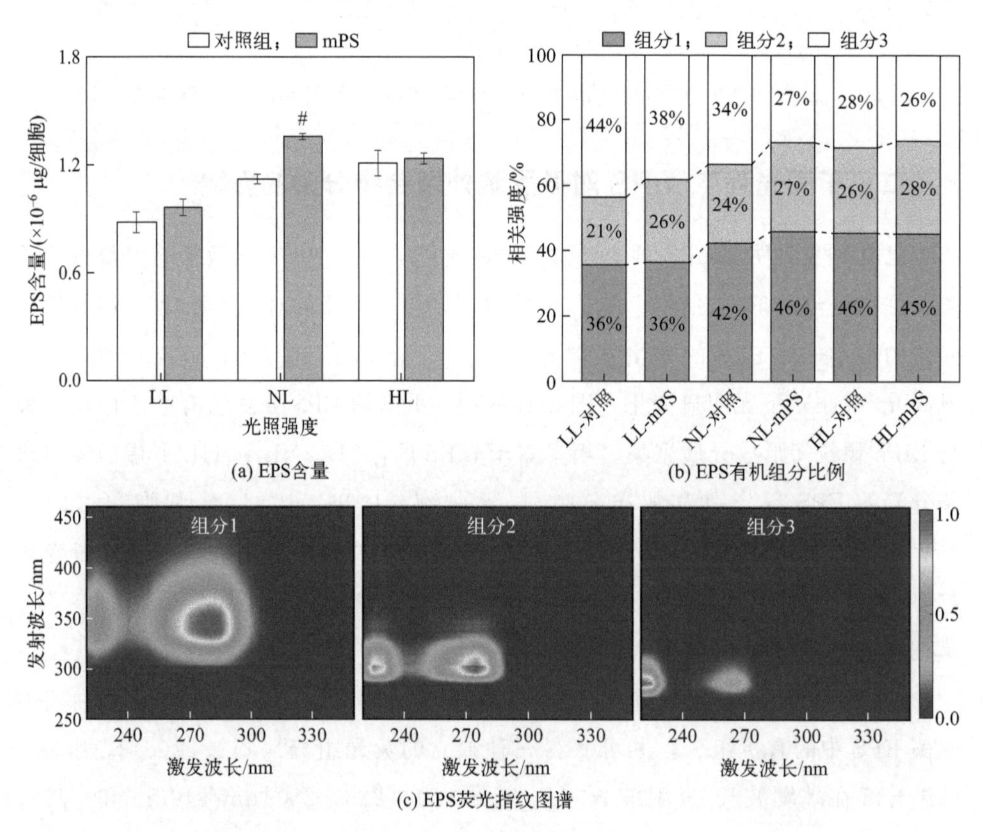

图 2-19　不同光强下 mPS 暴露对蛋白核小球藻分泌 EPS 的影响

三、不同光强下 mPS 对微藻的毒性效应

与对照组相比，暴露于 mPS 的蛋白核小球藻的细胞密度在 LL 下降低了 12.7%，但在 NL 和 HL 下无明显差异［图 2-20(a)］，表明 LL 能够增强 mPS 对

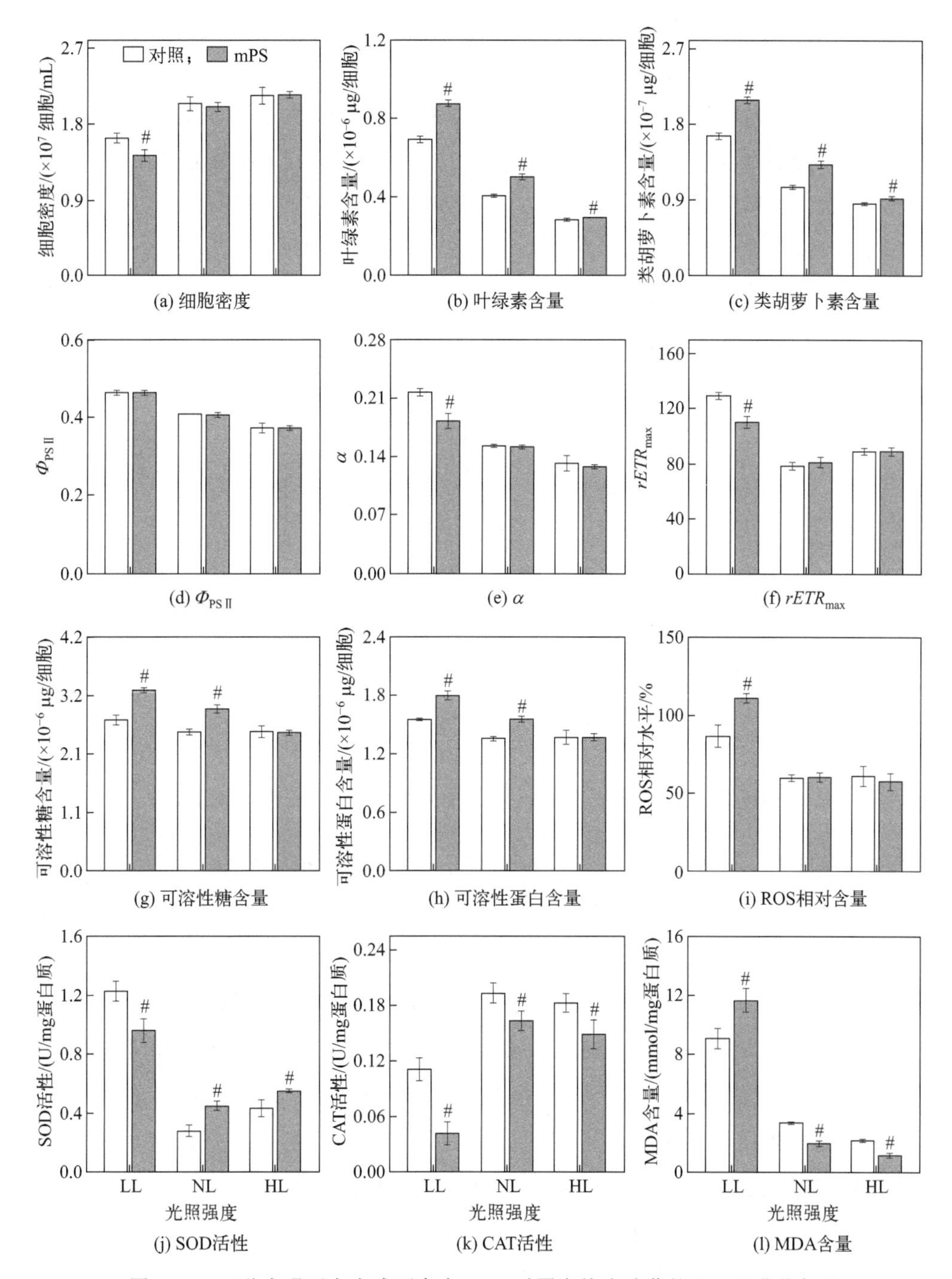

图 2-20　三种光强下存在或不存在 mPS 时蛋白核小球藻的生理生化指标

图中“#”号表示暴露组和对照组之间有显著差异

微藻的生长抑制。这可能与低光下 mPS 能够增加水体浑浊度，并降低可见光的透光率（图 2-21）有关。遮光效应是 mPS 对微藻产生毒性效应的主要原因，低光会导致到达藻细胞表面的光通量进一步减少，进而阻碍微藻的光合作用。因此，在暴露于 mPS 后，蛋白核小球藻的光能利用效率 α 和光电子传递速率 $rETR_{max}$ 分别下降 15.7%和 14.7% [图 2-20(e)，(f)]，表明其光合作用过程受到了干扰。但其对有效光合效率 Φ_{PSII} 的影响可忽略不计 [图 2-20(d)]，原因可能是藻细胞内光合色素含量的增加 [图 2-20(b)，(c)] 在一定程度上弥补了 mPS 颗粒对光合有效辐射的遮蔽。当光强从 LL 增加至 NL 或 HL 时，蛋白核小球藻能够分泌大量的色氨酸类物质 [图 2-19(b)] 充当保护屏障[27]，同时还可获得更多的光合有效辐射，因此缓解了 mPS 诱导的遮光效应。

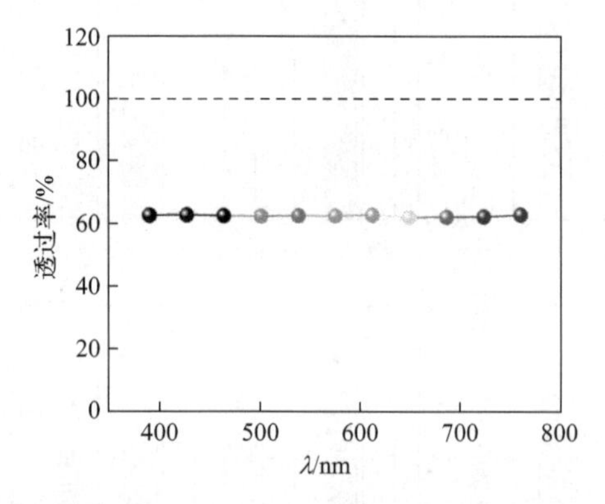

图 2-21　mPS 暴露时（250mg/L）可见光（390～760nm）的透过率

可溶性糖 [图 2-20(g)] 和可溶性蛋白 [图 2-20 (h)] 含量在 LL 下 mPS 存在时增加，然而增幅随着光强的增大而减小，表明在 LL 下藻细胞需要合成更多的抗胁迫物质来抵御 mPS 暴露引发的氧化应激。仅在 LL 下观察到活性 ROS 水平升高 28.3% [图 2-20(i)]，说明低光下微藻发生较严重的氧化损伤。当 ROS 过量产生时，微藻可通过调整其抗氧化防御系统，如提高超氧化物歧化酶（SOD）和过氧化氢酶（CAT）活性来清除积累的 ROS，来缓解 mPS 的伤害。mPS 暴露的蛋白核小球藻 SOD 活性 [图 2-20(j)] 在 LL 下降低，而在 NL/HL 下升高；其 CAT 活性在三个光强下均降低 [图 2-20(k)]，尤其是在 LL 下降低了 62.1%，而 NL、HL 下 CAT 活性仅下降 15.4%～18.5%。上述结果表明低光强下 mPS 诱导的 ROS 产生量可能超出了蛋白核小球藻自身的清除能力，导致抗氧化酶合成系统受到破坏，进而造成 SOD 和 CAT 活性出现大幅度降低[2]。过量积累的 ROS 能够氧化脂质并破坏细胞膜。丙二醛（MDA）是脂质过氧化的

醛二级产物之一，可以衡量氧化应激损伤相对严重程度。该指标在 LL 下暴露于 mPS 后，显著升高［图 2-20(l)］，而在 NL、HL 下降低，表明藻细胞膜的稳定性在低光下可能遭到了破坏，细胞伤害也更为严重。

采用第二代综合生物标志物响应指数 IBRv2 可以明确区分不同光照条件和 mPS 对蛋白核小球藻毒性效应的大小（以 NL 下不含有 mPS 的处理组为参考）。IBRv2 值越大，毒性越强[28]。如图 2-22(a) 所示，IBRv2 值的大小顺序为：LL＋mPS ＞ LL ＞ HL＋mPS ＞ NL＋mPS ＞ HL，且 LL＋mPS 和 LL 的 IBRv2 值较大（＞ 1）。进一步的系统聚类分析［图 2-22(b)］将不同的暴露条件分为两大类，第一类包含 LL＋mPS 和 LL，第二类则包含 HL＋mPS、NL＋mPS 和 HL。上述结果也验证了低光下 mPS 对蛋白核小球藻的危害更大，而在 NL、HL 下相对较轻。

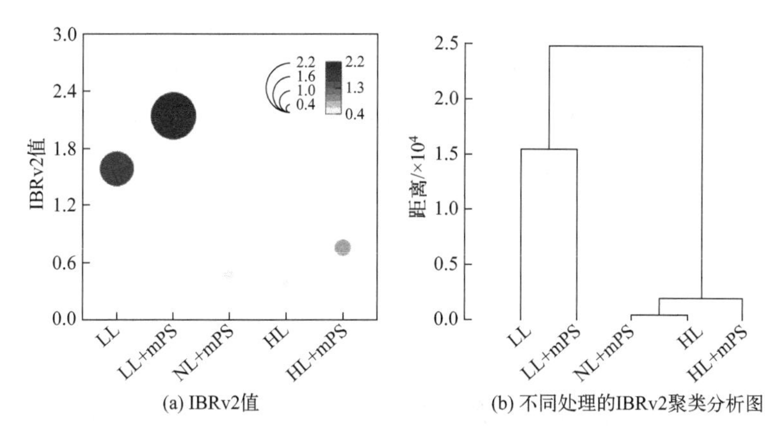

(a) IBRv2值　(b) 不同处理的IBRv2聚类分析图

图 2-22　不同光强条件和 mPS 暴露对蛋白核小球藻毒性效应的影响

IBRv2 值以 NL 下不含有 mPS 的处理组为参考计算

四、团聚体形成对 mPS 微藻毒性效应的影响

在 NL、HL 下，mPS 更容易与蛋白核小球藻发生聚集（图 2-17、图 2-18），增加塑料颗粒的密度，使其加速向培养体系底层迁移而与悬浮藻细胞间的直接物理接触减少，这也是 mPS 的一种“解毒途径”[5]。另外，较大体积的 mPS 颗粒也可作为附着藻细胞的生长基质[29]。因此，mPS 对蛋白核小球藻生长和光合作用的抑制作用在 NL、HL 下得到了缓解，最终 mPS 诱导的氧化应激程度降低。虽然 CAT 活性略有降低［图 2-20(k)］，但蛋白核小球藻能够通过提高 SOD 活性［图 2-20(j)］和诱导非酶抗氧化剂如类胡萝卜素含量的增加［图 2-20(c)］来清除相对较多的 ROS[2]，并最终恢复了 ROS 的水平［图 2-20(i)］，降低了脂质

过氧化程度［图 2-20(l)］。总体而言，光强可以通过调控 mPS 与微藻细胞的聚集影响其生物效应甚至环境风险。

五、 mPS与微藻细胞相互作用的微观表征

利用扫描电镜（SEM）和透射电镜（TEM）对 mPS-蛋白核小球藻团聚体超微结构进行观测，发现微藻细胞与 mPS 颗粒之间存在一层 EPS 结构（图 2-23）。TEM 图显示包裹在蛋白核小球藻细胞周围的 EPS 层与 mPS 颗粒紧密粘连，其中相互接触的区域相较于其他区域出现了明显的变形和压缩，表明 EPS 在 mPS 表面蛋白核小球藻的聚集过程中发挥着重要的桥接作用。将蛋白核小球藻的 EPS 单独提取后与 mPS 颗粒混匀，利用衰减全反射红外光谱（ATR-IR）分析了 mPS 颗粒与蛋白核小球藻 EPS 相互作用的分子结合模式。蛋白核小球藻 EPS 的主要吸收谱包括：$3285cm^{-1}$ 处为多糖中 O—H 的伸缩振动峰和蛋白质中 N—H 的伸缩振动峰；$1638cm^{-1}$ 和 $1530cm^{-1}$ 分别对应蛋白质中的 C ═O 或 C—N 的伸缩振动以及 N—H 的变形振动或 C—H 的伸缩振动；$1076cm^{-1}$ 处主要是与碳骨架和磷酸盐相关的基团，如 C—O—C；$\leqslant 900cm^{-1}$ 部分为由磷酸盐等官能团引起的“指纹”区。mPS 的主要吸收谱包括：$2925cm^{-1}$ 是—CH_2—的不对称伸缩振动吸收峰；$1450\sim1600cm^{-1}$ 区域出现苯环中—C ═C—的弯曲振动；$695\sim755cm^{-1}$ 的吸收峰为单取代苯环═CH 面外变形。EPS 吸附后，mPS 的红外光谱中没有出现新的吸收峰（图 2-24），表明 mPS 与蛋白核小球藻 EPS 结合后没有产生新的共价键，两者间的结合过程可能为物理作用。

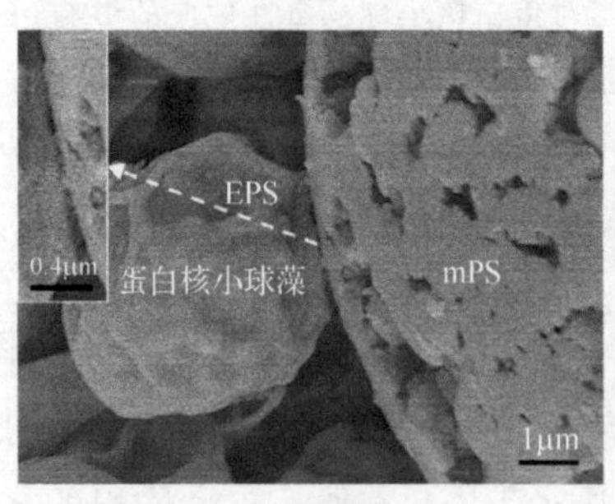

(a) SEM图

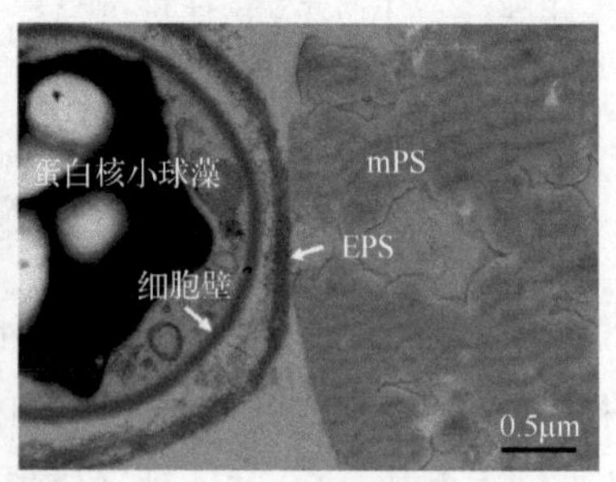

(b) TEM图

图 2-23　mPS-蛋白核小球藻团聚体的 SEM 和 TEM 图

六、 mPS与微藻细胞相互作用的理论分析

采用量子化学计算进一步探究 mPS 颗粒与蛋白核小球藻分泌的 EPS 间相互

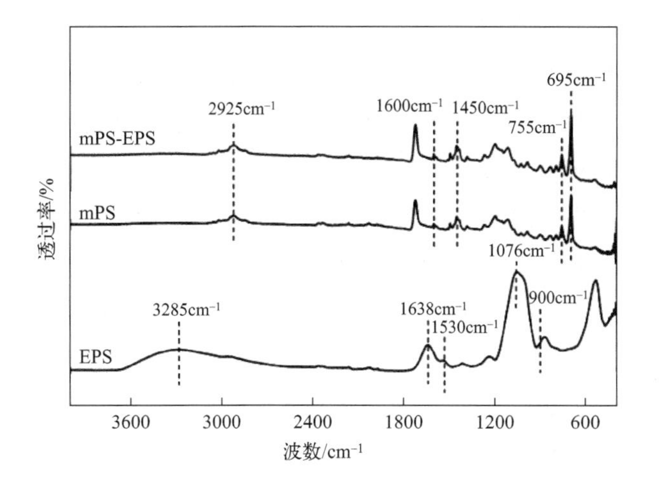

图 2-24　蛋白核小球藻 EPS、mPS 以及蛋白核小球藻 EPS 与 mPS 复合物的红外光谱图

作用的分子结合模式。由于 PS 塑料和 EPS 的分子量较大且结构复杂，为了减少计算量，选用组成单体苯乙烯代表 mPS，选取 7 种作为多糖最小组成单位的单糖分子和 5 种作为蛋白质最小组成单位的氨基酸分子（缩写见图 2-25 注释）代

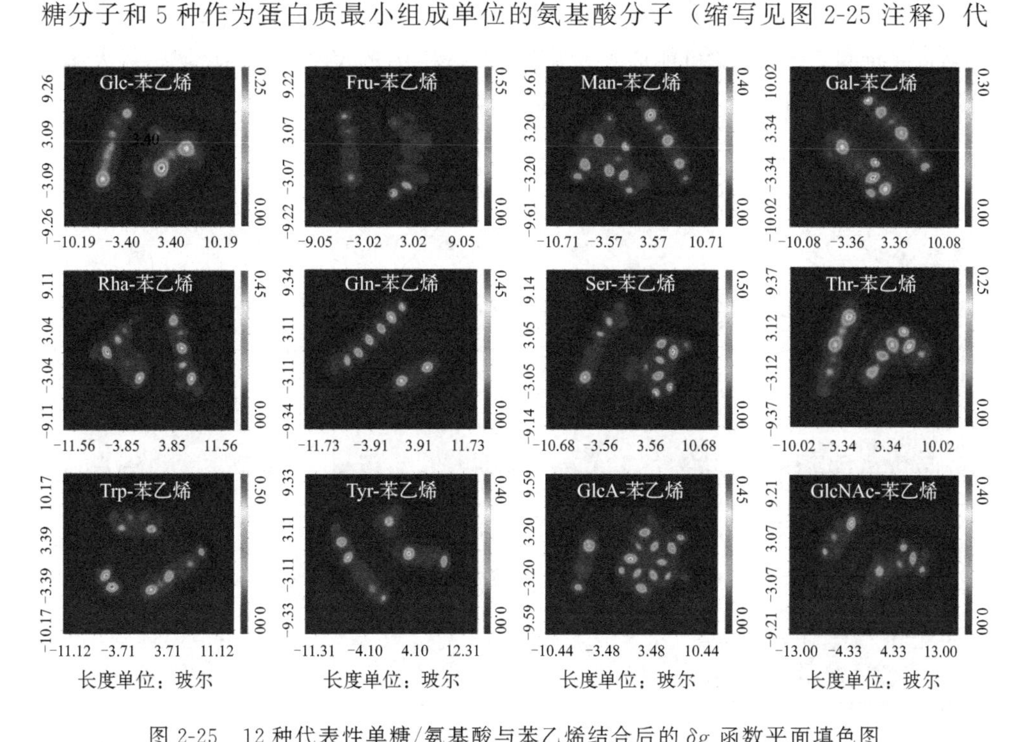

图 2-25　12 种代表性单糖/氨基酸与苯乙烯结合后的 δg 函数平面填色图

单糖/氨基酸缩写：Glc 为葡萄糖；Fru 为果糖；Man 为甘露糖；Gal 为半乳糖；Rha 为鼠李糖；Gln 为谷氨酰胺；Ser 为丝氨酸；Thr 为苏氨酸；Trp 为色氨酸；Tyr 为酪氨酸；GlcA 为葡糖醛酸；GlcNAc 为 *N*-乙酰氨基葡萄糖；本节后续图表缩写注释同此图

表 EPS 物质。采用基于独立梯度模型（IGM）的密度泛函理论（DFT）分析 mPS 颗粒与蛋白核小球藻 EPS 间相互作用的机制和特性。IGM 模型中定义的 δg 函数可以明确展示原子间相互作用的区域。其中，原子间相互作用越强，相互作用区域的 δg 越大。图 2-25 的 δg 函数平面填色图展示了 mPS 与 EPS 之间相互作用的所有类型。形成共价键的原子间 δg 较大，颜色为亮黄色甚至红色；浅蓝色区域 δg 较小，表明分子间为弱相互作用（纵坐标由上至下为红，黄，绿，浅蓝，深蓝）。

利用 IGM 方法解构分子内和分子间的相互作用，分析分子间相互作用力的类型，结果见图 2-26。绿色箭头所指的绿色梯度等值面表明 mPS 以范德瓦耳斯力等弱相互作用力与 EPS 结合。蓝色箭头指示的小面积蓝色梯度等值面表示在 EPS 中部分羟基与 mPS 中的苯环官能团间形成了 π 型氢键。通过分子间约化密度梯度（$\delta g^{\mathrm{inter}}$）相对第二个 Hessian 特征值（$\lambda_2$）和电子密度（$\rho$）乘积之间的散点图对 mPS 与 EPS 之间的相互作用进行定量分析（图 2-26 底部）。在（λ_2)ρ 的符号显著大于 0 的区域的红点区域电子密度不高，表明体系中存在轻微的空间位阻（排斥力）。在（λ_2)ρ 的符号为负的区域中，较大面积的蓝点表明一些复合物中存在强吸引力。由于这些位点电子密度较高，推测在这些位置可能形成了氢键。在（λ_2)ρ 的符号为 0 的区域附近大部分为绿色散点，表明 mPS 与 EPS 之间形成范德瓦耳斯力。

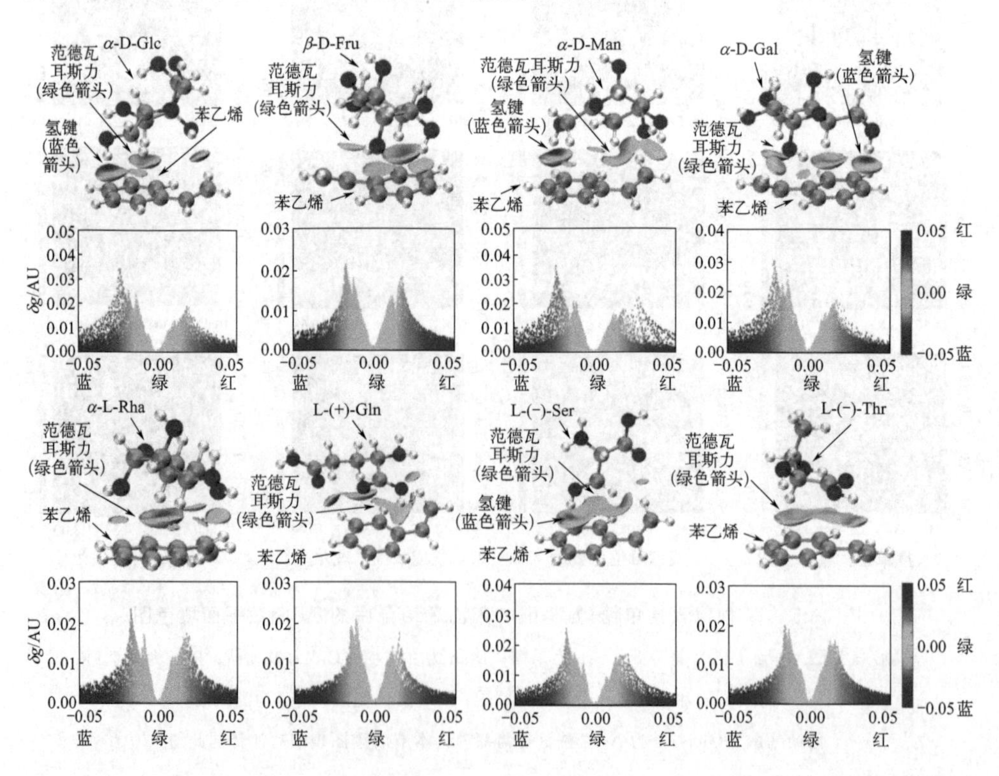

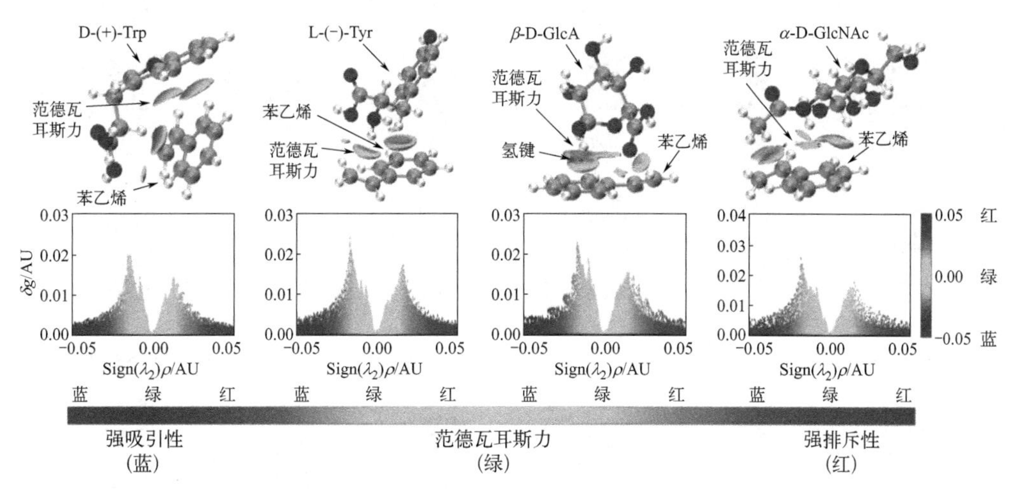

图 2-26　单糖/氨基酸与苯乙烯主要相互作用部分的梯度等值面和约化密度梯度（δg^{inter}）与电子密度（ρ）和第二个 Hessian 特征值（λ_2）的乘积的关系

根据（λ_2）ρ 的值从−0.05AU 到+0.05AU 在蓝—绿—红色刻度上着色

前线分子轨道理论可用于定性预测分子的激发特性和电子传输能力。最高占据分子轨道（HOMO）与作为电子供体的最外层高能轨道有关，反之最低未占分子轨道（LUMO）为电子受体。因此，HOMO 和 LUMO 共同决定了分子活性。对 12 种单糖/氨基酸-苯乙烯复合物之间的 HOMO 轨道和 LUMO 轨道进行分析，结果见图 2-27。当 mPS 与 EPS 结合后，分子的反应活性中心主要位于 mPS 一侧，意味着团聚体形成后，蛋白核小球藻 EPS 中与 mPS 结合的部分化学性质将变得稳定，很难再与其他物质发生反应。

进一步计算具体的最低未占分子轨道能（E_{LUMO}）、最高占据分子轨道能（E_{HOMO}）、HOMO-LUMO 能隙（ΔE）以及基于 DFT 计算结果获得的其他相关性质参数（表 2-6），可知 12 种单糖/氨基酸-苯乙烯复合物的 ΔE 均为较大的正值（0.3059～0.3145eV），表明 mPS-蛋白核小球藻团聚体的结构稳定。同时，电离能（I）(0.2760～0.3200eV)、整体硬度（η）(0.1530～0.1708eV）和较小的电子亲和性（A）(−0.0431～−0.0126eV)、亲电性（ε）(0.0473～0.0711eV）均相对较大，亦辅证其团聚体结构的稳定性。此外，所有复合物的化学势（μ）均为负值，表明团聚体中发生相互作用的区域具有热力学稳定性。总而言之，蛋白核小球藻 EPS 与 mPS 颗粒形成的团聚体具有良好的稳定性，有利于团聚体在形成后能够以整体的形式沉积并黏附在底层的固体基质上（图 2-18）。

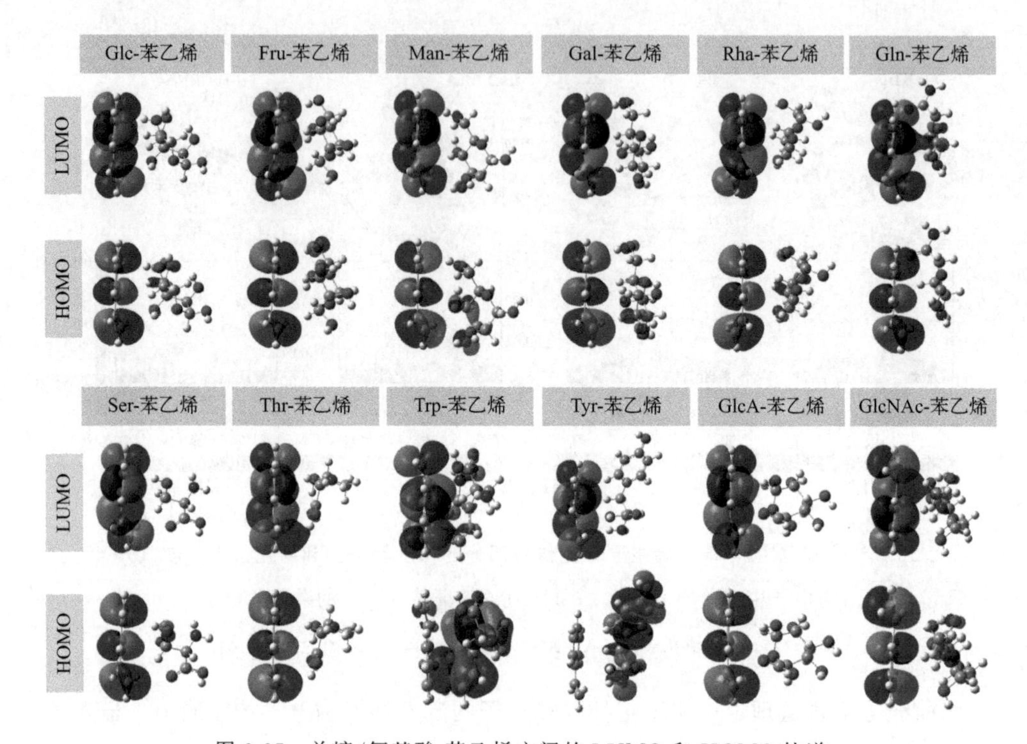

图 2-27　单糖/氨基酸-苯乙烯之间的 LUMO 和 HOMO 轨道

C、H、O 和 N 原子分别以青色、白色、红色和蓝色着色。原子附近较大的绿色和棕色球体分别代表电子波函数的正负相位

表 2-6　苯乙烯与 12 种单糖/氨基酸结合物的基本性质

No.	复合物	E_{LUMO}/eV	E_{HOMO}/eV	ΔE/eV	I/eV	A/eV	μ/eV	η/eV	ε/eV
1	Glc-苯乙烯	0.0126	−0.3200	0.3326	0.3200	−0.0126	−0.1537	0.1663	0.0711
2	Fru-苯乙烯	0.0220	−0.3145	0.3365	0.3145	−0.0220	−0.1463	0.1682	0.0636
3	Man-苯乙烯	0.0253	−0.3112	0.3364	0.3112	−0.0253	−0.1430	0.1682	0.0607
4	Gal-苯乙烯	0.0220	−0.3154	0.3375	0.3154	−0.0220	−0.1467	0.1687	0.0638
5	Rha-苯乙烯	0.0340	−0.3043	0.3383	0.3043	−0.0340	−0.1352	0.1692	0.0540
6	Gln-苯乙烯	0.0431	−0.2967	0.3398	0.2967	−0.0431	−0.1268	0.1699	0.0473
7	Ser-苯乙烯	0.0282	−0.3134	0.3415	0.3134	−0.0282	−0.1426	0.1708	0.0596
8	Thr-苯乙烯	0.0167	−0.3136	0.3303	0.3136	−0.0167	−0.1485	0.1652	0.0667
9	Trp-苯乙烯	0.0299	−0.2760	0.3059	0.2760	−0.0299	−0.1231	0.1530	0.0495
10	Tyr-苯乙烯	0.0229	−0.2895	0.3124	0.2895	−0.0229	−0.1333	0.1562	0.0569
11	GlcA-苯乙烯	0.0334	−0.3010	0.3344	0.3010	−0.0334	−0.1338	0.1672	0.0535
12	GlcNAc-苯乙烯	0.0310	−0.3022	0.3332	0.3022	−0.0310	−0.1356	0.1666	0.0552

七、 mPS-蛋白核小球藻团聚体形成的内在驱动力

DFT 和红外光谱分析证实 mPS 与 EPS 之间以非键相互作用即分子间相互作用力结合（图 2-24～图 2-26），即 mPS 与蛋白核小球藻团聚体的形成过程由塑料颗粒与微藻 EPS 间的物理作用驱动，分子间作用力如范德瓦耳斯力和氢键是主要的相互作用机制。另外，在选择的 12 种代表性单糖/氨基酸中，色氨酸与苯乙烯之间相互作用能的绝对值为 11.86kcal/mol（1kcal/mol＝4.1840kJ/mol），高于平均相互作用能（绝对值 10.60kcal/mol），而酪氨酸与苯乙烯的相互作用能（绝对值 8.45kcal/mol）则低于平均作用能（表 2-7、图 2-28）。相互作用能的绝对值越高，意味着化合物分子之间的相互作用能力越高，结合得越紧密[30]。EPS 中色氨酸类物质对 mPS 的作用力比酪氨酸类物质更高，因此能在 mPS-蛋白核小球藻团聚体形成中起主导作用。

表 2-7　苯乙烯与 12 种单糖/氨基酸间的相互作用能

No.	复合物	$E_{相互作用能}$/(kcal/mol)	No.	复合物	$E_{相互作用能}$/(kcal/mol)
1	Glc-苯乙烯	−8.40	7	Ser-苯乙烯	−8.33
2	Fru-苯乙烯	−12.61	8	Thr-苯乙烯	−15.96
3	Man-苯乙烯	−11.95	9	Trp-苯乙烯	−11.86
4	Gal-苯乙烯	−12.75	10	Tyr-苯乙烯	−8.45
5	Rha-苯乙烯	−8.87	11	GlcA-苯乙烯	−10.43
6	Gln-苯乙烯	−8.50	12	GlcNAc-苯乙烯	−9.14

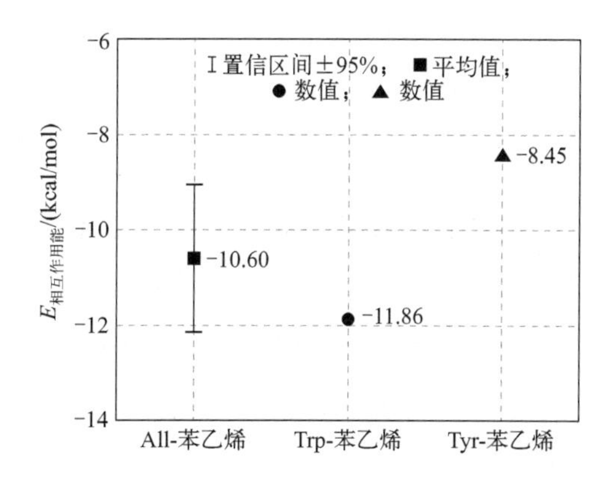

图 2-28　苯乙烯与 12 种单糖/氨基酸、色氨酸和酪氨酸之间相互作用能大小的对比

八、 mPS与微藻细胞相互作用的模拟验证

由于自然水体实际情况比实验室条件复杂，为验证实际环境中光强对 mPS 与微藻相互作用的影响，在室内模拟天然水体进行 mPS 与微藻团聚试验，以便在更接近真实环境的条件下评估 mPS 表面蛋白核小球藻聚集过程受光强调节的情况。模拟试验结果（图 2-29～图 2-31）与实验室条件下团聚时观察到的现象一致，验证了光强调节微藻在 mPS 表面聚集行为的假说。在 NL 下形成的团聚体中的微生物和微藻生物量［图 2-29(a)，(b)］均显著高于 LL 条件，即在天然水体中低光强下 mPS 暴露对微藻也具有较大的毒性效应。光学显微观察发现，NL 下形成结构稳定的大尺寸团聚体，而 LL 下形成的团聚体体积较小且易于分解［图 2-29(c)］。

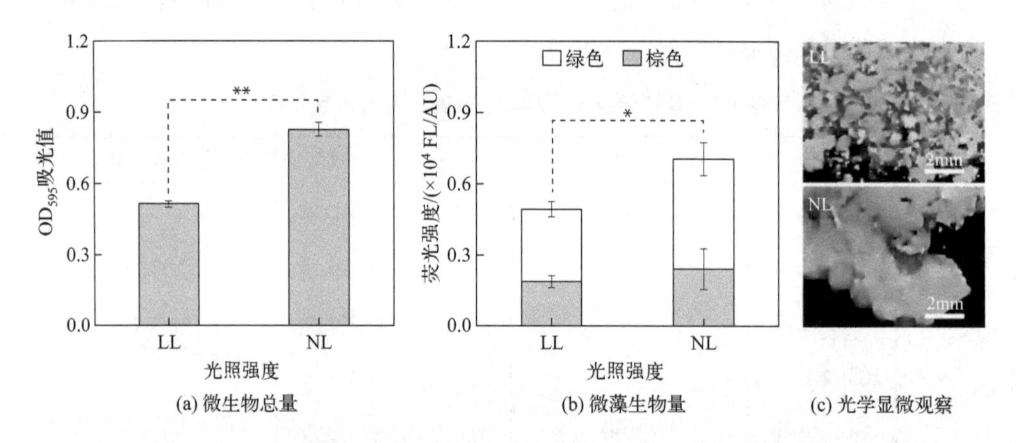

(a) 微生物总量　(b) 微藻生物量　(c) 光学显微观察

图 2-29　两种光强下模拟天然水体室内试验观察 mPS 与微藻团聚体形成

试验条件：将对数生长期的蛋白核小球藻液接种到 300mL 天然湖水（于 2022 年 11 月份采集自南京市月牙湖，预先过 600 目尼龙筛绢）中。初始藻细胞密度与实验室条件研究一致。为保证试验期间微生物的正常生长，向培养体系中加入与 BG-11 培养基同等含量的营养盐。设置 mPS 的暴露浓度为 250mg/L。光照强度为低光（LL）16μmol/(m^2 · s) 和常光（NL）40μmol/(m^2 · s)；微生物总量基于结晶紫在 595nm 的吸光度计算；微藻生物量基于叶绿素荧光值计算

采用 SEM 对团聚体的形貌进行超微结构表征也发现 NL 下形成的团聚体中微生物的数量和种类较多，在 mPS 颗粒表面和周围附着了大量来自天然湖水的细菌生物体（图 2-30）。这些微生物与 mPS 颗粒紧密粘连，甚至完全融合。在相同视野下，LL 下形成的团聚体中微生物的数量和种类则相对较少，与 mPS 颗粒的结合也较为松散且边界明显。

通过对团聚体中微生物分泌的 EPS 进行染色（基于多糖和蛋白质成分），并

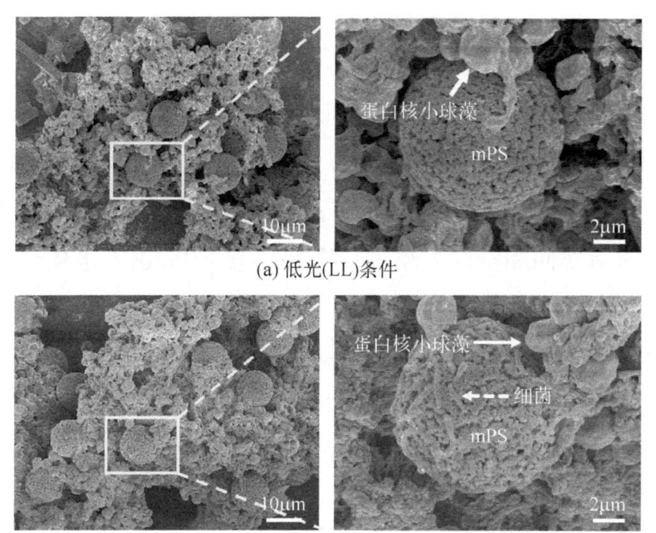

(a) 低光(LL)条件

(b) 常光(NL)条件

图 2-30 低光（LL）和常光（NL）下形成的团聚体的 SEM 图

图(a) 和图(b) 右侧图分别为左侧图中标记区域的放大图

在激光扫描共聚焦显微镜（CLSM）下观察多种复合荧光的强度，可将团聚体立体结构可视化（图 2-31）。NL 下微生物比在 LL 下分泌更多的 EPS，形成更大的团聚体，并且在空间分布上也更为均匀。总而言之，相对较高的光照强度有利于自然水体中的微生物群落（包括微藻、细菌和其他类型的微生物）通过分泌更多的 EPS 与 mPS 颗粒形成致密、体积较大且不易分解的团聚体。

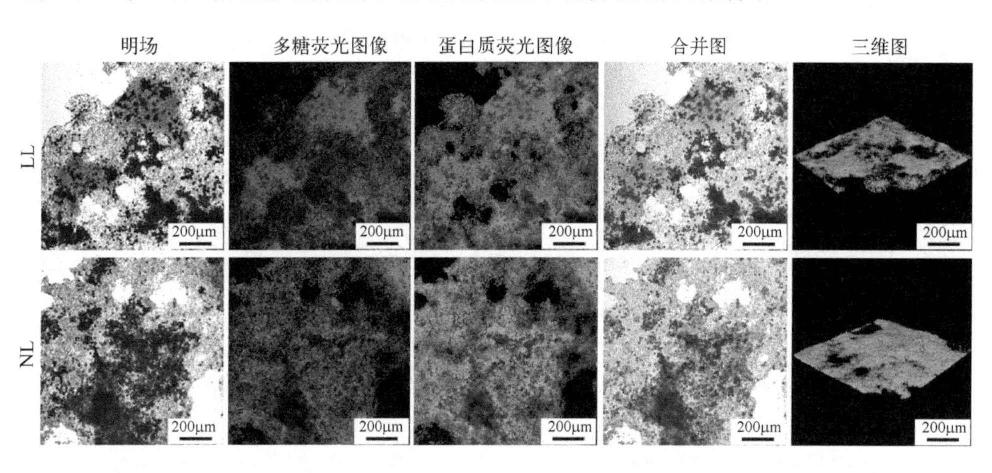

图 2-31 两种光强下形成的团聚体的激光扫描共聚焦显微镜（CLSM）观察图

明场中黑色圆点代表 mPS 颗粒；多糖用刀豆蛋白 A 染色后获得红色荧光图像；蛋白质用异硫氰酸荧光素染色后获得绿色荧光图像；合并图为明场、多糖和蛋白质荧光图像的融合图像；三维图为多糖和蛋白质荧光融合图像

九、光强调节微藻与 MPs 相互作用的环境启示

微生物的聚集在 MPs 从水体表层到深层的纵向迁移中发挥着重要作用[31]。本节的结果证实了小尺寸 MPs 表面微藻的聚集存在光强阈值，即在外界光照条件适宜微藻生长或光强较高时，倾向于形成结构稳定的团聚体。由于光照条件在水生生态系中具有时间和空间异质性，这意味着 MPs 进入水体后，由于与微藻及其他微生物的作用，其垂直迁移行为可能会随着季节和地理位置的变换而改变。MPs 与微藻的相互作用不仅影响环境赋存特征，还调节其对水生生物的生物利用度，即通过直接或间接摄入，小尺寸 MPs 能进入浮游动物或鱼类体内进而诱发毒性[32]。微藻与 MPs 的聚集可能增加消费者摄食 MPs 颗粒的概率[23]。有研究发现微藻作为一种天然食物来源，能减轻 MPs 相关环境污染物对浮游动物的毒性作用[33]。但由于光强不同对微藻产生不一样的毒性效应，被摄食后很可能对浮游动物等猎食者的生理代谢造成影响，且这种影响也会受到季节或地理因素影响。综上所述，在对水生环境中的 MPs 进行风险评估和管理时需考虑由 MPs 表面微藻聚集所带来的环境影响。

参考文献

[1] Andrady A L. Microplastics in the marine environment. Marine Pollution Bulletin, 2011, 62（8）: 1596-1605.

[2] Zhang J, Kong L, Zhao Y, et al. Antagonistic and synergistic effects of warming and microplastics on microalgae: Case study of the red tide species *Prorocentrum donghaiense*. Environmental Pollution, 2022, 307: 119515.

[3] Parsai T, Figueiredo N, Dalvi V, et al. Implication of microplastic toxicity on functioning of microalgae in aquatic system. Environmental Pollution, 2022, 308: 119626.

[4] Bhattacharya P, Lin S J, Turner J P, et al. Physical adsorption of charged plastic nanoparticles affects algal photosynthesis. The Journal of Physical Chemistry C, 2010, 114（39）: 16556-16561.

[5] Mao Y, Ai H, Chen Y, et al. Phytoplankton response to polystyrene microplastics: Perspective from an entire growth period. Chemosphere, 2018, 208: 59-68.

[6] Nava V, Leoni B. A critical review of interactions between microplastics, microalgae and aquatic ecosystem function. Water Research, 2021, 188: 116476.

[7] Chae Y, Kim D, An Y J. Effects of micro-sized polyethylene spheres on the marine microalga *Dunaliella salina*: Focusing on the algal cell to plastic particle size ratio. Aquatic Toxicology, 2019, 216: 105296.

[8] Prata J C, da Costa J P, Duarte A C, et al. Methods for sampling and detection of microplastics in water and sediment: A critical review. TrAC Trends in Analytical Chemistry, 2019, 110: 150-159.

[9] Stanton T, Johnson M, Nathanail P, et al. Exploring the efficacy of Nile Red in microplastic quantification: A costaining approach. Environmental Science & Technology Letters, 2019, 6 (10): 606-611.

[10] Prata J C, Reis V, Matos J T V, et al. A new approach for routine quantification of microplastics using Nile Red and automated software (MP-VAT). Science of the Total Environment, 2019, 690: 1277-1283.

[11] 王春. 光强对微塑料颗粒与微藻细胞相互作用的影响及机制. 南京: 南京农业大学, 2023.

[12] Huffer T, Hofmann T. Sorption of non-polar organic compounds by micro-sized plastic particles in aqueous solution. Environmental Pollution, 2016, 214: 194-201.

[13] Filius J D, Lumsdon D G, Meeussen J C L, et al. Adsorption of fulvic acid on goethite. Geochimica Et Cosmochimica Acta, 2000, 64 (1): 51-60.

[14] Xu D, Zhou X, Wang X K. Adsorption and desorption of Ni^{2+} on Na-montmorillonite: Effect of pH, ionic strength, fulvic acid, humic acid and addition sequences. Applied Clay Science, 2008, 39 (3-4): 133-141.

[15] Guo X, Wang X, Zhou X, et al. Sorption of four hydrophobic organic compounds by three chemically distinct polymers: Role of chemical and physical composition. Environmental Science & Technology, 2012, 46 (13): 7252-7259.

[16] Ratnasingham S, Hebert P D N. Bold: the barcode of life data system (www.barcodinglife.org). Molecular Ecology Notes, 2007, 7 (3): 355-364.

[17] Maes T, Jessop R, Wellner N, et al. A rapid-screening approach to detect and quantify microplastics based on fluorescent tagging with Nile Red. Scientific Reports, 2017, 7: 44501.

[18] Horton P, Ruban A V. Delta-pH-dependent quenching of the Fo-level of chlorophyll fluorescence in spinach leaves. Biochimica et Biophysica Acta-Bioenergetics, 1993, 1142: 203-206.

[19] Weissman J C, Polle J. Comparison of marine microalgae culture systems for fuels production and carbon sequestration. United States: SeaAg, Inc., Vero Beach, FL, 2006.

[20] Seoane M, Gonzalez-Fernandez C, Soudant P, et al. Polystyrene microbeads modulate the energy metabolism of the marine diatom *Chaetoceros neogracile*. Environmental Pollution, 2019, 251: 363-371.

[21] Backhaus T, Arrhenius A, Blanck H. Toxicity of a mixture of dissimilarly acting substances to natural algal communities: predictive power and limitations of independent action and concentration addition. Environmental Science & Technology, 2004, 38 (23): 6363-6370.

[22] Yang W, Zou S, He M, et al. Growth and lipid accumulation in three *Chlorella* strains from different regions in response to diurnal temperature fluctuations. Bioresource Technology, 2016, 202: 15-24.

[23] Wright R J, Erni-Cassola G, Zadjelovic V, et al. Marine plastic debris: A new surface for microbial colonization. Environmental Science & Technology, 2020, 54 (19): 11657-11672.

[24] Long M, Paul-Pont I, Hegaret H, et al. Interactions between polystyrene microplastics and marine phytoplankton lead to species-specific hetero-aggregation. Environmental Pollution, 2017, 228: 454-463.

[25] Lagarde F, Olivier O, Zanella M, et al. Microplastic interactions with freshwater microalgae: Hetero-aggregation and changes in plastic density appear strongly dependent on polymer type. Environmental Pollution, 2016, 215: 331-339.

[26] Cunha C, Faria M, Nogueira N, et al. Marine vs freshwater microalgae exopolymers as bioso-

lutions to microplastics pollution. Environmental Pollution, 2019, 249: 372-380.

[27] Ye T, Yang A, Wang Y, et al. Changes of the physicochemical properties of extracellular polymeric substances (EPS) from *Microcystis aeruginosa* in response to microplastics. Environmental Pollution, 2022, 315: 120354.

[28] Sanchez W, Burgeot T, Porcher J M. A novel "Integrated Biomarker Response" calculation based on reference deviation concept. Environmental Science and Pollution Research, 2013, 20 (5): 2721-2725.

[29] Gopalakrishnan K, Kashian D R. Extracellular polymeric substances in green alga facilitate microplastic deposition. Chemosphere, 2022, 286: 131814.

[30] Yang C, Wu W, Zhou X, et al. Comparing the sorption of pyrene and its derivatives onto polystyrene microplastics: Insights from experimental and computational studies. Marine Pollution Bulletin, 2021, 173: 113086.

[31] Amaral-Zettler L A, Zettler E R, Mincer T J. Ecology of the plastisphere. Nature Reviews Microbiology, 2020, 18 (3): 139-151.

[32] Carbery M, O'Connor W, Thavamani P. Trophic transfer of microplastics and mixed contaminants in the marine food web and implications for human health. Environment International, 2018, 115: 400-409.

[33] Lyu K, Yu B, Li D, et al. Increased food availability reducing the harmful effects of microplastics strongly depends on the size of microplastics. Journal of Hazardous Materials, 2022, 437: 129375.

第三章　微塑料和其他污染物对微藻的联合毒性效应与作用机制

在自然水体中，微塑料不可避免地会遇到其他环境污染物，如有机污染物、重金属离子和纳米材料等。微塑料的比表面积大、疏水性强，使其比天然悬浮有机物更容易吸附有机污染物并作为污染物的载体，进而改变二者的生物可利用性和生物毒性[1]。由于微塑料在环境中分布的普遍性和持久性，微塑料与其他污染物之间的相互作用是环境风险评估中受到重点关注的一个领域。近年来抗生素的广泛应用及其诱发耐药基因的问题，一直是环境问题的研究热点[2]。抗生素容易被塑料等疏水性物质所吸附，进而改变其在环境介质中的浓度和迁移转化[3]，导致其在水生生物体内产生累积效应，并在遗传和分子水平上影响水生生物的代谢[4]，最终产生复杂的生态效应。

微塑料与共存环境污染物的混合毒性效应并不完全是简单的相加或相减的关系，共暴露的毒理学结果可能会同时存在多种类型，即拮抗效应、相加效应和协同效应[5]。一方面，微塑料对污染物强烈的富集作用可能导致其转变为水体污染物的新热点，提高污染物的生物利用度或生物负效应，进而导致更为严重的毒性效应——“特洛伊木马效应”；另一方面，微塑料颗粒通过吸附、聚集等过程可降低共存环境污染物的生物可利用性，从而可缓解它们对微藻的毒性效应。此外，与微米级塑料相比，纳米级微塑料（nanoplastics，NPs，粒径$<1\mu m$）可对微藻产生更大的毒性效应[6]。由于NPs具有更大的比表面积，加之疏水特性使其易于富集共存的环境污染物[7]，其环境风险更不容忽视。NPs与可见光波长（波长范围为390～760nm）的尺寸大小相当，光具有干涉衍射的波动性，在自然水体中NPs更容易与光发生相互作用，进而影响微藻的可见光利用效率和细胞代谢，导致水体中NPs与共存环境污染物之间的相互作用和联合毒性在不同

光强下产生非常复杂的交互效应。因此，评估微塑料与共存污染物的毒性效应时需要综合考虑光强的影响。

本章主要研究了聚苯乙烯纳米塑料（nPS）与常见抗生素的相互作用及其联合致毒机制，包括：基于微藻的生长、色素含量、光合作用、生化成分和抗氧化酶活性等指标评估 nPS 与大环内酯类抗生素的联合毒性模式；探讨光强对 nPS 与磺胺类抗生素对微藻联合毒性效应的影响，结合理论化学计算，阐明不同光强下微塑料对抗生素的吸附容量、分子间作用力和调控因素，揭示光强对 NPs 与共存环境污染物相互作用的潜在影响和可能机制。

第一节　聚苯乙烯纳米塑料与罗红霉素对链带藻的联合毒性效应与作用机制

一、 nPS 和罗红霉素对链带藻的单一毒性效应

选取了一种典型的大环内酯类抗生素罗红霉素（roxithromycin，ROX）和对微藻毒性更强的聚苯乙烯纳米塑料（nPS，500nm）作为测试污染物，以常用指示种链带藻为受试生物，探讨 nPS 和 ROX 单独及在环境相关剂量联合暴露下对微藻产生的毒性效应。研究发现，nPS 和 ROX 单独作用下对链带藻的单一毒性浓度-效应图均呈典型的 S 形（图 3-1），由此模拟计算 nPS 与 ROX 对链带藻 96h 的半数效应浓度（96h，EC_{50}）及 95％的置信区间（表 3-1），nPS 和 ROX 的 EC_{50} 分别为 274mg/L 和 0.15mg/L。nPS 的 EC_{50} 值远高于文献报道的基于杜氏盐藻测算的 12.97mg/L[8]，其差异可能源于微藻种类对污染响应的差异。ROX 的 EC_{50} 值与文献报道红霉素相近[9]，说明较低浓度的抗生素会对微藻产生较大的毒性。

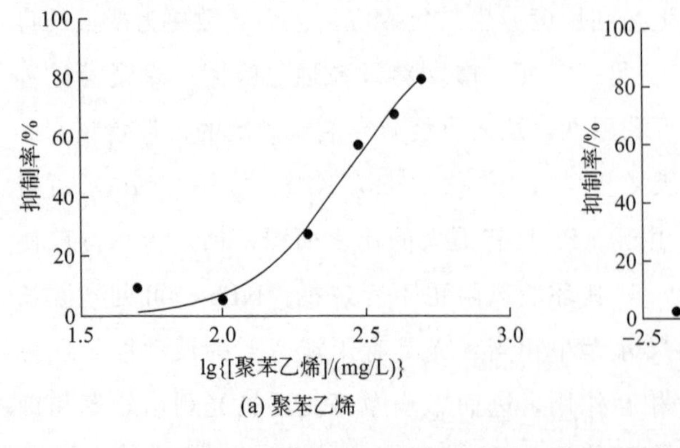

(a) 聚苯乙烯

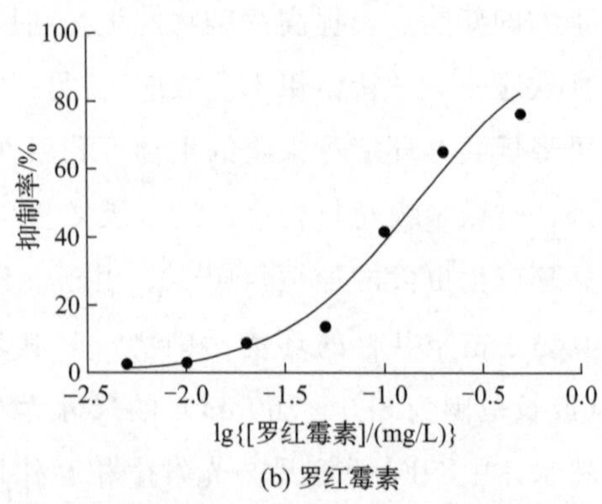

(b) 罗红霉素

图 3-1　聚苯乙烯与罗红霉素单一毒性对链带藻 96h 的浓度-效应图

表 3-1　nPS 和 ROX 对链带藻 96h 的半数效应浓度（EC_{50}）及其置信区间

化合物	暴露时间/h	EC_{50}/(mg/L)	95%置信区间/(mg/L)	Hill 斜率因子/m	R^2
nPS	96	274	243.6～320.8	2.427	0.9803
ROX	96	0.15	0.1131～0.1904	1.259	0.9779

二、 nPS 和罗红霉素对链带藻的联合毒性效应

根据等毒性比方法设计联合毒性试验（表 3-2），探讨 nPS 与 ROX 联合处理对链带藻生长的影响（图 3-2），二元混合物的浓度-效应图也为典型的 S 形。二元混合物（nPS-ROX）对链带藻 96h 的 EC_{50} 分别为 243.86mg/L 和 0.126mg/L，所测定的 96h 反应添加剂反应面（RARS）模型参数 ρ 为 89.88（表 3-3），表明在等毒性比试验条件下，nPS 与 ROX 二元混合物对链带藻的联合毒性呈拮抗作用，即两者的相互作用在一定程度上阻抑了对方的生物效应。推测这可能是由于 nPS 对 ROX 的吸附，导致 ROX 接触链带藻细胞的概率降低，因而降低了二元物质的联合毒性效应。研究结果与文献报道的中肋骨条藻等微藻在微塑料-三氯生共同暴露下呈现联合毒性的拮抗效应现象类似[10]。

表 3-2　等毒性比情况下 nPS 和 ROX 的浓度设置

等毒性比 nEC_{50}(ROX)∶nEC_{50}(nPS)	ROX/(mg/L)	nPS/(mg/L)
0	0	0
0.2∶0.2	0.025	90.281
0.4∶0.4	0.045	136.01
0.6∶0.6	0.075	178.593
0.8∶0.8	0.11	223.271
1.0∶1.0	0.15	274.044
1.2∶1.2	0.21	336.362
1.4∶1.4	0.3	420.509
1.6∶1.6	0.5	552.163

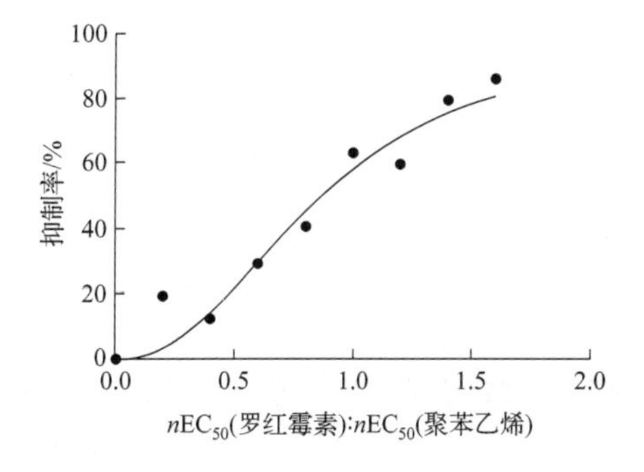

图 3-2　ROX 与 nPS 对链带藻 96h 的浓度-效应图

表 3-3　nPS 与 ROX 对链带藻联合毒性的 96h EC_{50} 值和 RARS 模型参数

暴露时间/h	EC_{50} 值/(mg/L)		RARS 模型参数	联合毒性效应
	nPS	ROX	ρ	
96	243.86	0.126	89.88>1	拮抗作用

基于 nPS 与 ROX 以及两种物质等毒性比混合，利用曲面反应模型建立起来的浓度-致死率效应三维图［图 3-3(a)］，能简明地模拟二元毒性物质混合后的浓度与链带藻致死率的关系。将观察值和拟合值做线性回归［图 3-3(b)］，其中 $R^2=0.8935$，经由 F 检验的 p 值<0.001，说明二元混合物质观察值与预测模型的吻合性较高。

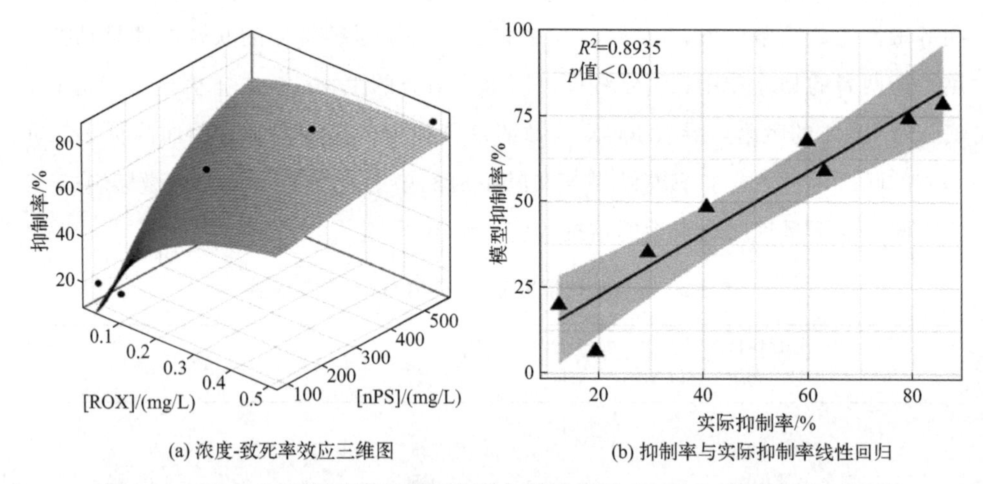

(a) 浓度-致死率效应三维图　　(b) 抑制率与实际抑制率线性回归

图 3-3　nPS 与 ROX 浓度关系的反应添加剂反应面（RARS）模型构建与预测

RARS 模型如下[11]：

$$P_i=1-\frac{\text{EconConci}^{\text{mi}}}{\text{Conci}^{\text{mi}}+\text{EC}_{50i}{}^{\text{mi}}};P=P_1+P_2-\rho P_1P_2+C(C=80.81)$$

式中，P_i 为化学物质 i 的死亡率；Econ 为对照组的成活率；EC_{50i} 为单一物质 i 对链带藻的半数致死浓度；mi 为 Hill 斜率因子 slope，即基于单一化学物质 i 的浓度-效应曲线的斜率；P 为预期的混合毒性试验链带藻的死亡率；ρ 为交互参数，$\rho=1$ 为加和作用，$\rho>1$ 为拮抗作用，$\rho<1$ 为协同作用；Conci 为化合物 i（nPS 或 ROX）的浓度；P_1 为 nPS；P_2 为 ROX；C 为模型的校正参数。

三、 nPS 和罗红霉素对链带藻的生长及光合活性的影响

进一步分析了三种等毒性比浓度下（0.4∶0.4、1.0∶1.0 和 1.6∶1.6，暴

露浓度详见表 3-2)，nPS 和 ROX 单一及联合作用对链带藻生长及光合活性的影响（图 3-4)。单一 nPS 与单独的 ROX 对链带藻生长均有明显的抑制作用，且呈现明显的浓度依赖性效应。但除低浓度联合处理组（nPS136-ROX0.045）外，nPS 与 ROX 对链带藻的联合毒性均呈现拮抗作用，即 nPS 的存在能够缓解 ROX 对链带藻的毒性效应。这与 RARS 模型拟合得到的结果一致。

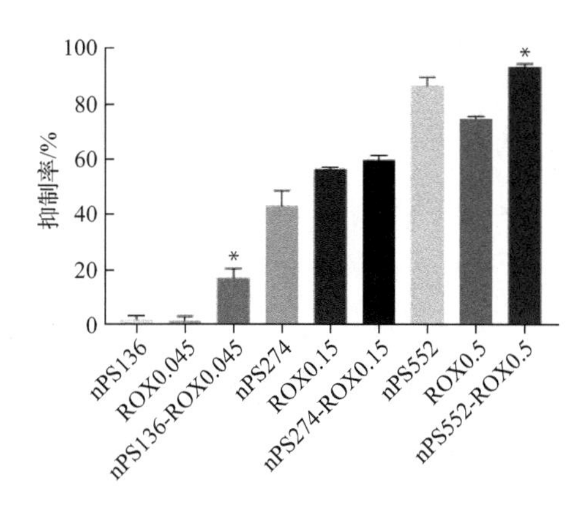

图 3-4　nPS 与 ROX 暴露 96h 对链带藻生长的影响

nPS 和 ROX 后的数字代表暴露浓度（mg/L）；* 表示与单一 ROX 比较差异显著（$p<0.05$）

在不同处理组中，链带藻叶绿素和类胡萝卜素被抑制效果相似（图 3-5)，其中 nPS 对链带藻 96h 叶绿素合成的毒性效应为低浓度促进、高浓度抑制。对于单一 ROX 处理而言，3 个试验浓度下（0.045～0.5mg/L）的 ROX 均抑制了链带藻叶绿素的合成，且呈现浓度依赖性效应，对叶绿素的最高抑制率约为 84%。通常，抗生素通过抑制叶绿体形成、蛋白质生物合成以及破坏叶绿素来影

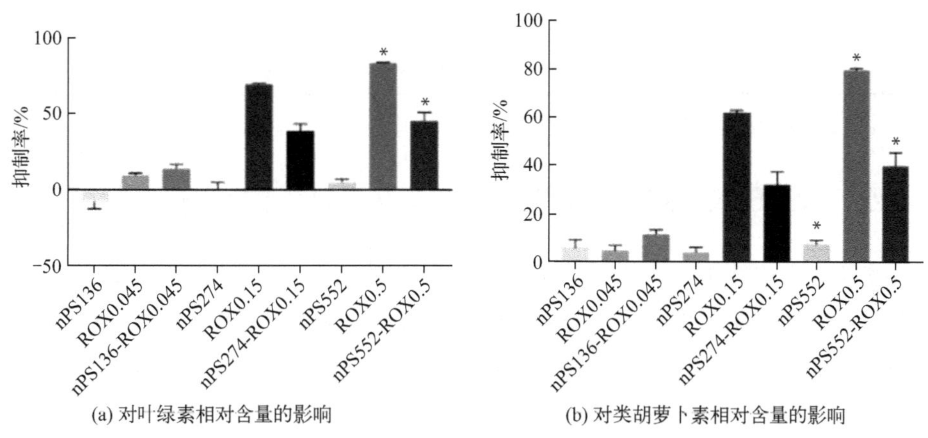

图 3-5　nPS 与 ROX 暴露 96h 对链带藻的叶绿素和类胡萝卜素含量的影响

nPS 和 ROX 后的数字代表暴露浓度（mg/L）；* 表示与单一 ROX 比较差异显著（$p<0.05$）

响藻类的光合作用能力、细胞增殖和生长[12]。目前尚未有 ROX 抑制叶绿素合成的具体毒性机制的报道。研究发现，与 ROX 分子结构相似的红霉素可抑制微藻类囊体中叶绿体基因的翻译和膜蛋白的合成[13]，因此推测 ROX 可能通过类似机制抑制链带藻叶绿素的合成。除低浓度联合处理组（nPS136-ROX0.045）外，在 nPS 与 ROX 的联合作用下，链带藻的色素合成受到的抑制程度比单一 ROX 暴露时有所减轻，即 nPS 缓解了 ROX 对链带藻色素合成的抑制。

微藻的最大光合化学效率（F_v/F_m）、实际光化学效率（$\Phi_{PSⅡ}$），以及快速光曲线参数（α、$rETR_{max}$、I_k）是反映光系统Ⅱ（PSⅡ）活性的重要光合荧光参数。如表 3-4 和图 3-6 所示，测试的 nPS 暴露浓度均提高了链带藻的光合活性，但不同浓度处理间无显著差异。相反，ROX 降低了链带藻的光合活性，且呈现一定的浓度依赖性。在 nPS 与 ROX 的联合作用下，链带藻的光合活性显著高于 ROX 单一处理组，表明 nPS 的存在可有效缓解 ROX 对链带藻光合活性的抑制效果，且缓解作用随 nPS 和 ROX 浓度升高而更为显著。

表 3-4 nPS 与 ROX 单独暴露 96h 后链带藻的光合参数

物质	浓度/(mg/L)	F_v/F_m	$\Phi_{PSⅡ}$	α	$rETR_{max}$	I_k
nPS	0	0.66±0.014	0.49±0.007	0.25±0.003	178±17.9	709.6±63.6
	136	0.62±0.035	0.48±0.035	0.24±0.013	186.7±14	768.9±98.500
	274	0.66±0.007	0.50±0.035	0.25±0.011	202.2±15.698	796.3±26.022
	552	0.64±0.071	0.53±0.049	0.26±0.018	234.7±33.163	904.2±65.549
ROX	0	0.65±0.07	0.51±0.014	0.24±0.037	175.7±24.2	739.6±14.7
	0.045	0.41±0.049	0.32±0.035*	0.17±0.018	94.7±5.869*	573.3±26.800*
	0.15	0.20±0.007*	0.15±0.009*	0.08±0.004*	33.4±1.909*	407.9±42.073*
	0.05	0.08±0.021*	0.07±0.014*	0.03±0.008*	14.3±3.323*	499.9±15.344*

注：* 表示处理组与未暴露组比较差异显著（$p<0.05$）。

四、nPS 和罗红霉素对链带藻抗氧化酶活性的影响

生物体受到外源污染物的胁迫时，会引起体内活性氧（ROS）增多，进而会引起脂质过氧化，生成副产物丙二醛（MDA），其含量高低可间接反映机体细胞受自由基攻击的损伤程度。超氧化物歧化酶（SOD）是一种重要的抗氧化酶，能清除超氧阴离子自由基，保护细胞免受损伤，对维持细胞内氧化还原平衡起着至关重要的作用。因此测定了不同处理的 MDA 和 SOD 含量变化（图 3-7），发现在单一 nPS 处理下，藻细胞中的 MDA 含量升高，而 SOD 活性随着 nPS 浓度

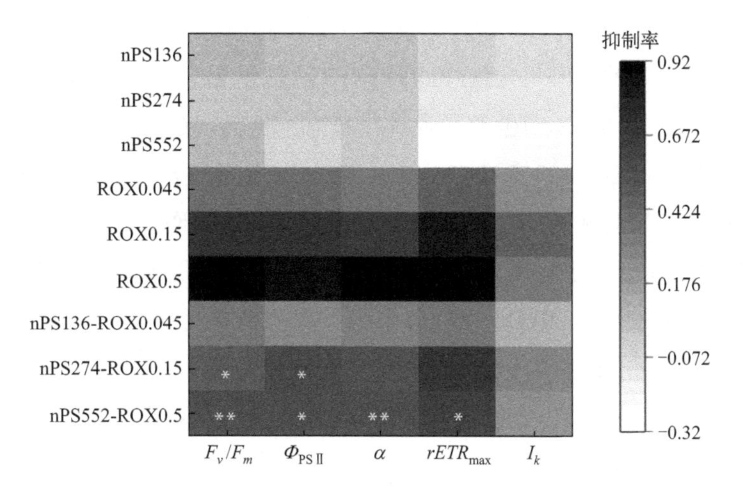

图 3-6　nPS 与 ROX 单独或联合暴露 96h 后链带藻光合荧光参数的相对抑制率（以未暴露组为参照进行计算）

nPS 和 ROX 后的数字代表暴露浓度（mg/L）；* 表示联合暴露组与单一 ROX 暴露组相比差异显著（$p<0.05$），** 表示差异极显著（$p<0.01$）

的提高而逐渐降低，结合链带藻的生长和生理响应（图 3-4～图 3-6），推测链带藻在低浓度 nPS 作用下处在轻度胁迫状态，此时微藻尚能通过 SOD 消除 ROS，确保细胞不受污染物氧化胁迫的损伤。而高剂量的 nPS 诱导的胁迫较强，导致 SOD 已不足以清除 ROS，过量 ROS 反过来抑制了 SOD 的活性。同样，在单一 ROX 处理下，随着 ROX 暴露浓度增加，藻细胞中 MDA 含量和 SOD 活性均有所降低，结合单一 ROX 处理时藻细胞生长受抑制的生理响应，推测此时链带藻细胞受到的氧化胁迫超过细胞 SOD 的清除能力，因而导致了较严重的氧化损伤，破坏了 SOD 正常功能和活性。

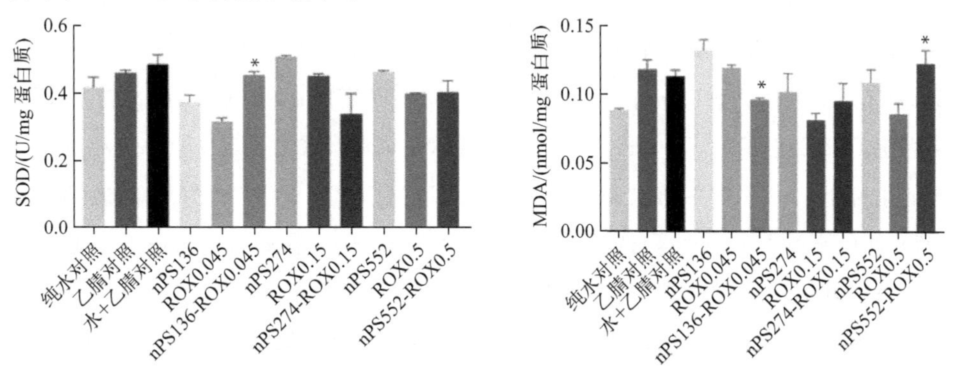

图 3-7　nPS 与 ROX 单独或联合暴露 96h 后链带藻 MDA 含量及 SOD 的活性

nPS 和 ROX 后的数字代表暴露浓度（mg/L）；* 表示与单一 ROX 暴露组比较差异显著（$p<0.05$）

相较于 ROX 单一暴露处理，在低浓度二元混合物（nPS136-ROX0.045）联合作用下，链带藻的 MDA 含量降低而 SOD 活性增加，表明微藻可以通过 SOD 缓解低剂量 nPS 和 ROX 产生的联合氧化胁迫。相反，在中高浓度联合处理组中（nPS274-ROX0.15、nPS552-ROX0.5），藻细胞 MDA 含量升高，SOD 活性降低，表明在高剂量共暴露下，藻细胞受到严重的氧化损伤，自身分泌的抗氧化酶不足以清除掉 ROS，过量的 ROS 破坏细胞膜导致脂质过氧化。但与 ROX 单一暴露组相比，在 nPS 与 ROX 的联合作用下，链带藻受到的氧化胁迫为拮抗效应，即 nPS 缓解了 ROX 对链带藻氧化损伤的程度。

然而不同生物对 nPS 与 ROX 共暴露引起的氧化损伤响应各异。有研究报道发现二者共暴露引起的淡水红色罗非鱼肝脏氧化损伤比单一 ROX 处理有所减轻[4]。然而低剂量 nPS（250μg/L）与 ROX（5μg/L）的联合作用对大型溞 SOD 活性的抑制作用为相加效应[14]。总而言之，微塑料与抗生素之间的联合毒性效应与生物类型和暴露剂量有关，在进行其联合毒性评估时需综合考虑不同物种的响应。

第二节　聚苯乙烯纳米塑料与磺胺甲噁唑对微藻的联合毒性效应与作用机制

一、不同光强下聚苯乙烯纳米塑料（nPS）、磺胺甲噁唑（SMX）及其二元混合物对微藻生长和生理的影响

选择生态毒理学研究中常用的模式生物莱茵衣藻作为受试生物，其生长周期短，可快速响应环境污染物的影响[15]。nPS（500nm）和 SMX 联合暴露试验设计如图 3-8 所示，根据 nPS 和 SMX 对莱茵衣藻生长抑制的剂量和时间效应［图 3-9(a) 和(b)］设置暴露组别和暴露浓度：单一 nPS 暴露（100mg/L）、低浓度 SMX 暴露（l SMX，2.5mg/L）、高浓度 SMX 暴露（h SMX，10mg/L）、联合暴露组 l SMX＋nPS（100mg/L）和 h SMX＋nPS（100mg/L）。由于在试验设置的条件下，nPS 对莱茵衣藻生长的抑制率相对较低，为了更好地观察 nPS 与 SMX 间的毒性相互作用，选择 100mg/L 作为 nPS 的暴露剂量。虽然该浓度略高于目前环境中实际微塑料浓度（≤ 50mg/L），但由于微塑料污染问题日趋严重，可能会产生微塑料数量更多的微塑料堆积区，因此该浓度对评估微塑料的潜在生态风险有参考价值。SMX 对莱茵衣藻的生长抑制在低浓度（＜ 5mg/L）时随着时间的增加而减弱甚至消失，而在高浓度（＞ 5mg/L）时随着时间的增加

而增强。因此，选择亚致死浓度（2.5mg/L，l SMX）和致死浓度（10mg/L，h SMX）作为 SMX 的暴露浓度。根据预培养试验，选择三种光照强度，其中低光强［LL，16μmol/(m^2·s)］相较于正常光强［NL，40μmol/(m^2·s)］可抑制莱茵衣藻的生长，而高光强［HL，150μmol/(m^2·s)］表现为促进效应［图 3-9(c)］。对照组为培养体系加入与暴露组同等体积的乙腈（体积分数 0.2%）处理。

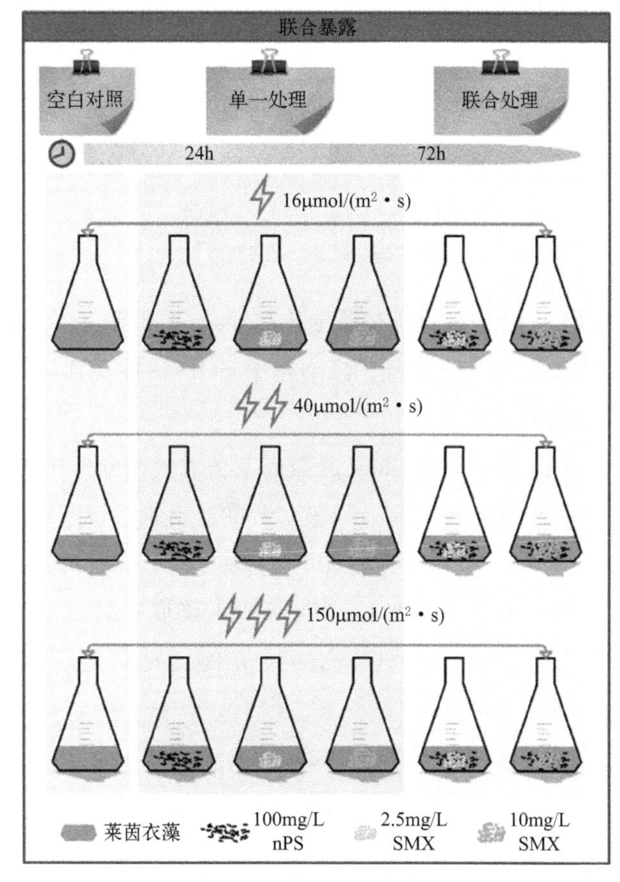

图 3-8 试验设计示意图

1. 单一毒性效应

如图 3-10 所示，24h 时，在 LL 下单一 nPS 暴露的莱茵衣藻生长［图 3-10(a)］和叶绿素含量［图 3-10(b)］降低了 24%，但其降低幅度随着光强的增加而减小。在 HL 下，nPS 对类胡萝卜素［图 3-10(c)］和蛋白质［图 3-10(g)］的抑制减轻，表明 HL 能缓解 nPS 的生长抑制效应。莱茵衣藻 SOD 活性［图 3-10(h)］在 LL 下单一 nPS 处理时降低，而在 NL/HL 下提高。藻细胞中 SOD 活性的增强是微藻抵御 nPS 诱导的氧化应激的保护性策略之一。72h 时，与 NL 相

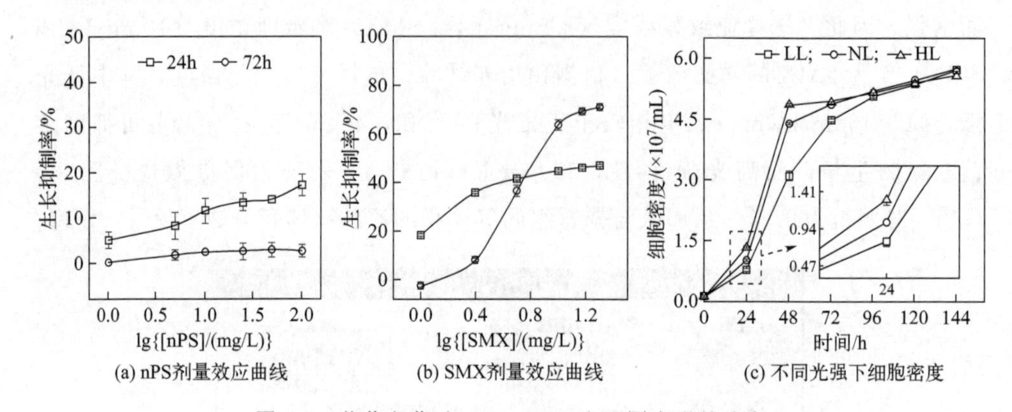

图 3-9 莱茵衣藻对 nPS、SMX 和不同光强的响应

[LL—16μmol/(m^2·s)；NL—40μmol/(m^2·s)；HL—150μmol/(m^2·s)；

本节后续图表注释同此图]

比，LL 或 HL 加剧了 nPS 对莱茵衣藻生长和 $\Phi_{PSⅡ}$ 的抑制［图 3-10(e)］。同时，在 LL/HL 下，暴露于 nPS 的莱茵衣藻细胞中 SOD 活性受到抑制，表明细胞受到的氧化应激压力增加［图 3-10 (h)］。

在 LL/HL 下 24h 时，单独 SMX 暴露对莱茵衣藻的毒性比 NL 下略有增强，表现为其对莱茵衣藻的细胞生长和叶绿素、类胡萝卜素、可溶性蛋白含量的抑制作用增强。然而，相对于 LL 和 NL，SMX 在 HL 下 72h 时对莱茵衣藻的生长抑制率大幅度降低，特别是在高浓度 h SMX 处理下降低了 78.3%。上述结果表明光强对 nPS 和 SMX 的联合毒性的影响有明显的时间效应，高光强可缓解二者的毒性效应。

2. 光强调节 nPS-SMX 二元混合物产生的微藻毒性效应

如图 3-10 所示，在试验条件下 SMX 对微藻的毒性比 nPS 强，在 nPS 和 SMX 的联合暴露组，以细胞密度计算的生长抑制率比 SMX 单独作用时高，但衣藻的叶绿素含量与 SMX 单独作用时无显著差异。在联合暴露 24h 时，nPS 具有缓解 SMX 在 LL 和 NL 下对莱茵衣藻毒性的作用，其中作为微藻渗透调节物质响应严重环境胁迫的可溶性糖积累量减少 4.4%～22.0%［图 3-10(f)］。此外，在 nPS 与 SMX 的联合暴露中，h SMX 对莱茵衣藻可溶性蛋白含量的抑制作用在 LL 下显著降低 17.8%［图 3-10(g)］，表明 LL 下 nPS 对 SMX 毒性的缓解程度高于 NL。光照强度对二元混合物的响应亦存在时间效应。尤其在高光(HL) 下，联合暴露 72h 后联合毒性比 24h 显著降低。同时，nPS-h SMX 共暴露组中莱茵衣藻的生长抑制率比 NL 处理降低了 68.2%［图 3-10(a)］。这可能

与 HL 下莱茵衣藻具有更好的生长状态、抵抗胁迫能力增强，同时 SMX 的毒性降低有关［图 3-9(c)］。尽管 HL 下二者的联合毒性比其他光强下显著降低，但从分析单一与联合毒性的角度，与单一 SMX 相比，nPS 和 SMX 的联合暴露进一步抑制了莱茵衣藻的细胞生长、$\Phi_{PS\,II}$ 和 SOD 活性。与 24h 不同的是，nPS 的存在仅减轻了 SMX 在 NL 下 72h 时对莱茵衣藻的毒性效应，而增强了 SMX 在 LL 下 72h 时对莱茵衣藻生长和 $\Phi_{PS\,II}$ 的抑制作用，nPS-h SMX 共暴露组的叶绿素含量和 $\Phi_{PS\,II}$ 的抑制程度分别下降了 22.1％和 11.5％（图 3-10）。

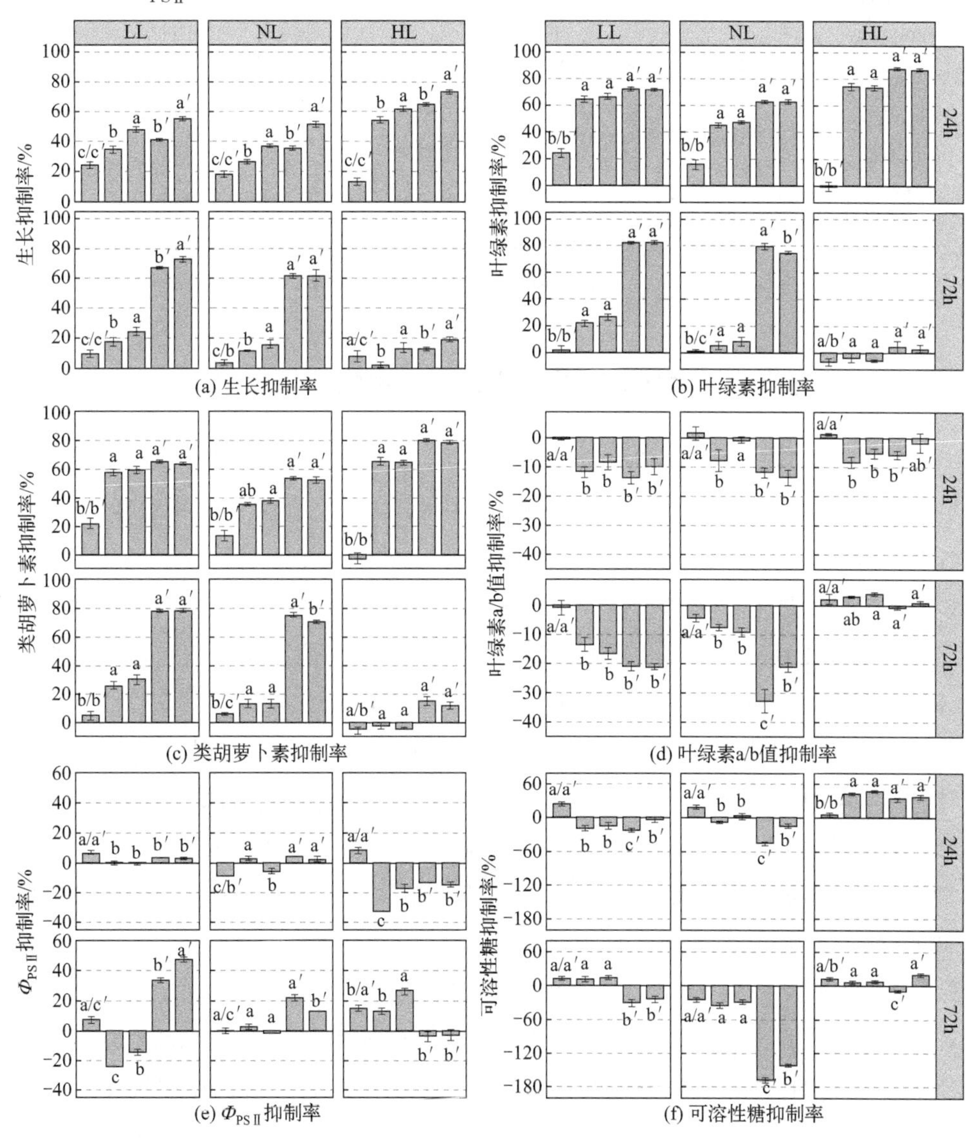

(a) 生长抑制率　(b) 叶绿素抑制率　(c) 类胡萝卜素抑制率　(d) 叶绿素a/b值抑制率　(e) $\Phi_{PS\,II}$抑制率　(f) 可溶性糖抑制率

图 3-10

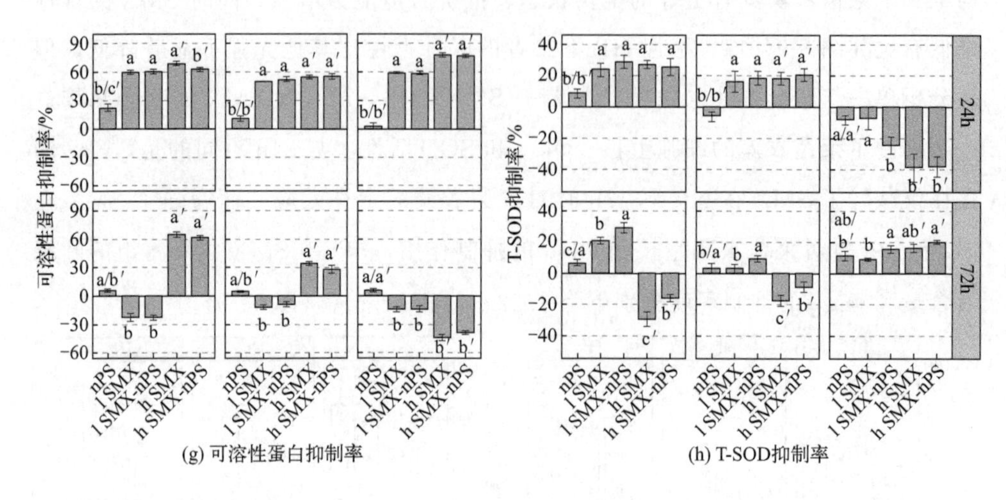

(g) 可溶性蛋白抑制率
(h) T-SOD抑制率

图 3-10　三种光强下 nPS、SMX 及其二元混合物对莱茵衣藻生长和生理的抑制作用

h SMX—10mg/L SMX；l SMX—2.5mg/L SMX；后续图表缩写注释同此图；带上标和不带上标的小写字母分别表示 h SMX 和 l SMX 各组间的差异；nPS 暴露浓度为 100mg/L

二、不同光强下 nPS 与 SMX 的联合毒性作用模式

通过计算判别参数 Q 值确定 nPS 与 SMX 在不同光照条件下的联合毒性作用模式。一般而言，若 Q 值在 0.85～1.15 之间，二元混合物具有相加毒性效应；若 Q 值小于 0.85 表示拮抗作用；若大于 1.15 则表示协同作用[16]。基于多个生物测定指标计算平均 Q 值（表 3-5 和图 3-11），评估 nPS 与 SMX 间的毒性相互作用，结果显示，平均 Q 值随着光强和时间的增加而发生不同变化，其大小在 24h 时的顺序为 LL（0.53）< NL（0.84）< HL（1.13），而 72h 时的顺序为 NL（0.75）< HL（0.97）≈ LL（1.04）。由此确定暴露 24h 时，nPS 和 SMX 对莱茵衣藻的联合毒性在 LL 和 NL 下为拮抗/缓解作用，在 HL 下为相加作用。但在 72h 时，nPS 和 SMX 对莱茵衣藻的联合毒性在 NL 下为拮抗作用，在 LL 和 HL 下为相加作用。此外，在 LL 下 24h 和 NL 下 72h 时，平均 Q 值偏离阈值（0.85 或 1.15）的程度最大（图 3-11），表明 nPS 与 SMX 的毒性相互作用最强[16]。这些变化趋势与藻细胞的光合作用、生化成分含量等响应相一致（图 3-10）。总之，生理试验和 Q 值证实了光照强度影响了 nPS 和 SMX 之间的相互作用和联合毒性，特别在低光下联合毒性作用随时间延长，二者从拮抗作用转变为相加作用。

表 3-5 基于生物测定结果计算所得 Q 值汇总

参数	时间/h	LL		NL		HL	
		l SMX-nPS	h SMX-nPS	l SMX-nPS	h SMX-nPS	l SMX-nPS	h SMX-nPS
生长	24	0.95	0.98	0.94	1.09	1.02	1.06
	72	0.95	1.03	1.06	0.98	1.31	0.96
叶绿素	24	0.91	0.90	0.88	0.91	0.99	0.99
	72	1.12	1.00	1.21	0.95	0.58	-2.23
类胡萝卜素	24	0.89	0.88	0.86	0.87	0.99	0.99
	72	1.04	0.99	0.73	0.93	0.57	-1.18
$\Phi_{PS\,II}$	24	-0.10	0.27	0.86	-0.53	0.79	3.92
	72	0.95	1.24	-1.00	0.59	1.03	-0.28
叶绿素a/叶绿素b	24	0.69	0.70	0.09	1.39	0.73	0.32
	72	1.18	0.96	0.77	0.55	0.74	0.61
可溶性蛋白	24	0.88	0.83	0.94	0.92	0.96	0.96
	72	1.46	0.90	1.34	0.76	1.87	1.09
可溶性糖	24	-1.41	-0.56	0.22	0.73	1.03	1.00
	72	0.66	1.29	0.41	0.59	0.36	6.22
T-SOD	24	0.95	0.63	1.73	1.61	1.53	0.77
	72	1.11	0.76	1.52	0.62	0.79	0.78

注：nPS 与 SMX 的毒性相互作用类型通过以下公式[16] 确定：$Q=E_{a+b}/E_a+E_b-E_a\times E_b$。式中，$E_a$ 和 E_b 分别表示单一物质 a 和 b 处理时的抑制率（单位:%），E_{a+b} 代表两物质联合处理时的抑制率（单位:%）。

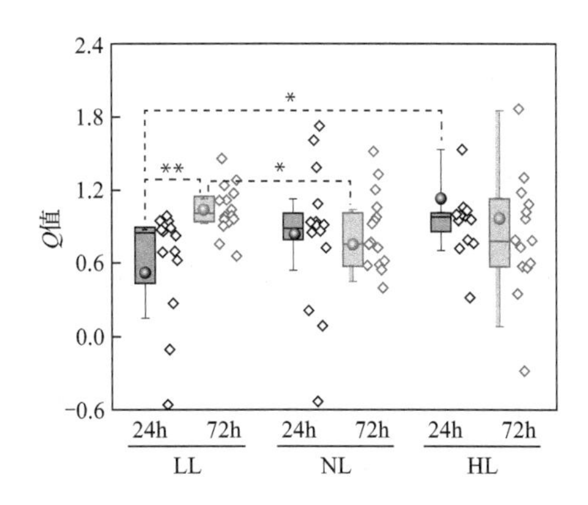

图 3-11 不同光强和暴露时间下的 Q 值

箱体表示 25%～75%的范围；菱形表示样本点，圆球和实线分别表示平均值和 95%置信区间；

* 表示 $p<0.05$，** 表示 $p<0.01$

三、不同光强下 nPS 对 SMX 的吸附作用

如图 3-12(a) 所示，共暴露 24h 时，nPS 对 SMX 的吸附容量随光强增加从

1.90mg/g（LL）降低至0.71mg/g（HL）。随着暴露时间延长，LL下nPS对SMX的吸附容量显著下降（下降73.5%）。另外，nPS在24h时对莱茵衣藻的生长抑制作用随光强升高而显著降低［图3-12(b)］。但nPS在HL下随暴露时间延长毒性略有增强。目前普遍认为NPs对有机污染物的吸附作用是其影响联合毒性的主要因素[17,18]。在本试验中，nPS对SMX的吸附与光强相关［图3-12(a)］，证实了光对调节nPS与SMX联合毒性的重要作用。在LL下暴露24h时，nPS对SMX的毒性有较强的拮抗/缓解效应（图3-11），同时对SMX有较高的吸附能力［图3-12(a)］。72h时nPS对SMX的吸附容量在NL下最大，为1.01mg/g，而其对应的联合毒性类型为拮抗。因此，我们认为SMX在nPS上的吸附容量与二元混合物对莱茵衣藻的交互作用密切相关，nPS通过吸附作用降低培养基中SMX的浓度是缓解SMX对莱茵衣藻的毒性的原因之一。这与前人关于NPs和有机污染物对微藻呈现拮抗毒性作用的报道一致[17,18]。

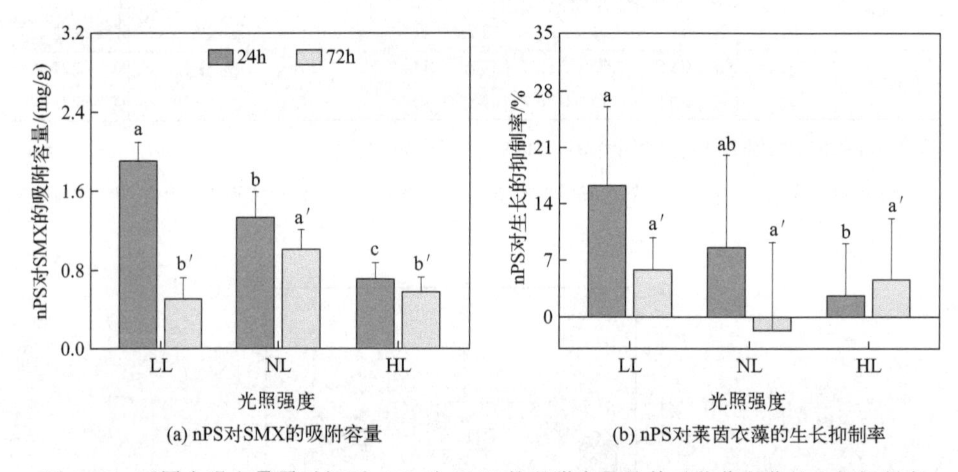

图3-12　不同光强和暴露时间下nPS对SMX的吸附容量及其对莱茵衣藻的生长抑制率

不同的小写字母表示各时间点下的组间差异；暴露条件：nPS浓度100mg/L，SMX浓度10mg/L

分子对接是表征吸附机制和特性的有效工具[19]，进一步用其分析nPS与SMX及培养基中其他共存物质［例如盐离子和溶解性有机物（DOM）］相互作用的分子结合模式，发现在最佳结合模式下，SMX^0/SMX^-（SMX^0为两性离子，SMX^-为阴离子）在nPS上的吸附过程受疏水相互作用、静电相互作用和π-π堆积等多种机制的调控［表3-6和图3-13(a)］。该结果与文献报道的塑料颗粒与抗生素分子间相互作用类型一致[20]。测定了培养体系中的可能影响吸附过程的化学因素的变化，包括pH值、盐度和DOM含量，发现pH值随光强升高显著升高［图3-13(b)］；培养基的盐度在24h时不受光强变化影响，但在72h

时随着光强升高而显著降低［图 3-13(c)］。藻类来源的 DOM 含量随光强和暴露时间变化，在 HL 下变化尤其显著。在 HL 下，72h 时莱茵衣藻释放的 DOM 含量比 24h 时提高 1.8 倍［图 3-13(d)］，比 72h 时 NL 下 DOM 含量高 2.4 倍。

表 3-6　nPS 与 SMX 间分子对接的结果

复合物	-CDOCKER 相互作用能/(kcal/mol)	非共价相互作用		
		类别	类型	键距/Å①
nPS-SMX⁰	13.96	疏水相互作用	π-π 堆积	4.25
		疏水相互作用	π-π T 形堆积	4.94
		疏水相互作用	π-烷基	5.30
		疏水相互作用	π-烷基	4.59
nPS-SMX⁻	13.47	静电相互作用	π-阴离子	4.25
		疏水相互作用	π-π 堆积	3.77
		疏水相互作用	π-烷基	5.01
		其他	π-磺酰基	5.66
		其他	π-磺酰基	5.76

① 1Å=10^{-10}m。

注：-CDOCKER 表示基于 CHARMM 力场的分子对接方法；其中，CHARMM（Chemistry at HARvard Macromolecular Mechanics）是一种用于分子动力学的分子力场，也是采用这种力场的分子动力学软件包的名称。

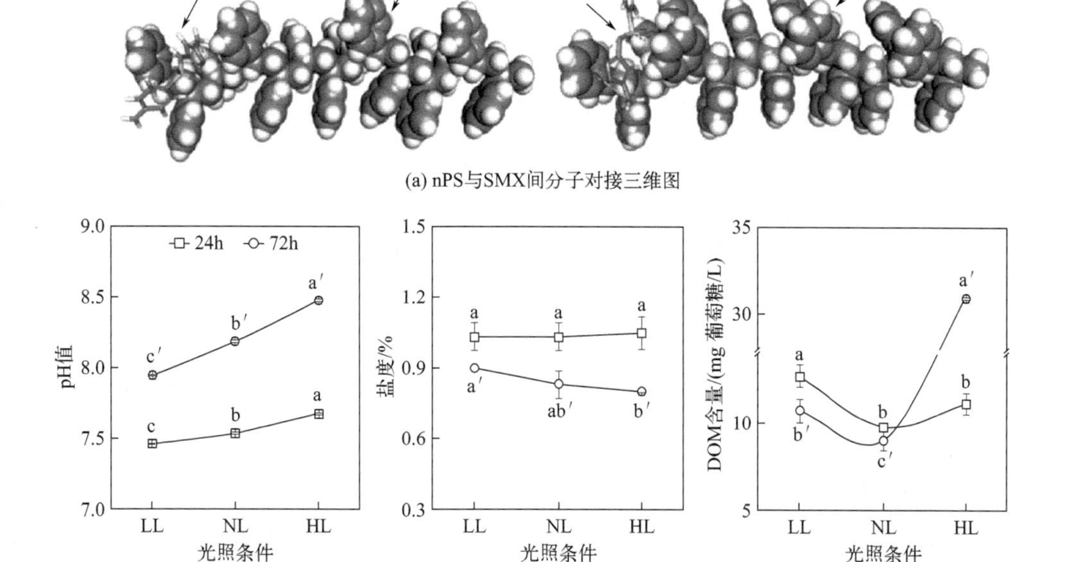

图 3-13　nPS 与 SMX 间分子对接的三维图及不同条件下共暴露组培养基的化学环境参数变化

图（b）～(d) 中不同小写字母表示各时间点下组间差异；试验中 SMX 浓度为 10mg/L

四、nPS对SMX吸附作用的影响因素

已有研究发现，NPs对抗生素的吸附行为受到溶液化学性质的影响[21,22]。pH值是一个重要的水环境参数，因为其能够改变SMX的lg$D$（固定pH值下的正辛醇-水分配系数，反映亲脂性）。在pH值7.0～8.0范围内，SMX的lg$D$值随pH值升高而降低（图3-14）。由于nPS是一种疏水性塑料且疏水力是nPS与SMX间主要的相互作用力［表3-6和图3-13(a)］，较低的pH值可增加SMX分子的疏水性（lg$D$值较高，图3-14），更有利于SMX与nPS的结合。暴露24h时，nPS对SMX的吸附容量随光强升高而降低［图3-12(a)］，此时不同光强下培养基的pH值均<7.6，表明24h的吸附过程主要受pH值调节，并且较低pH值条件即LL条件下可促进nPS对SMX的吸附。该结果与Guo等报道PS塑料对SMX的吸附能力随着pH值增加（6.7～8.0）显著降低的现象一致[21]。然而，72h时不同光照条件下培养基的pH值接近或高于8.0［图3-13(b)］，在该pH值范围内SMX的lg$D$值较稳定（图3-14），意味着此时pH值可能不再是影响吸附过程的主要因素。

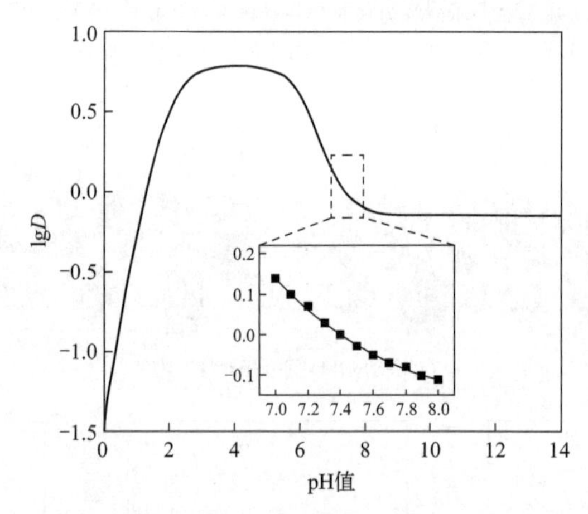

图3-14　pH值对SMX的lg$D$值的影响（用MarvinSketch软件15.6.29版本绘制）

除pH值外，在72h时，培养基的盐度和其中的DOM含量也发生了明显变化［图3-13(c)和(d)］。由于塑料对有机污染物的吸附作用较弱且过程可逆[23]，水中大量的离子和有机物可能会影响nPS-SMX相互作用。分子对接结果证实培养基中的盐离子和DOM能与nPS或SMX^-发生静电相互作用或形成氢键［表3-7和图3-15(a)，(b)］。此外，较短的键距［图3-15(c)，$p<0.05$］说明形成的nPS-盐离子/DOM复合物比nPS-SMX复合物更为稳定。因此，无论是盐离子还是DOM均可与SMX分子争夺吸附位点或形成空间位阻，进而阻碍SMX

吸附到 nPS 表面。这可能是 72h 时 nPS 对 SMX 的吸附能力在 NL 下最大的主要原因［图 3-12(a)］。上述发现与前人的研究一致，当吸附体系中存在金属离子或腐殖酸时，有机污染物在塑料上的吸附量显著降低[22,24]。

表 3-7　nPS 与盐离子/DOM 间分子对接的结果

复合物	-CDOCKER 相互作用能/(kcal/mol)	非共价相互作用		
		类别	类型	键距/Å
PS-Mg^{2+}	5.10	静电相互作用	π-阳离子	2.53
PS-葡萄糖	8.51	氢键	π-供体	2.69
SMX^--Mg^{2+}	15.50	静电相互作用	静电引力	4.09
		其他	金属离子-受体	2.53
		其他	金属离子-受体	2.44
		其他	金属离子-受体	3.31
SMX^--葡萄糖	9.17	氢键	常规氢键	2.03
		氢键	常规氢键	1.96

注：由于质子化和去质子化，在试验 pH 值条件下（pH 值≥7.20），SMX 主要以阴离子（SMX^-）形式存在，同时含有一定量的两性离子（SMX^0）形式。由于 TAP 培养基中 Mg^{2+} 含量较高，故选择该物质作为代表性盐离子。自由溶解态的胞外多糖通常分子量较大且结构复杂，主要以单糖作为结构单元，为了减少计算量，选择葡萄糖作为参考物质。

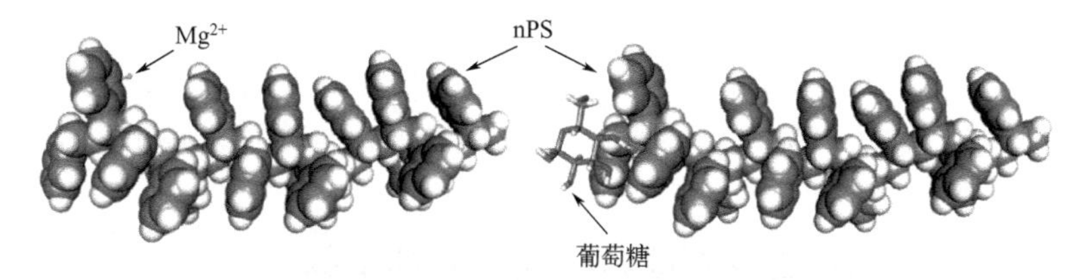

(a) nPS与Mg^{2+}/葡萄糖间分子对接

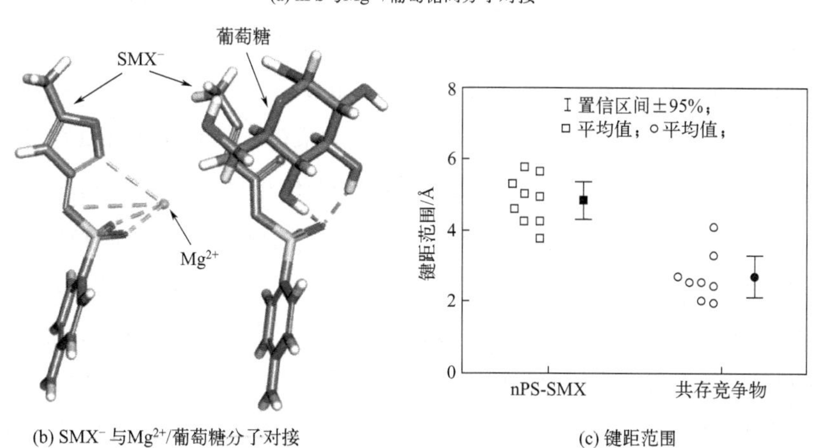

(b) SMX^- 与Mg^{2+}/葡萄糖分子对接

(c) 键距范围

图 3-15　nPS 和 SMX^- 与 Mg^{2+}/葡萄糖间分子对接的三维图和不同化合物之间非共价相互作用力的键距范围

培养体系中化学条件随光强变化的原因可能与不同光强下莱茵衣藻的生长和生理活动有关。藻细胞在适宜的光照条件下会消耗大量的 H^+ 以进行高效光合作用[25]，同时利用更多的营养盐（以获得快速生长，图 3-16，NH_4^+ 与 PO_4^{3-} 的消耗随光强升高而增多），并外排出 OH^- 等光合副产物[25] 和溶解性胞外多糖等有机代谢产物［图 3-13(d)］。因此，当光强从 LL 升高到 HL 时，培养基的 pH 值和藻类有机物含量呈上升趋势，而盐度呈下降趋势。简言之，光强可通过改变微藻细胞的代谢活动来调节水环境化学参数，进而改变 NPs 对污染物的吸附能力，并最终影响二者的联合毒性。

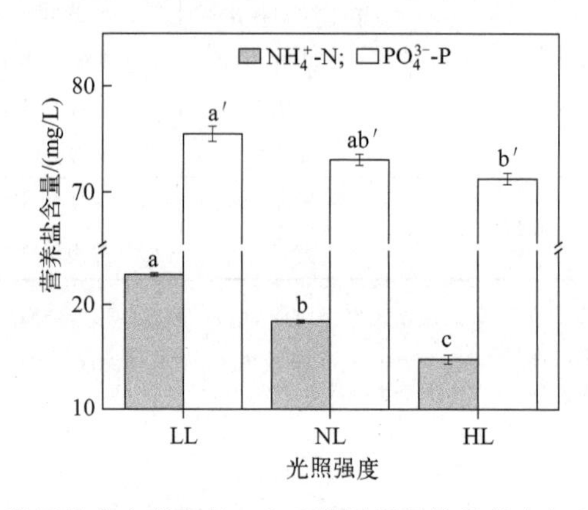

图 3-16　不同光强下莱茵衣藻生长 72h 后共暴露组培养基中氮和磷营养盐的含量

不同小写字母分别表示 2 种营养盐在各处理组间的差异；SMX 浓度：10mg/L

五、 nPS 自身毒性对联合毒性效应的贡献

虽然在 NL 下 nPS-SMX 联合作用 24h 和 72h 时的联合毒性均为拮抗作用，但平均 Q 值随时间呈下降趋势（图 3-11），表明 nPS 与 SMX 在 72h 的拮抗程度高于 24h。与 Q 值变化结果一致，nPS-SMX 混合物对莱茵衣藻叶绿素含量和 Φ_{PSII} 的抑制作用在 72h 时比单一 SMX 处理显著降低，但在 24h 时没有显著变化［图 3-10(b) 和(e)］。造成差异的原因可能与 nPS 的自身毒性大小有关，因为光强变化对 nPS 毒性大小影响的绝对值效应量高于 SMX（图 3-17），意味着 nPS 导致的毒性效应更容易受到光强的影响。由图 3-12(b) 可知，NL 下 nPS 在 24h 的毒性高于 72h。由此推测 nPS 产生的毒性可能会削弱二元混合物化学品之间的拮抗作用。You 等在之前的研究中也有类似的发现，nPS 由于毒性较强，改变了其与环丙沙星间的拮抗作用程度，进而增加了环丙沙星对集胞藻的生长抑制率，尽管与较大尺寸的 PS［如微米级的聚苯乙烯微塑料（mPS)］相比，nPS 对环丙沙星的吸附量更高[17]。

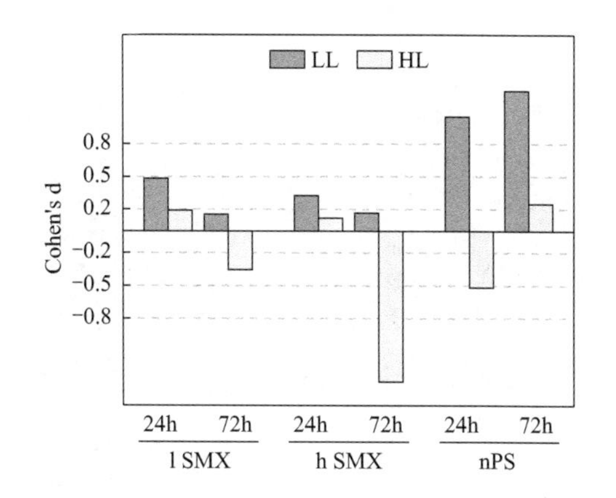

图 3-17　光照条件变化（从 NL 到 LL/HL）对单一 nPS/SMX 毒性影响的 Cohen's d 效应量

光强对单一 nPS 和 SMX 毒性影响的效应量通过以下公式评估[26]：Cohen's d 效应量＝$(M_2-M_1)/SD_{pooled}$；$SD_{pooled}=\sqrt{(SD_1^2+SD_2^2)/2}$。式中，$M_1$ 和 M_2 为两个组别测定值的平均值，SD_1 和 SD_2 为两个组别测定值的标准差。当｜Cohen's d｜≥ 0.20、0.50 和 0.80 时分别表示小效应量、中效应量和大效应量

综上所述，nPS 与 SMX 的毒性相互作用主要受 SMX 在 nPS 上的吸附过程调节，同时也被 nPS 的自身毒性影响。由于 nPS 对 SMX 的吸附容量降低及其自身毒性相对较大，随着时间的增加，LL 下的毒性作用类型由拮抗转变为相加。NL 下较高的 SMX 吸附容量和较低的 nPS 毒性使 nPS 与 SMX 在 24h 和 72h 时均表现为拮抗作用。在 HL 下，nPS 和 SMX 在 24h 和 72h 对莱茵衣藻产生相加毒性作用的主要原因分别与 SMX 在 nPS 上的低吸附容量和 nPS 的毒性小幅度增强有关。

六、 nPS 诱导的光依赖性微藻毒性效应

不同光照条件下 nPS 对莱茵衣藻毒性效应的差异既受物理因素影响，也与化学效应相关。SEM 图像显示，nPS 以聚集［图 3-18（a-2)］或分散［图 3-18（a-3)］的形式吸附到藻细胞表面，直接物理接触可能会阻碍能量和物质（如光、CO_2、O_2 和营养盐等）的运输[17,27,28]。nPS 颗粒还可增加水体浊度，进而降低可见光的透射率，特别是可减少短波长的光如蓝光的透射率［图 3-18(b)］，而微藻光合色素对蓝光和红光非常敏感，最终将导致 nPS 污染区域光照的生物可利用性下降[29]。在第二章和本章的微塑料毒性效应研究中，遮光效应均是微藻产生负面效应的重要机制[27,30]，且光强越低，对微藻的抑制作用越强。当环境

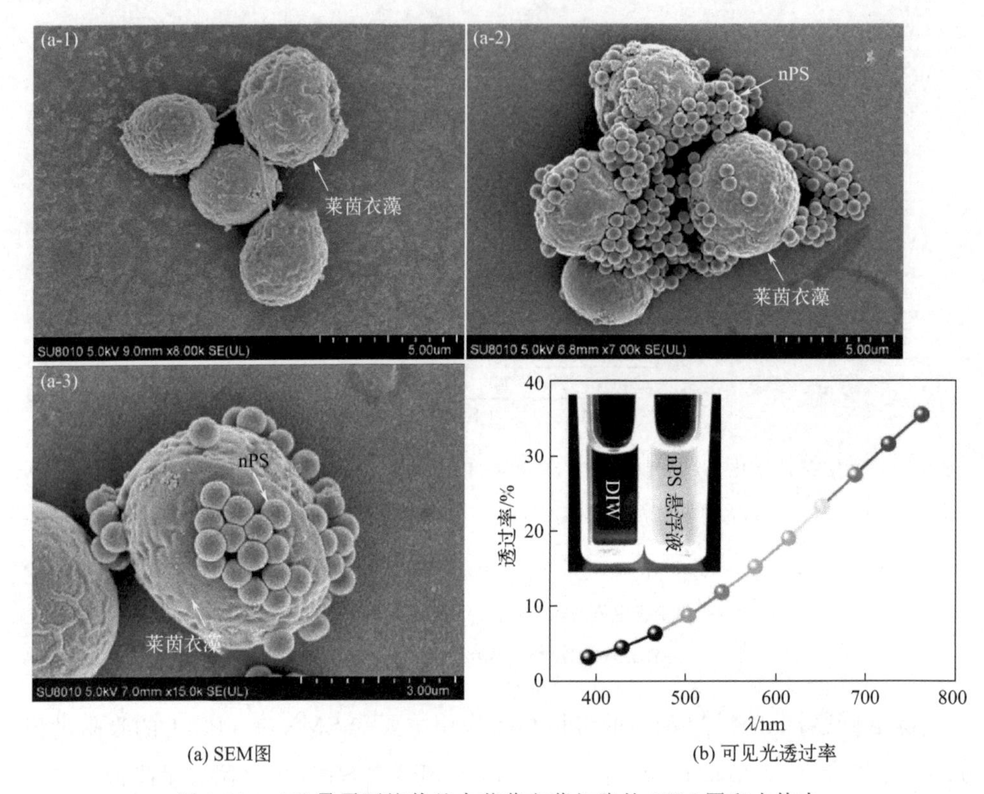

图 3-18　nPS 暴露下培养基中莱茵衣藻细胞的 SEM 图和水体中 nPS 暴露（100mg/L）下可见光（390～760nm）的透过率

（b）图中的内嵌图为 nPS 悬浮液和去离子水（DIW）的外观比较

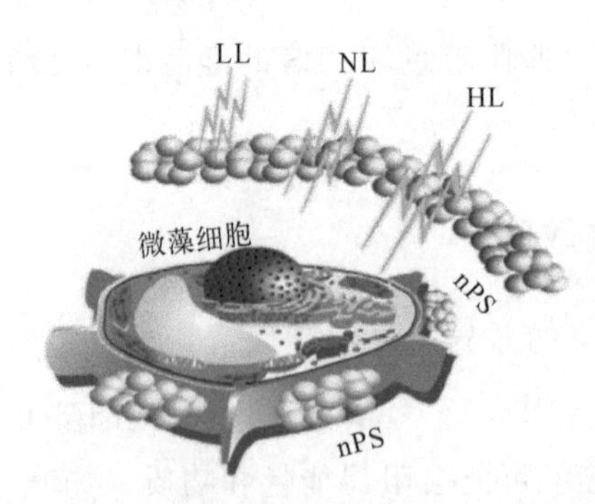

图 3-19　不同光照条件下 nPS 存在时光量子在培养体系中传输模式示意图

光强升高（LL→HL），更多的光量子可穿透水体到达藻细胞表面（图 3-19），从而可增加莱茵衣藻接收的光合有效辐射。因此，nPS 在 24h 时对莱茵衣藻的生长抑制作用随光强升高而显著降低［图 3-10(a)、图 3-12(b)］，据此推测环境光的阻挡可能是 nPS 暴露 24h 时主要的毒性机制。随暴露时间延长（72h），nPS 对莱茵衣藻生长和生理的抑制作用随光强升高呈不规则变化。与 NL 相比，nPS 的毒性在 HL 下随时间延长而略有增强［图 3-10(a) 和图 3-12(b)］，这可能与微塑料的浸出物增多有关［图 3-20(a)］。另外，塑料颗粒吸附到微藻细胞上，会导致光、气体（如 CO_2 和 O_2 等）和营养物质的物理堵塞，从而降低光

合活性和抑制生长[6]。

据报道，塑料颗粒中固有的添加剂可释放到环境中，对微藻构成潜在危害[6]。在不同光照条件下，nPS 渗滤液中可溶性有机物（DOC）浓度有显著差异［图 3-20(a)］。HL 下 nPS 渗滤液中 DOC 浓度显著高于 LL 和 NL，且其 3D-EEM 光谱出现 2 个特征荧光峰［峰 A、B，图 3-20(b)］，经鉴定为酚类基团物质[31]，这些物质可能来源于塑料添加剂或断裂的短链聚合物[32]。在天然水环境中，可见光可能会引起塑料碎片的热降解[33]。辐照度分析结果表明，nPS 颗粒的相对吸收辐照度随光强升高而增加［图 3-20(c)］，与浸出 DOC 含量［图 3-20(a)］的变化趋势一致。这意味着在高光强下更容易在 nPS 内部引发光热效应，降低 nPS 结构稳定性，最终导致化学链断裂和有害物质释放。推测 HL 下 nPS 在 72h 时对微藻毒性增强的原因之一可能是随强光照射时间延长，添加剂和低聚物等有害化学物质的浸出（解聚）增多，从而增强了 nPS 对莱茵衣藻光合作用、SOD 活性的抑制［图 3-10(e)，(h)］。

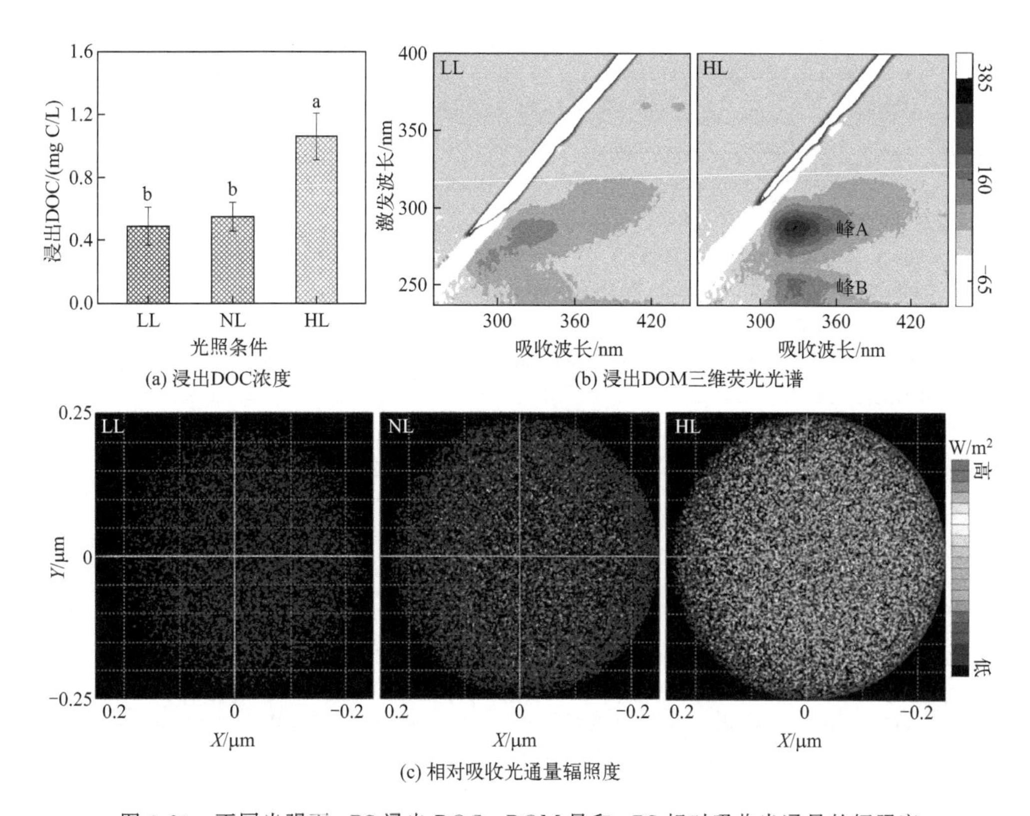

图 3-20　不同光强下 nPS 浸出 DOC、DOM 量和 nPS 相对吸收光通量的辐照度

图（a）中不同的小写字母表示各光照条件间的差异

简言之，nPS和SMX联合毒性作用模式主要受nPS对SMX的吸附作用及nPS自身对微藻的毒性效应的影响。光强可以改变微藻细胞的生长和代谢活动，调节培养体系中的化学条件（pH值、盐度和藻类来源DOM），从而影响吸附过程。nPS本身对微藻的毒性效应包括物理效应（遮光作用）和化学效应（添加剂浸出和氧化应激），二者均表现出光强和时间依赖性。因此，在对自然环境中的复合污染物进行生态风险评估时需综合考虑水体环境光强的变化。

参考文献

[1] Verdu I, Gonzalez-Pleiter M, Leganes F, et al. Microplastics can act as vector of the biocide triclosan exerting damage to freshwater microalgae. Chemosphere, 2021, 266: 129193.

[2] Yang D, Shi H, Li L, et al. Microplastic pollution in table salts from China. Environmental Science & Technology, 2015, 49 (22): 13622-13627.

[3] Zhang P, Yan Z, Lu G, et al. Single and combined effects of microplastics and roxithromycin on *Daphnia magna*. Environmental Science and Pollution Research International, 2019, 26 (17): 17010-17020.

[4] Zhang S, Ding J, Razanajatovo R M, et al. Interactive effects of polystyrene microplastics and roxithromycin on bioaccumulation and biochemical status in the freshwater fish red tilapia (*Oreochromis niloticus*). Science of the Total Environment, 2019, 648: 1431-1439.

[5] Bhagat J, Nishimura N, Shimada Y. Toxicological interactions of microplastics/nanoplastics and environmental contaminants: Current knowledge and future perspectives. Journal of Hazardous Materials, 2021, 405: 123913.

[6] Parsai T, Figueiredo N, Dalvi V, et al. Implication of microplastic toxicity on functioning of microalgae in aquatic system. Environmental Pollution, 2022, 308: 119626.

[7] Yu F, Yang C, Huang G, et al. Interfacial interaction between diverse microplastics and tetracycline by adsorption in an aqueous solution. Science of the Total Environment, 2020, 721: 137729.

[8] Bergami E, Pugnalini S, Vannuccini M L, et al. Long-term toxicity of surface-charged polystyrene nanoplastics to marine planktonic species *Dunaliella tertiolecta* and *Artemia franciscana*. Aquatic Toxicology, 2017, 189: 159-169.

[9] 杨弯弯，武氏秋贤，吴亦潇，等．恩诺沙星和硫氰酸红霉素对铜绿微囊藻的毒性研究．中国环境科学，2013, 33: 1829-1834.

[10] Zhu X, Zhao W, Chen X, et al. Growth inhibition of the microalgae *Skeletonema costatum* under copper nanoparticles with microplastic exposure. Marine Environmental Research, 2020, 158: 105005.

[11] Greco W R, Bravo G, Parsons J C. The search for synergy: a critical review from a response surface perspective. Pharmacological Reviews, 1995, 47 (2): 331-385.

[12] Liu L, Wu W, Zhang J, et al. Progress of research on the toxicology of antibiotic pollution in aquatic organisms. Acta Ecologica Sinica, 2018, 38 (1): 36-41.

[13] Liu B Y, Nie X P, Liu W Q, et al. Toxic effects of erythromycin, ciprofloxacin and sulfamethoxazole on photosynthetic apparatus in *Selenastrum capricornutum*. Ecotoxicology and En-

vironmental Safety, 2011, 74 (4): 1027-1035.

[14] 姜航，丁剑楠，黄叶菁，等．聚苯乙烯微塑料和罗红霉素对斜生栅藻（*Scenedesmus obliquus*）和大型溞（*Daphnia magna*）的联合效应研究．生态环境学报，2019，28：1457-1465.

[15] Li S, Wang P, Zhang C, et al. Influence of polystyrene microplastics on the growth, photosynthetic efficiency and aggregation of freshwater microalgae *Chlamydomonas reinhardtii* . Science of the Total Environment, 2020, 714: 136767.

[16] Jin Z. Addition in drug combination. Acta Pharmacologica Sinica, 2016, 1: 70-76.

[17] You X, Cao X, Zhang X, et al. Unraveling individual and combined toxicity of nano/microplastics and ciprofloxacin to *Synechocystis* sp. at the cellular and molecular levels. Environment International, 2021, 157: 106842.

[18] Li Z, Yi X, Zhou H, et al. Combined effect of polystyrene microplastics and dibutyl phthalate on the microalgae *Chlorella pyrenoidosa* . Environmental Pollution, 2020, 257: 113604.

[19] Scott S E, Fernandez J P, Hadad C M, et al. Molecular Docking as a tool to examine organic cation sorption to organic matter. Environmental Science & Technology, 2022, 56 (2): 951-961.

[20] Syranidou E, Kalogerakis N. Interactions of microplastics, antibiotics and antibiotic resistant genes within WWTPs. Science of The Total Environment, 2022, 804: 150141.

[21] Guo X, Chen C, Wang J. Sorption of sulfamethoxazole onto six types of microplastics. Chemosphere, 2019, 228: 300-308.

[22] Wang Y, Liu C, Wang F, et al. Behavior and mechanism of atrazine adsorption on pristine and aged microplastics in the aquatic environment: Kinetic and thermodynamic studies. Chemosphere, 2022, 292: 133425.

[23] Prajapati A, Vaidya A N, Kumar A R. Microplastic properties and their interaction with hydrophobic organic contaminants: A review. Environmental Science and Pollution Research, 2022, 29: 49490-49512.

[24] Liu X, Zhou D, Chen M, et al. Adsorption behavior of azole fungicides on polystyrene and polyethylene microplastics. Chemosphere, 2022, 308 (Pt 2): 136280.

[25] Manzi H P, Zhang M, Salama E S. Extensive investigation and beyond the removal of micro-polyvinyl chloride by microalgae to promote environmental health. Chemosphere, 2022, 300: 134530.

[26] Cohen J. Statistical power analysis for the behavioral Sciences. 2nd ed. Hillsdale: Lawrence Erlbaum Associates, 1988.

[27] Bhattacharya P, Lin S J, Turner J P, et al. Physical adsorption of charged plastic nanoparticles affects algal photosynthesis. The Journal of Physical Chemistry C, 2010, 114 (39): 16556-16561.

[28] Khoshnamvand M, Hanachi P, Ashtiani S, et al. Toxic effects of polystyrene nanoplastics on microalgae *Chlorella vulgaris* : Changes in biomass, photosynthetic pigments and morphology. Chemosphere, 2021, 280: 130725.

[29] Larkum A W D, Barrett J. Light harvesting process in algae. Advances in Botanical Research, 1983, 10: 1-219.

[30] Liu G, Jiang R, You J, et al. Microplastic impacts on microalgae growth: Effects of size and humic acid. Environmental Science & Technology, 2020, 54 (3): 1782-1789.

[31] Li X, Wang X, Chen L, et al. Changes in physicochemical and leachate characteristics of mi-

croplastics during hydrothermal treatment of sewage sludge. Water Research, 2022, 222: 118876.

[32] Luo H, Liu C, He D, et al. Effects of aging on environmental behavior of plastic additives: Migration, leaching, and ecotoxicity. Science of the Total Environment, 2022, 849: 157951.

[33] Amaral-Zettler L A, Zettler E R, Mincer T J. Ecology of the plastisphere. Nature Reviews Microbiology, 2020, 18(3): 139-151.

第四章 环境因素变化下微塑料对微藻的毒性效应与作用机制

大量研究表明，由于微塑料具有特殊的化学结构及较大的比表面积，微塑料会通过直接或间接的方式对微藻产生不同程度的毒理学效应[1]。然而，由于微藻有其独特的生长条件，环境因素（温度、盐度、光照和 pH 值等）的改变会对微藻的种群生长以及生理生化状态产生影响。同时，环境因素的改变会影响环境污染物对水生生物的毒性作用等。简言之，在自然环境中，环境因素的改变不仅会直接影响微藻的生长和生理，还会通过改变污染物的理化性质等非生物过程来影响其在水环境中的行为，从而改变其对微藻的毒性作用[2,3]。然而，目前大多数评估微塑料对微藻毒性效应的研究只关注了不同微塑料类型及浓度的影响，而没有考虑其他环境因素的影响。

在自然环境中，盐度是河口、沿海和封闭盆地的一个重要环境因素，它会影响微藻的生理生化活动，包括生长、光合，以及对环境污染物的吸收、积累和生物转化等[4]。已有研究表明盐度变化会引起渗透压的变化，从而影响各种环境污染物对水生生物的毒性效应[5]。此外，在水生生态系统中，微藻必须面对昼夜和季节交替的过程，这使得它们可能长期或周期性地处于特定的环境条件下，例如周期性变化的温度、光照等因素。温度是调节酶活性和许多生理和生化过程的主要环境因素之一，可影响微藻的光合作用、呼吸作用、酶活性和生物膜的形成等[6,7]。已有文献报道过环境污染物的化学毒性大小通常以温度依赖的方式变化：它要么随温度升高而增加，要么在受试生物体的最佳温度下最低，并且随着温度偏离最佳温度而增加[8]。到目前为止，尚不清楚环境因素的改变是否会影响微塑料对微藻等水生初级生产者的毒性效应。因此，需要对环境因素变化和微塑料的交互作用进行更多的研究，以提高对微塑料在自然环境中对水生生物的生物学效应以及环境行为的认识。

因此，本章主要研究了盐度和温度变化下微塑料对微藻的毒性效应与作用机制，包括：研究盐度和温度变化下微塑料对微藻生长特性和光合活性的交互影响机制；探讨微藻在不同温度、盐度下对微塑料毒性的潜在响应机制。以期研究结果能为揭示盐度和温度变化下微塑料对海洋微藻的毒性机理，准确评估其在海洋环境中的环境风险提供实验数据和理论依据。

第一节 盐度变化下 PMMA 微塑料对微藻的毒性效应与作用机制

一、盐度变化下 PMMA 微塑料对三角褐指藻生长的影响

在本节中，使用直径为 1μm 的聚甲基丙烯酸甲酯（polymethyl methacrylate，PMMA）微塑料来评估它们在不同盐度（25‰、35‰和 45‰）下对三角褐指藻（*Phaeodactylum tricornutum*）生长的影响。图 4-1 为不同盐度（25‰、35‰和 45‰）下，三角褐指藻暴露于 PMMA 微塑料 0～10d 内细胞密度的变化曲线。由图可知，三角褐指藻在 f/2 培养基中生长良好，但当 f/2 培养基中加入 PMMA 微塑料后，三角褐指藻的生长受到显著抑制。无论盐度变化如何，PMMA 微塑料都会显著抑制微藻的生长，并且随着 PMMA 微塑料浓度的增加，抑制率逐渐增加，显示出显著的剂量-效应关系。例如，在暴露第 10 天，盐度为 25‰的条件下，当三角褐指藻暴露于 10mg/L、25mg/L、50mg/L 和 100mg/L PMMA 微塑料时，抑制率分别为 10.65%±0.89%、17.69%±1.95%、20.57%±0.07%和 33.85%±0.97%。据文献报道，直径为 40nm 的 PMMA 微塑料对四种海洋微藻［即：朱氏四爿藻（*Tetraselmis chuii*）、微拟球藻（*Nannochloropsis gaditana*）、球等鞭金藻（*Isochrysis galbana*）和威氏海链藻（*Thalassiosira weissflogii*）］的生长均有显著影响[9]。另有报道称，直径为 0～250μm 的 PMMA 微塑料显著抑制了两种淡水微藻［即片状微囊藻（*Microcystis panniformis*）和栅藻（*Scenedesmus* sp.）］的生长，但当两种海洋微藻［四爿藻（*Tetraselmis* sp.）和黏球藻（*Gloeocapsa* sp.）］暴露在 PMMA 中时，未发现显著差异[10]。另外，当直径为 50nm 的 PMMA 微塑料的浓度从 0 增加到 100mg/L 时，海洋微藻波海红胞藻（*Rhodomonas baltica*）的生长略有增加，然而，当羧化 PMMA 微塑料（50nm）的浓度高于 25mg/L 时，其生长又受到显著

抑制[11]。尽管目前尚未就 PMMA 微塑料对微藻生长的影响获得一致的结论，但根据本节的数据和之前报道的结果，可以总结出一些原因来解释 PMMA 微塑料暴露下微藻生长被抑制的原因，具体如下：①微塑料引起的遮蔽效应，可减少微藻细胞与光的接触，并对其生长和光合活性产生负面影响；②微塑料对微藻细胞的吸附作用会降低微藻的迁移率，破坏微藻细胞壁，导致孔隙形成和颗粒吸收；③微塑料中的一些有毒单体和/或添加剂会释放到水中，这会干扰生物过程，并直接对微藻产生毒性。因此，PMMA 微塑料可能通过遮蔽效应、吸附效应或有毒物质的释放对水生生态系统中微藻的生长构成严重的潜在威胁。

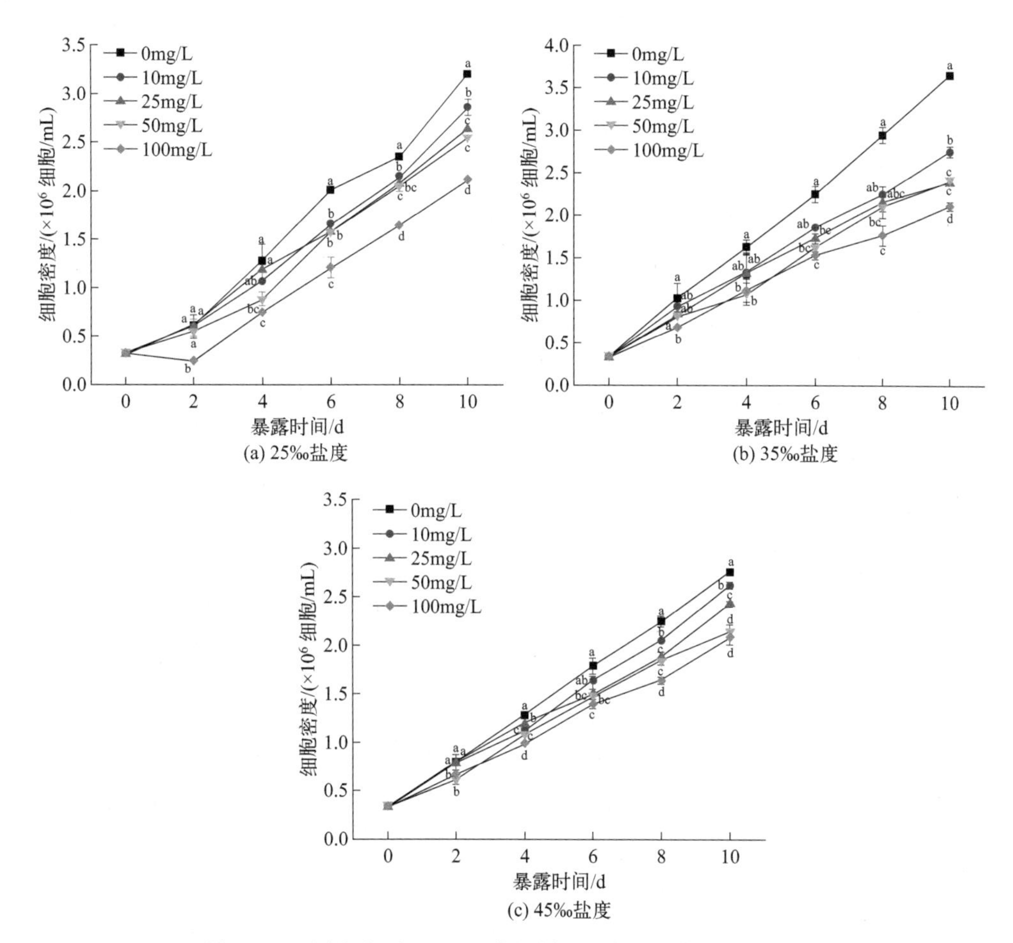

图 4-1　不同盐度下 PMMA 微塑料对三角褐指藻生长的影响

表 4-1 计算了 PMMA 微塑料在不同盐度下对三角褐指藻的 EC_{50} 值。可以看出，EC_{50} 值随着盐度的增加而显著增加，与暴露时间无关，这表明盐度影响了 PMMA 微塑料对三角褐指藻的毒性。此外，盐度变化和 PMMA 微塑料对三角

褐指藻生长抑制率的交互作用显著（$p<0.05$）（表 4-2）。其他文献也报道了类似的现象，例如几种金属（汞、镉、铜和锌）的毒性会随着盐度的增加而降低，因为高盐度会导致培养基中游离金属离子的减少，并促进氯络合物的形成[12]。虽然微塑料不是金属，但盐度变化可能会影响微塑料中有毒单体和/或添加剂的释放速率，并改变微塑料的物理化学特性，从而导致其性能的改变（吸附或聚集）。因此，盐度变化下微塑料对三角褐指藻的毒性有显著影响，但相关影响机制还有待进一步研究和探索。

此外，无论盐度如何变化，随着暴露时间的增加，EC_{50} 值先增加，然后降低（表 4-1）。在盐度为 25‰、35‰和 45‰时，三角褐指藻暴露于 PMMA 第 6 天时，最大 EC_{50} 值分别为 404.05mg/L、659.35mg/L 和 799.40mg/L，是暴露于第 2 天时（最小 EC_{50} 值）的 4.40 倍、5.49 倍和 2.72 倍。数据表明，PMMA 微塑料对三角褐指藻的最大毒性效应发生在暴露的第 2 天。其他研究者也报道了类似的结果，例如当小球藻（*Chlorella vulgaris*）暴露于直径为 0.5μm 的聚苯乙烯微塑料中时，在暴露的第 2 天达到最高的抑制率，然后随着暴露时间的增加，抑制率降低[13]。此外，将小球藻暴露于直径为 20nm 的聚苯乙烯微塑料中 3d 后，细胞密度从指数期增加到稳定期，增加了 10%[14]。这些数据表明，随着时间的推移，微藻具有一定的适应微塑料暴露的能力，这是由于细胞中的化学成分发生了改变，以保护细胞免受新污染物的胁迫。然而，本节所获得的 EC_{50} 值大于其他文献报道的 EC_{50} 值[9,11]，并且在最初 6 天内显著增加，然后在暴露的剩余几天内缓慢下降或趋于平稳，造成该差异的原因可能是：①所使用的微塑料在粒径、化学成分和结构方面有所不同，这会影响其对生物体的毒性[15]；②所用微藻细胞的大小和结构以及细胞外有机物质的产生存在差异，这可能导致微藻物种对新污染物的敏感性存在高度差异[16]；③不同的环境因素，如盐度，会导致微藻生长和微塑料物理化学特性的变化。因此，微塑料与微藻之间的相互作用有待进一步研究，尤其是在不同的环境条件下。

表 4-1 不同盐度下 PMMA 微塑料对三角褐指藻的 EC_{50} 值

盐度	EC_{50}/(mg/L)				
	2d	4d	6d	8d	10d
25‰	91.75±11.01	133.25±4.31	404.05±2.09	307.65±14.92	327.5±20.04
35‰	120.15±12.98	456.7±17.25	659.35±13.95	436.55±11.38	434±12.33
45‰	293.9±16.33	647.75±10.38	799.4±12.85	639.9±19.14	617.65±33.42

表 4-2　盐度和 PMMA 微塑料对三角褐指藻生长抑制率和叶绿素 a 含量影响的两因素方差分析

参数	生长抑制率			叶绿素 a 含量		
	df	*F*	*Sig.*	*df*	*F*	*Sig.*
盐度	2	3.302	0.045	2	5.462	0.005
PMMA	3	29.730	<0.001	4	0.116	0.977
盐度×PMMA	6	2.684	0.025	8	1.392	0.203
误差	48			165		

二、盐度变化下 PMMA 微塑料对三角褐指藻光合作用的影响

叶绿素 a 是微藻细胞中的一种主要光合色素，其变化可以用来反映光合作用的相关变化，因为它在微藻光合作用期间的光吸收中起着重要作用[17]。图 4-2 表示在 25‰、35‰和 45‰的不同盐度下，三角褐指藻暴露于 PMMA 微塑料中 2～10d 期间叶绿素 a 含量的变化。当盐度为 35‰，微藻暴露于 PMMA 微塑料不同时间（2～10d）和浓度（10～100mg/L）时，三角褐指藻的叶绿素 a 含量与对照组相比没有显著变化。此外，当三角褐指藻暴露在盐度为 25‰和 45‰的 PMMA 微塑料中时，尽管叶绿素 a 的含量在前两天内略有下降，但叶绿素 a 的含量在暴露的剩余几天内没有显著变化。有文献报道了相似的结果，当三种微藻［大溪地金藻（*Tisochrysis lutea*）、三角异冒藻（*Heterocapsa triquetra*）和嗜寒角毛藻（*Chaetoceros neogracile*）］暴露于直径为 2μm 的聚苯乙烯微塑料中时，藻细胞内叶绿素含量无任何差异（通过流式细胞仪 FL3 检测器上检测到的自体荧光强度进行估计）[18]；另有报道称低浓度的聚苯乙烯微塑料（1mg/L 和 5mg/L）对普通小球藻细胞内叶绿素 a 的合成没有影响，而较高浓度（50mg/L、100mg/L 和 1000mg/L）则可显著降低其叶绿素 a 的含量[13]。然而，有其他研究者报道了不同的结果，他们发现微藻暴露于微塑料时叶绿素含量降低[19,20]；也有研究者报道了海洋微藻波海红胞藻（*Rhodomonas baltica*）暴露于直径为 50nm 的 PMMA 微塑料中时，叶绿素 a 含量增加[11]。不一致的结果表明，应使用不同的生理、生化和分子指标进行更多的研究，以全面分析微塑料对微藻毒性效应机制。此外，盐度变化和 PMMA 微塑料对叶绿素 a 含量的交互作用不显著（$p > 0.05$），尽管盐度变化对叶绿素 a 含量的影响显著（$p < 0.05$）（表 4-2）。因此，可以得出结论，当微藻在不同盐度下暴露于 PMMA 微塑料中时，三角褐指藻中叶绿素 a 的含量几乎不受影响，因为该藻可能对微塑料和盐度变化具有类似的自我调节机制。

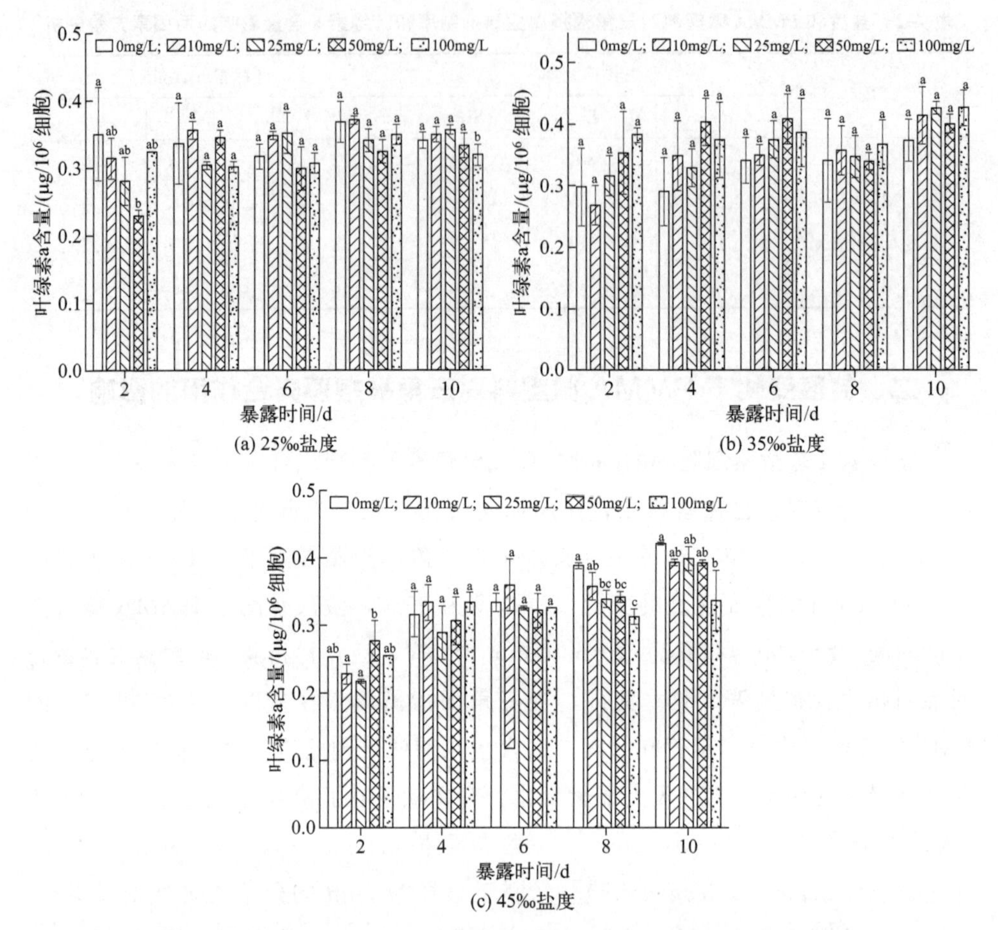

图 4-2　不同盐度下 PMMA 微塑料对三角褐指藻叶绿素 a 含量的影响

表 4-3　盐度和 PMMA 微塑料对三角褐指藻 F_v/F_m 和 Φ_{PSII} 影响的两因素方差分析

参数	F_v/F_m			Φ_{PSII}		
	df	*F*	*Sig.*	*df*	*F*	*Sig.*
盐度	2	11.033	<0.001	2	46.945	<0.001
PMMA	4	9.294	<0.001	4	8.390	<0.001
盐度×PMMA	8	0.690	0.010	8	6.841	<0.001
误差	165			165		

作为微藻最重要的代谢过程之一，光合作用通常可通过叶绿素荧光技术进行监测，例如光系统Ⅱ（PSⅡ）的最大光化学效率（F_v/F_m）和 PSⅡ的有效量子产率（Φ_{PSII}）[21,22]。因此，可用这两个指标来反映三角褐指藻在不同盐度下暴露于 PMMA 微塑料时的微藻光合活性。以上两个指标随时间的变化如图 4-3 所示。

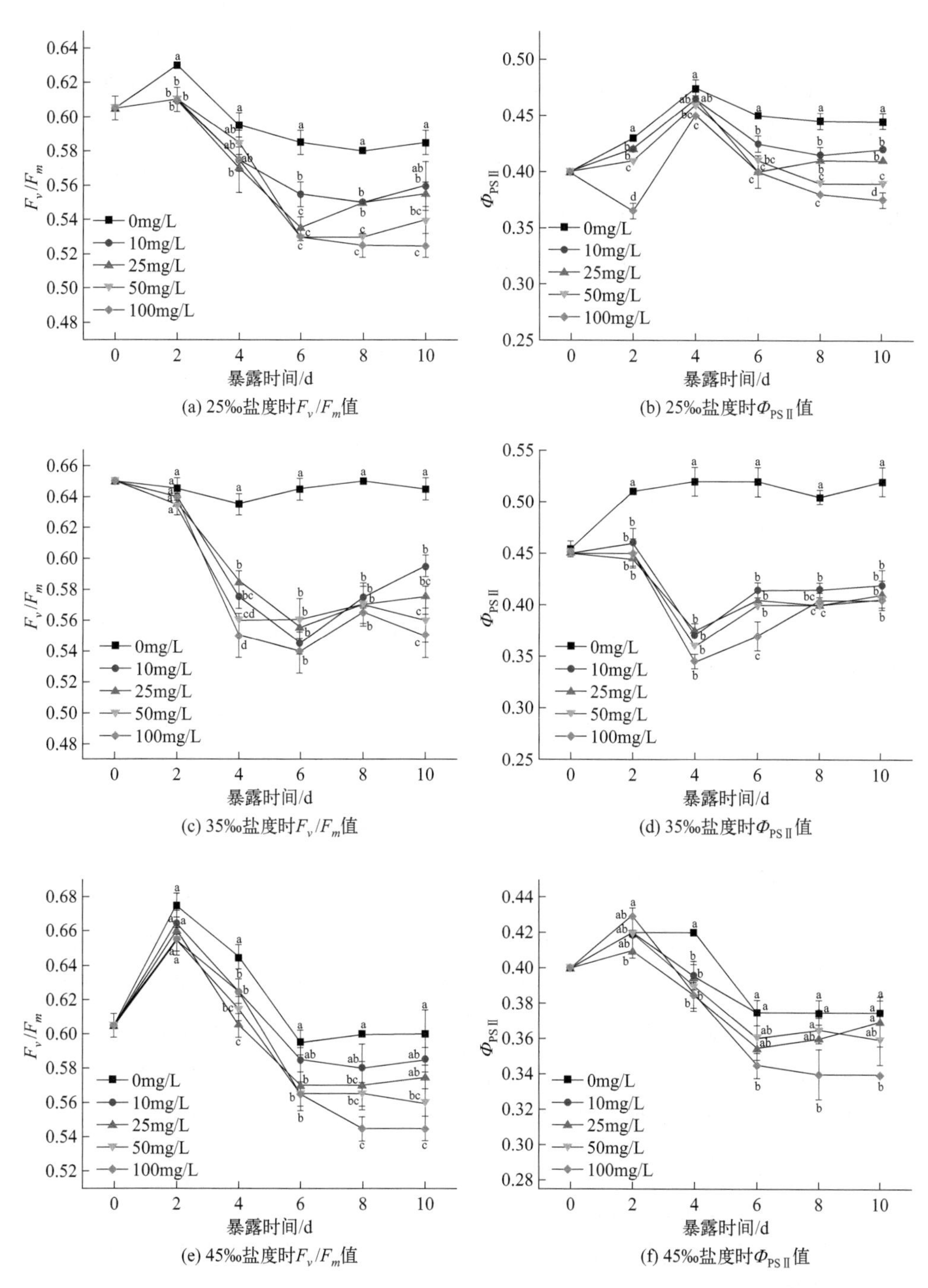

图 4-3 不同盐度下 PMMA 微塑料对三角褐指藻光系统Ⅱ（PSⅡ）最大光化学效率（F_v/F_m）和 PSⅡ有效量子产率（$\Phi_{PSⅡ}$）的影响

可以看出，当三角褐指藻在35‰的盐度下生长时，F_v/F_m 和 Φ_{PSII} 的值分别维持在0.64和0.50左右，表明三角褐指藻处于良好的生理状态（正常藻类细胞的 F_v/F_m 值在0.55～0.80范围内），并具有较强的光合活性[23]。当三角褐指藻暴露于不同浓度的PMMA微塑料中时，F_v/F_m 和 Φ_{PSII} 的值显著低于对照组，这表明三角褐指藻的光合活性受PMMA微塑料的抑制（图4-3）。结果与其他文献报道的结果相似，例如莱茵衣藻暴露于聚苯乙烯微塑料后，其 F_v/F_m 值受到抑制，并且莱茵衣藻的 F_v/F_m 值随着聚苯乙烯微塑料浓度的增加而显著下降[24]。根据之前的文献报道，光系统中蛋白质复合物的损伤、抑制以及藻类细胞活性的降低可能是光合能力下降的诱因[25]。此外，还观察到 F_v/F_m 和 Φ_{PSII} 的值在暴露的前2～6d内降低，然后在暴露的剩余几天内略有增加或趋于平稳。例如，从第6天到第10天，当三角褐指藻暴露于25mg/L PMMA微塑料，盐度为25‰（35‰）时，F_v/F_m 的值缓慢上升，表明随着暴露时间的延长，三角褐指藻的光合活性可以恢复。另有研究发现聚苯乙烯微塑料对蛋白核小球藻光合活性的抑制作用在达到最大值后随时间逐渐降低[22]。由此可以得出结论，在暴露开始时，PMMA微塑料会导致三角褐指藻的光合活性降低，然后由于微藻对环境污染物的适应，光合活性会恢复。此外，盐度变化和PMMA微塑料对 F_v/F_m 和 Φ_{PSII} 的影响，以及它们对 F_v/F_m 和 Φ_{PSII} 的交互影响是显著的（$p<0.05$）（表4-3），这表明这两个指标在反映环境胁迫下微藻的光合活性时非常敏感和可信。

三、盐度变化下PMMA微塑料对三角褐指藻细胞可溶性蛋白含量和抗氧化酶活性的影响

表4-4展示了在不同盐度条件下，三角褐指藻暴露于PMMA微塑料中时，其细胞内可溶性蛋白和抗氧化酶活性的变化。结果显示：暴露于PMMA微塑料中的三角褐指藻的可溶性蛋白含量高于对照组。有文献报道了类似的结果，如莱茵衣藻中的可溶性蛋白含量在暴露于聚苯乙烯微塑料后增加[24]。可溶性蛋白的增加和积累可用于提高微藻细胞的持水能力，并进一步保护其重要物质和生物膜，因为微塑料可能会对微藻细胞造成物理损伤，导致细胞内外渗透压的变化。此外，可溶性蛋白可以通过传递被称为信号传递的应激源信息，产生抵御应激的防御和保护分子，并降解一些不利或不必要的蛋白质以产生其他所需的蛋白质来应对各种环境应激[26]。因此，当三角褐指藻在不同盐度下暴露于PMMA微塑料中时，观察到了可溶性蛋白含量的增加。

抗氧化酶作为可溶性蛋白的重要组成部分，在正常细胞代谢中起着重要作

用，能够清除多余的活性氧自由基（ROS），降低细胞内氧化应激反应对微藻细胞的潜在毒性作用[27]。本节以超氧化物歧化酶（SOD）和过氧化氢酶（CAT）为生物标志物，测定了PMMA微塑料和盐度变化对三角褐指藻细胞抗氧化防御系统的氧化应激，并测定了它们在不同盐度下于不同浓度PMMA微塑料暴露10d后的活性。如表4-4所示，当盐度为35‰，PMMA微塑料浓度≤50mg/L时，三角褐指藻细胞中SOD和CAT的活性均无显著性的变化；然而，当PMMA的浓度增加到100mg/L时，SOD和CAT活性显著增加。此外，当盐度分别为25‰和45‰，随着PMMA微塑料浓度从10mg/L增加到100mg/L，SOD活性增加，相应的CAT活性显著降低。在抗氧化酶中，SOD主要负责将具有潜在毒性的超氧阴离子自由基转化为H_2O_2，CAT是进一步将H_2O_2转化为H_2O和O_2的主要酶[28]。已有文献报道过当生物体暴露于环境污染物时，细胞中会过度产生ROS[29]。因此，SOD活性的增加表明其催化活性氧歧化的能力增强，这与下文中获得的丙二醛（MDA）含量的升高一致。更高的SOD活性也可以有效地防止活性氧的潜在增加，并反映出三角褐指藻对微塑料暴露的氧化应激的适应。CAT活性降低可能是由于细胞中过量的H_2O_2，超过了CAT的清除能力，从而抑制了其活性[30]。与其他文献报道的结果相比，关于微塑料对微藻SOD和CAT活性的影响没有达成一致的结论。例如，当聚氯乙烯微塑料的浓度在10～100mg/L范围内逐渐升高时，莱茵衣藻中的SOD活性逐渐增加[31]。然而，当小球藻暴露于带负电的聚苯乙烯纳米塑料中48h后，SOD活性降低50%，CAT活性增加750%[32]。这些不同的发现可能是由以下原因造成的：①所用微塑料具有不同的理化特性；②所用微藻具有不同的细胞结构；③所使用的环境条件不同。以上结果表明，在盐度变化和微塑料暴露的情况下，微藻为了维持细胞环境的氧化还原平衡状态，SOD和CAT活性均会发生改变。

表4-4　不同盐度下PMMA微塑料对三角褐指藻细胞中可溶性蛋白、MDA含量和SOD、CAT活性的影响

盐度	PMMA浓度/(mg/L)	可溶性蛋白/(μg/10^6细胞)	丙二醛/(nmol/10^6细胞)	过氧化氢酶/(U/mg蛋白质)	超氧化物歧化酶/(U/mg蛋白质)
25‰	0	6.78 ± 0.03^{a}	0.57 ± 0.01^{a}	0.14 ± 0.01^{c}	1.44 ± 0.13^{a}
	10	6.87 ± 0.25^{a}	0.63 ± 0.03^{ab}	0.08 ± 0.02^{b}	1.63 ± 0.09^{ab}
	25	7.59 ± 0.12^{b}	0.67 ± 0.01^{b}	0.04 ± 0.01^{a}	1.61 ± 0.04^{a}
	50	6.84 ± 0.52^{a}	0.62 ± 0.05^{ab}	0.09 ± 0.00^{b}	1.72 ± 0.07^{ab}
	100	6.73 ± 0.37^{a}	0.66 ± 0.02^{b}	0.07 ± 0.02^{b}	1.93 ± 0.19^{b}

续表

盐度	PMMA 浓度/(mg/L)	可溶性蛋白/(μg/10^6细胞)	丙二醛/(nmol/10^6细胞)	过氧化氢酶/(U/mg 蛋白质)	超氧化物歧化酶/(U/mg 蛋白质)
35‰	0	5.70 ± 0.01^{ab}	0.52 ± 0.02^{a}	0.10 ± 0.00^{a}	1.36 ± 0.05^{a}
	10	5.56 ± 0.03^{a}	0.70 ± 0.03^{b}	0.09 ± 0.01^{a}	1.60 ± 0.19^{ab}
	25	6.17 ± 0.21^{ab}	0.73 ± 0.00^{b}	0.09 ± 0.01^{a}	1.49 ± 0.10^{ab}
	50	5.72 ± 0.31^{bc}	0.69 ± 0.00^{ab}	0.10 ± 0.00^{a}	1.54 ± 0.14^{ab}
	100	6.48 ± 0.31^{c}	0.76 ± 0.03^{b}	0.12 ± 0.00^{b}	1.68 ± 0.11^{b}
45‰	0	5.70 ± 0.02^{b}	0.57 ± 0.00^{a}	0.11 ± 0.01^{b}	2.28 ± 0.11^{a}
	10	5.50 ± 0.07^{a}	0.60 ± 0.01^{a}	0.10 ± 0.03^{ab}	2.42 ± 0.24^{ab}
	25	5.54 ± 0.04^{ab}	0.70 ± 0.01^{b}	0.13 ± 0.00^{b}	2.43 ± 0.11^{ab}
	50	6.56 ± 0.10^{c}	0.69 ± 0.01^{b}	0.08 ± 0.00^{a}	2.91 ± 0.30^{b}
	100	7.00 ± 0.08^{d}	0.69 ± 0.05^{b}	0.08 ± 0.00^{a}	2.85 ± 0.11^{b}

四、盐度变化下 PMMA 微塑料对三角褐指藻细胞中丙二醛含量的影响

表 4-4 显示了不同浓度的 PMMA 微塑料在不同盐度下对三角褐指藻体内丙二醛（MDA）含量的影响。盐度为 35‰时，三角褐指藻体内 MDA 含量显著低于盐度为 25‰或 45‰的三角褐指藻，这表明盐度变化对三角褐指藻细胞中 MDA 的产生有影响。此外，无论盐度变化如何，当三角褐指藻暴露于不同浓度的 PMMA 微塑料中时，MDA 含量均显著高于对照组。这些数据表明，在 PMMA 微塑料的作用下，微藻细胞产生过量的 ROS，从而导致脂质过氧化。其他文献报道了类似的结果，例如当中肋骨条藻暴露于四种不同的微塑料（即聚乙烯、聚苯乙烯、聚氯乙烯和聚氯乙烯 800）中时，中肋骨条藻中 MDA 的含量显著增加[33]；未经处理和紫外线老化的聚氯乙烯微塑料都会诱导脂质过氧化反应，从而提高莱茵衣藻细胞中的 MDA 含量；此外，随着微塑料浓度的增加，MDA 含量呈指数增长[31]。综上所述，当三角褐指藻在不同盐度下暴露于 PMMA 微塑料时，MDA 含量的显著增加可能是由于微藻细胞中积累了过量的 ROS，这可能导致生长抑制、光合活性降低以及微藻细胞内化学成分的变化。

第二节　盐度和温度共同变化下 PMMA 微塑料对微藻的毒性效应与作用机制

一、盐度和温度共同变化下 PMMA 微塑料对三角褐指藻生长的影响

温度和盐度是影响微藻细胞生长和繁殖的重要环境因素，其对营养物质的吸收以及细胞分裂周期等均会产生较大影响。图 4-4 为不同温度（15℃、20℃和 25℃）和不同盐度（25‰、35‰和 45‰）下三角褐指藻暴露于直径为 1μm 的 PMMA 微塑料中的生长情况。由图可知，在培养基中加入 PMMA 微塑料后，三角褐指藻的生长受到显著抑制，且无论温度和盐度如何变化，PMMA 都会显著抑制微藻的生长，并且随着 PMMA 微塑料浓度的增加，抑制率逐步增加，显

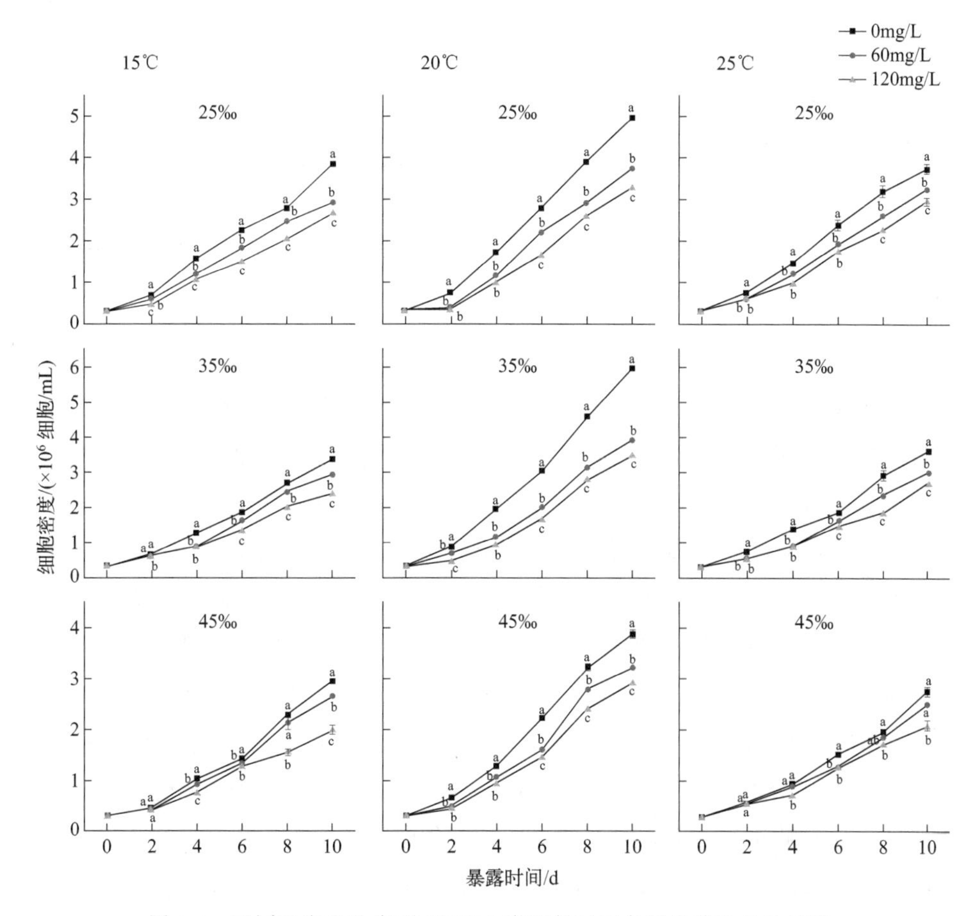

图 4-4　不同温度和盐度下 PMMA 微塑料对三角褐指藻生长的影响

示出显著的剂量-效应关系。这与前一节发现的盐度变化下 PMMA 对三角褐指藻生长的影响结果类似（图 4-1），其他研究者也报道了相似的抑制作用[9-11]。此外，根据表 4-5 结果显示，温度和盐度对三角褐指藻生长抑制率的交互作用显著（$p < 0.05$），然而温度、盐度变化和 PMMA 微塑料对三角褐指藻生长抑制率的交互作用没有显著性。

表 4-5　温度、盐度和 PMMA 微塑料对三角褐指藻生长抑制率和叶绿素 a 含量影响的三因素方差分析

参数	生长抑制率			叶绿素 a 含量		
	df	*F*	*Sig.*	*df*	*F*	*Sig.*
温度	2	44.797	<0.001	2	22.313	<0.001
盐度	2	21.345	<0.001	2	5.228	0.014
PMMA	1	271.535	<0.001	2	15.04	<0.001
温度×盐度	4	4.921	0.003	4	7.972	<0.001
温度×PMMA	2	1.917	0.176	4	2.799	0.037
盐度×PMMA	2	0.011	0.989	4	1.931	0.122
温度×盐度×PMMA	4	1.055	0.393	8	4.464	<0.001
误差	36			88		

二、盐度和温度共同变化下 PMMA 微塑料对三角褐指藻光合作用的影响

图 4-5 为不同温度和盐度下，三角褐指藻在 PMMA 微塑料中暴露 2～10d 期间的叶绿素 a 含量变化。不同温度和盐度下，在暴露前期 PMMA 微塑料可促进三角褐指藻细胞中叶绿素 a 的积累，使其含量升高，但在暴露后期，叶绿素 a 含量与对照组相比没有显著变化。这与上一节中盐度变化下 PMMA 微塑料对三角褐指藻叶绿素 a 含量的影响结果类似，也与其他研究者报道的结果类似[18]。综上所述，微塑料在暴露前期确实会改变微藻叶绿素 a 含量，但随着暴露时间的延长，微藻会通过自我调节来适应微塑料的胁迫。数据分析结果表明（表 4-5），温度和盐度变化均会对三角褐指藻叶绿素 a 含量产生显著影响（$p < 0.05$）。此外，有研究者报道了在分批培养时，低温会显著降低三角褐指藻叶绿素 a 含量[34]。温度变化会影响大叶藻（*Zostera marina*）光合色素的含量，主要是降低其类胡萝卜素和叶绿素 a 的含量；高温也会显著降低其光合色素的含量，且这种损害是不可逆转的，而低温对其带来的损害可以通过光保护机制减弱[35]。此外，温度、盐度变化和 PMMA 微塑料对三角褐指藻叶绿素 a 含量的交互作用显

著（$p<0.05$），但盐度变化和PMMA微塑料对叶绿素a含量的交互作用不显著（表4-2），因此可以认为：温度变化是影响三角褐指藻中叶绿素a含量的主要环境因素。

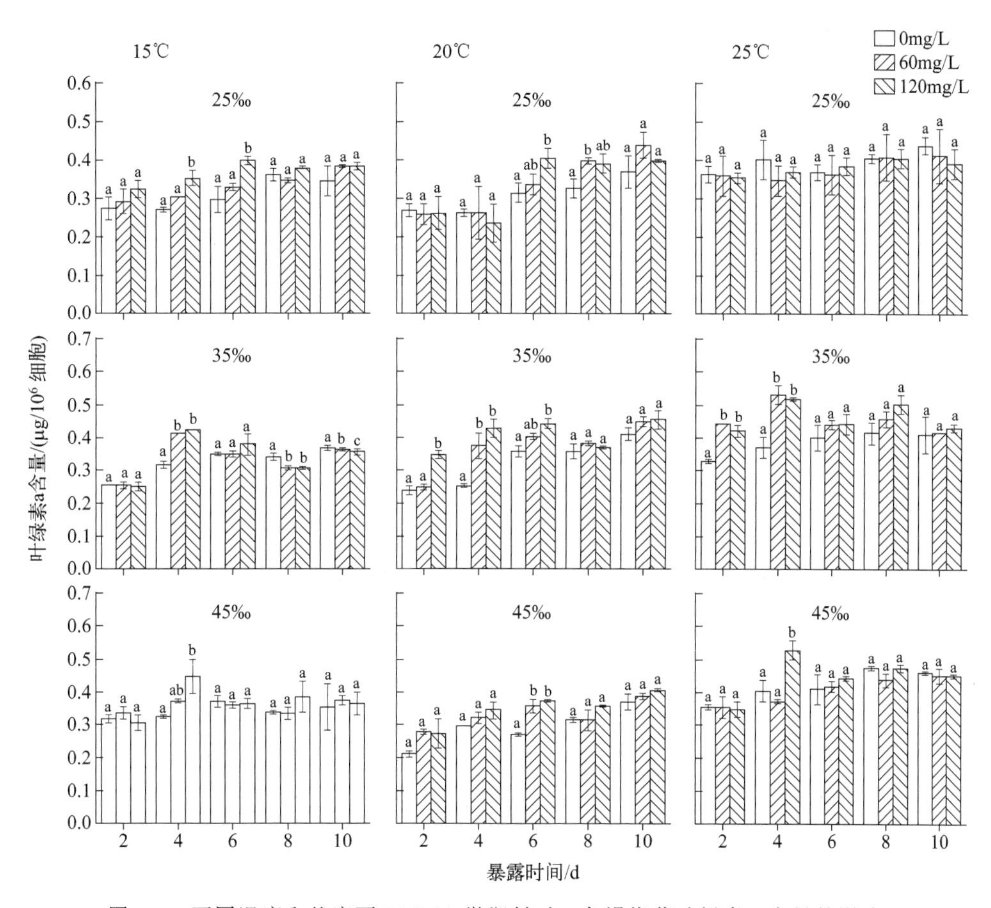

图4-5　不同温度和盐度下PMMA微塑料对三角褐指藻叶绿素a含量的影响

利用F_v/F_m和Φ_{PSII}两个指标来反映三角褐指藻在不同温度和盐度下暴露于PMMA微塑料时的光合活性变化，其随时间的变化如图4-6和图4-7所示。可以看出，在不同温度和盐度下，当三角褐指藻暴露于不同浓度的PMMA微塑料中时，微塑料会在暴露初期导致三角褐指藻光合活性的降低，然后由于微藻对环境污染物的适应，光合活性在暴露后期会恢复，这与其他研究者报道的结论类似[22,24]。不同的是，在15℃、45‰的条件下，三角褐指藻暴露于120mg/L PMMA微塑料中时，F_v/F_m和Φ_{PSII}的值随暴露时间的延长逐渐降低，仍未达到平稳的状态，这可能是温度、盐度与PMMA微塑料交互作用所导致的，这也为解释三角褐指藻在此条件下生长受到最大抑制（细胞密度最低，为1.99×

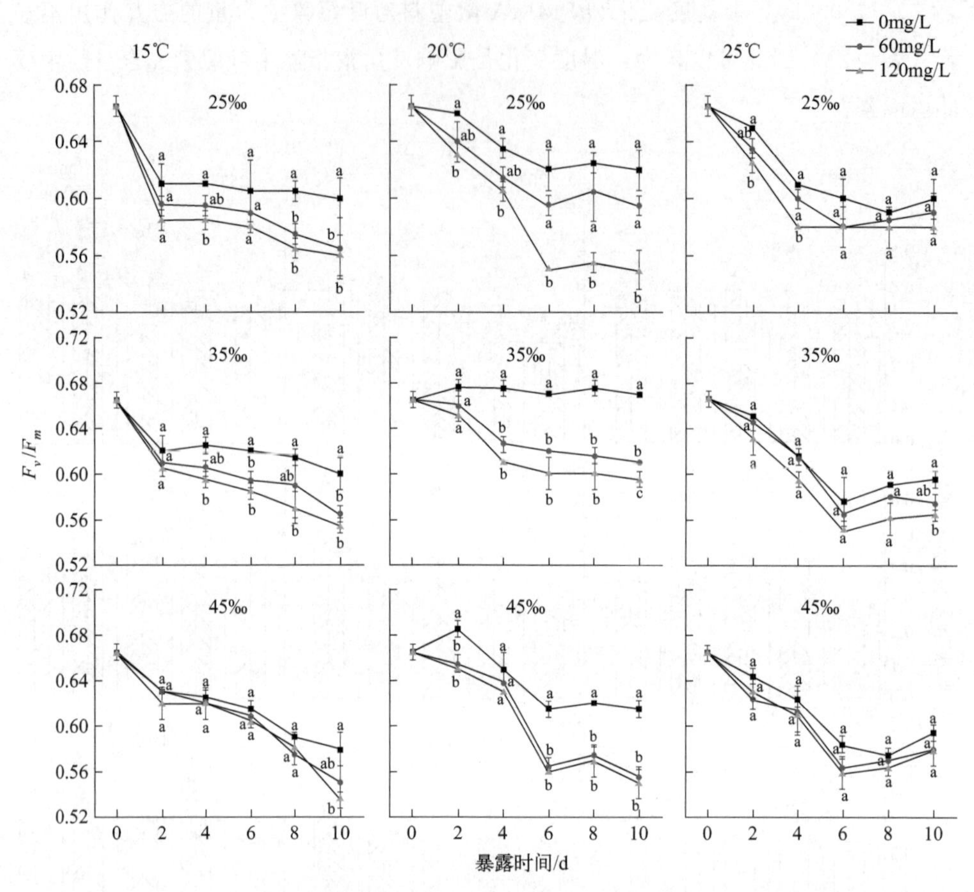

图 4-6　不同温度和盐度下 PMMA 微塑料对三角褐指藻光系统Ⅱ（PSⅡ）最大光化学效率（F_v/F_m）的影响

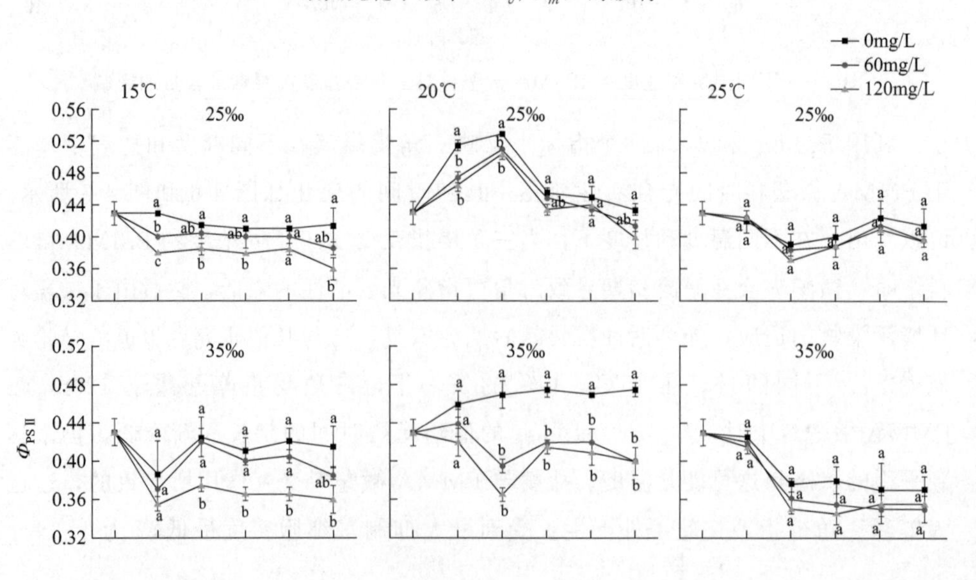

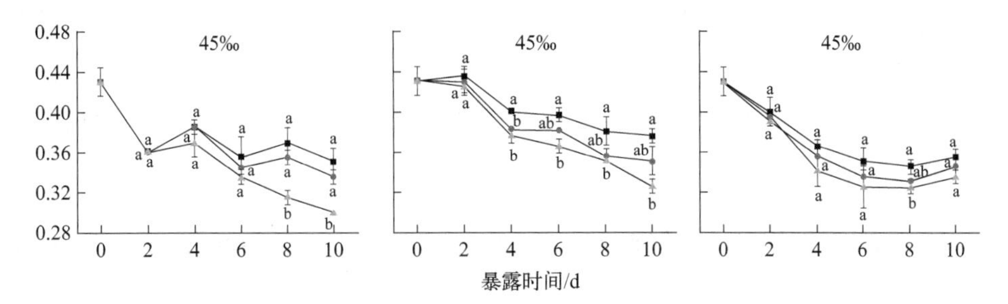

图 4-7 不同温度和盐度下 PMMA 微塑料对三角褐指藻光系统Ⅱ（PSⅡ）有效量子产率（$\Phi_{PSⅡ}$）的影响

10^6 细胞/mL）找到了原因。此外，温度、盐度变化和 PMMA 微塑料对 F_v/F_m 和 $\Phi_{PSⅡ}$的影响，以及它们对 F_v/F_m 和 $\Phi_{PSⅡ}$的交互影响是显著的（$p<0.05$）（表 4-6），这表明 PMMA 微塑料对三角褐指藻光合活性的影响受到温度和盐度等条件的制约，因此在研究微塑料对微藻光合作用影响时应充分考虑环境因素的影响。

表 4-6 温度、盐度和 PMMA 对三角褐指藻 F_v/F_m 和 $\Phi_{PSⅡ}$ 影响的三因素方差分析

参数	F_v/F_m			$\Phi_{PSⅡ}$		
	df	*F*	*Sig.*	*df*	*F*	*Sig.*
温度	2	10.549	0.001	2	22.176	<0.001
盐度	2	4.836	0.018	2	36.212	<0.001
PMMA	2	35.325	<0.001	2	37.972	<0.001
温度×盐度	4	8.787	<0.001	4	3.658	0.045
温度×PMMA	4	14.743	<0.001	4	17.348	<0.001
盐度×PMMA	4	7.757	<0.001	4	7.304	<0.001
温度×盐度×PMMA	8	3.42	0.002	8	4.778	<0.001
误差	88			88		

三、盐度和温度共同变化下 PMMA 微塑料对三角褐指藻细胞可溶性蛋白含量的影响

在不同温度和盐度条件下，PMMA 微塑料对三角褐指藻细胞中可溶性蛋白含量的影响如表 4-7 所示。结果表明，三角褐指藻的最适生长条件为 20℃ 和 35‰的盐度；与其相比，温度和盐度的改变均会显著提升三角褐指藻细胞中可溶性蛋白的含量。此外，暴露于 PMMA 微塑料中的三角褐指藻可溶性蛋白含量显著高于对照组，只有在温度 25℃、25‰和 45‰盐度，温度 20℃、45‰盐度条件下，PMMA 微塑料暴露下可溶性蛋白含量与对照组没有显著的区别。可溶性蛋

白在微藻细胞内可储存能量、抵御极端环境，当细胞受到极端环境胁迫时，可溶性蛋白含量会增加以维持细胞内正常渗透浓度，维持细胞正常代谢。因此，在不同温度和盐度下，三角褐指藻暴露于 PMMA 微塑料中可溶性蛋白含量增加，以保护细胞内重要物质和生物膜，维持细胞代谢正常。

四、盐度和温度共同变化下 PMMA 微塑料对三角褐指藻细胞抗氧化酶活性的影响

以 SOD 和 CAT 活性为指标，测定了温度和盐度共同变化下 PMMA 微塑料对三角褐指藻细胞中两种酶活性随暴露时间增加的变化情况。如表 4-7 所示，在盐度和温度共同变化下，三角褐指藻中的 SOD 和 CAT 活性随 PMMA 微塑料浓度的不同出现不同的改变。与对照组相比，当温度为 25℃、盐度为 25‰时，微塑料暴露对三角褐指藻细胞中 SOD 和 CAT 活性无显著影响；当温度为 15℃、盐度为 35‰以及温度为 20℃、盐度为 25‰或 35‰时，微塑料暴露可显著提升三角褐指藻细胞中 SOD 和 CAT 的活性。PMMA 微塑料可诱导藻细胞产生过量的活性氧（ROS），而三角褐指藻中抗氧化酶活性的增加主要是为了清除过量的 ROS，以使 ROS 维持在较低的水平，从而消除过量 ROS 给细胞带来的损伤。其他研究者也报道了微塑料会增加微藻内抗氧化酶的活性[31]。此外，抗氧化酶活性的升高也是对环境因素的胁迫以及环境污染物的适应，以及时清除细胞内过剩的 ROS，保护细胞膜系统免受伤害，这与本章中获得的 MDA 含量升高一致（表 4-7）。综上所述，在温度、盐度变化和微塑料暴露的情况下，SOD 和 CAT 的活性会升高，用于维持细胞环境的氧化还原平衡状态。

表 4-7 不同温度和盐度下 PMMA 微塑料对三角褐指藻细胞中可溶性蛋白、MDA 含量和 SOD、CAT 活性的影响

温度/℃	盐度/‰	PMMA 浓度/(mg/L)	可溶性蛋白含量/(μg/10^6 细胞)	丙二醛含量/(nmol/10^6 细胞)	过氧化氢酶(U/mg 蛋白质)	超氧化物歧化酶(U/mg 蛋白质)
15	25	0	6.43 ± 0.17^{a}	0.59 ± 0.05^{a}	0.04 ± 0.00^{a}	1.18 ± 0.02^{a}
		60	7.97 ± 0.32^{b}	0.78 ± 0.04^{b}	0.05 ± 0.00^{a}	1.33 ± 0.02^{b}
		120	8.75 ± 0.28^{b}	0.78 ± 0.05^{b}	0.05 ± 0.00^{a}	1.36 ± 0.05^{b}
	35	0	7.19 ± 0.06^{a}	0.70 ± 0.04^{a}	0.08 ± 0.01^{a}	1.21 ± 0.04^{a}
		60	7.25 ± 0.15^{a}	0.74 ± 0.04^{a}	0.10 ± 0.01^{a}	1.46 ± 0.03^{b}
		120	8.52 ± 0.02^{b}	0.83 ± 0.02^{b}	0.10 ± 0.03^{a}	1.44 ± 0.02^{b}
	45	0	7.05 ± 0.43^{a}	0.58 ± 0.02^{a}	0.10 ± 0.00^{a}	1.40 ± 0.09^{a}
		60	7.36 ± 0.19^{a}	0.61 ± 0.00^{a}	0.09 ± 0.01^{a}	1.52 ± 0.03^{ab}
		120	8.63 ± 0.19^{b}	0.68 ± 0.01^{b}	0.12 ± 0.00^{b}	1.69 ± 0.03^{b}

续表

温度/℃	盐度/‰	PMMA浓度/(mg/L)	可溶性蛋白含量/(μg/10^6细胞)	丙二醛含量/(nmol/10^6细胞)	过氧化氢酶(U/mg蛋白质)	超氧化物歧化酶(U/mg蛋白质)
20	25	0	7.62±0.11[a]	0.45±0.00[a]	0.03±0.00[a]	0.80±0.00[a]
		60	8.01±0.14[ab]	0.52±0.02[b]	0.03±0.00[a]	0.92±0.03[b]
		120	8.64±0.33[b]	0.55±0.01[b]	0.05±0.01[b]	1.05±0.01[c]
	35	0	5.29±0.17[a]	0.38±0.01[a]	0.02±0.00[a]	0.99±0.03[a]
		60	7.71±0.26[b]	0.47±0.00[b]	0.03±0.00[a]	1.08±0.07[a]
		120	7.79±0.29[b]	0.46±0.01[b]	0.04±0.01[a]	1.27±0.01[b]
	45	0	6.25±0.23[a]	0.43±0.01[a]	0.05±0.00[a]	1.78±0.09[a]
		60	7.23±0.51[a]	0.47±0.01[a]	0.04±0.01[a]	1.79±0.14[a]
		120	7.07±0.15[a]	0.58±0.03[b]	0.09±0.03[a]	2.03±0.06[a]
25	25	0	6.37±0.53[a]	0.46±0.00[a]	0.07±0.00[a]	1.41±0.08[a]
		60	7.02±0.62[a]	0.48±0.02[a]	0.08±0.01[a]	1.47±0.05[a]
		120	7.35±0.44[a]	0.49±0.01[a]	0.09±0.02[a]	1.51±0.07[a]
	35	0	6.37±0.01[a]	0.41±0.01[a]	0.05±0.01[a]	1.62±0.06[a]
		60	6.52±0.13[a]	0.49±0.01[b]	0.08±0.01[a]	1.91±0.06[b]
		120	6.88±0.01[b]	0.50±0.00[b]	0.12±0.01[b]	2.07±0.02[b]
	45	0	6.16±0.14[a]	0.36±0.001[a]	0.10±0.01[a]	2.07±0.01[a]
		60	6.99±0.38[a]	0.41±0.04[ab]	0.10±0.01[a]	2.03±0.06[a]
		120	7.25±0.51[a]	0.47±0.00[b]	0.11±0.02[a]	2.23±0.01[b]

五、盐度和温度共同变化下 PMMA 微塑料对三角褐指藻细胞中丙二醛含量的影响

在不同温度和盐度条件下，PMMA 微塑料对三角褐指藻细胞中丙二醛（MDA）含量的影响如表 4-7 所示。在不同温度和盐度下，当三角褐指藻暴露于不同浓度的 PMMA 微塑料中时，MDA 含量均显著高于对照组，但当温度为 25℃，盐度为 25‰时，MDA 含量与对照组相比没有显著性的改变，这与相同条件下三角褐指藻细胞中 SOD 和 CAT 的活性没有改变相一致。这些数据表明，温度和盐度变化以及暴露于 PMMA 微塑料中，三角褐指藻细胞均会产生过量的 ROS，从而导致脂质过氧化。其他研究者也报道了微塑料会诱导微藻细胞发生脂质过氧化反应，且 MDA 含量的增加与微塑料浓度呈正相关[31]。综上所述，当三角褐指藻在不同温度和盐度下暴露于 PMMA 微塑料时，MDA 含量的显著

增加可能是由于微藻细胞中积累了过量的 ROS，导致脂质过氧化反应的发生，从而造成了不同程度的膜氧化损伤。

参考文献

[1] Long M, Moriceau B, Gallinari M, et al. Interactions between microplastics and phytoplankton aggregates: impact on their respective fates. Marine Chemistry, 2015, 175: 39-46.

[2] Du J, Qiu B, Pedrosa G M, et al. Influence of light intensity on cadmium uptake and toxicity in the cyanobacteria *Synechocystis* sp. PCC6803. Aquatic Toxicology, 2019, 211: 163-172.

[3] Franklin N M, Stauber J L, Lim R P, et al. pH-dependent toxicity of copper and uranium to a tropical freshwater alga (*Chlorella* sp.). Aquatic Toxicology, 2000, 48: 275-289.

[4] Papry R I, Omori Y, Fujisawa S, et al. Arsenic biotransformation potential of marine phytoplankton under a salinity gradient. Algal Research, 2020, 47: 101842.

[5] Hall W L, Anderson D R. The influence of salinity on the toxicity of various classes of chemicals to aquatic biota. Critical Reviews in Toxicology, 1995, 25 (4): 281-346.

[6] Bonet B, Corcoll N, Acuňa V, et al. Seasonal changes in antioxidant enzyme activities of freshwater biofilms in a metal polluted Mediterranean stream. Science of the Total Environment, 2013, 444: 60-72.

[7] Larras F, Lambert A S, Pesce S, et al. The effect of temperature and a herbicide mixture on freshwater periphytic algae. Ecotoxicology and Environmental Safety, 2013, 98: 162-170.

[8] Zhou G J, Wang Z, Lau E T C, et al. Can we predict temperature-dependent chemical toxicity to marine organisms and set appropriate water quality guidelines for protecting marine ecosystems under different thermal scenarios? Marine Pollution Bulletin, 2014, 87 (1-2): 11-21.

[9] Venâncio C, Ferreira I, Martins M A, et al. The effects of nanoplastics on marine plankton: A case study with polymethylmethacrylate. Ecotoxicology and Environmental Safety, 2019, 184: 109632.

[10] Cunha C, Faria M, Nogueira N, et al. Marine vs freshwater microalgae exopolymers as biosolutions to microplastics pollution. Environmental Pollution, 2019, 249: 372-380.

[11] Gomes T, Almeida A C, Georgantzopoulou A. Characterization of cell responses in *Rhodomonas baltica* exposed to PMMA nanoplastics. Science of the Total Environment, 2020, 726: 138547.

[12] Verslycke T, Vangheluwe M, Heijerick D, et al. The toxicity of metal mixtures to the estuarine mysid *Neomysis integer* (*Crustacea*: *Mysidacea*) under changing salinity. Aquatic Toxicology, 2003, 64 (3): 307-315.

[13] Tunali M, Uzoefuna E N, Tunali M M, et al. Effect of microplastics and microplastic-metal combinations on growth and chlorophyll *a* concentration of *Chlorella vulgaris*. Science of the Total Environment, 2020, 743: 140479.

[14] Hazeem L J, Yesilay G, Bououdina M, et al. Investigation of the toxic effects of different polystyrene micro-and nanoplastics on microalgae *Chlorella vulgaris* by analysis of cell viability, pigment content, oxidative stress and ultrastructural changes. Marine Pollution Bulletin, 2020, 156: 111278.

[15] Sjollema S B, Redondo-Hasselerharm P, Leslie H A, et al. Do plastic particles affect microalgal photosynthesis and growth? Aquatic Toxicology, 2016, 170: 259-261.

[16] Rojíčková R, Marsálek B. Selection and sensitivity comparisons of algal species for toxicity testing. Chemosphere, 1999, 38 (14): 3329-3338.

[17] Hyka P, Lickova S, Přibyl P, et al. Flow cytometry for the development of biotechnological processes with microalgae. Biotechnology Advances, 2013, 31 (1): 2-16.

[18] Long M, Paul-Pont I, Hegaret H, et al. Interactions between polystyrene microplastics and marine phytoplankton lead to species-specific hetero-aggregation. Environmental Pollution, 2017, 228: 454-463.

[19] Besseling E, Wang B, Lürling M, et al. Nanoplastic affects growth of *S. obliquus* and reproduction of *D. magna*. Environmental Science and Technology, 2014, 48 (20): 12336-12343.

[20] Xiao Y, Jiang X, Liao Y, et al. Adverse physiological and molecular level effects of polystyrene microplastics on freshwater microalgae. Chemosphere, 2020, 255: 126914.

[21] Chen B, Xue C Y, Amoah P K, et al. Impacts of four ionic liquids exposure on a marine diatom *Phaeodactylum tricornutum* at physiological and biochemical levels. Science of the Total Environment, 2019, 665: 492-501.

[22] Mao Y, Ai H, Chen Y, et al. Phytoplankton response to polystyrene microplastics: Perspective from an entire growth period. Chemosphere, 2018, 208: 59-68.

[23] Maxwell K, Johnson G N. Chlorophyll fluorescence-a practical guide. Journal of Experimental Botany, 2000, 51: 659-668.

[24] Li S, Wang P, Zhang C, et al. Influence of polystyrene microplastics on the growth, photosynthetic efficiency and aggregation of freshwater microalgae *Chlamydomonas reinhardtii*. Science of the Total Environment, 2020, 714: 136767.

[25] Schwab F, Bucheli T D, Lukhele L P, et al. Are carbon nanotube effects on green algae caused by shading and agglomeration? Environmental Science and Technology, 2011, 45 (14): 6136-6144.

[26] Chen Y, Ling Y, Li X, et al. Size-dependent cellular internalization and effects of polystyrene microplastics in microalgae *P. helgolandica* var. *tsingtaoensis* and *S. quadricauda*. Journal of Hazardous Materials, 2020, 399: 123092.

[27] Wang C X, Zhang Q M, Wang F F, et al. Toxicological effects of dimethomorph on soil enzymatic activity and soil earthworm (*Eisenia fetida*). Chemosphere, 2017, 169: 316-323.

[28] Gao K, Li B, Chen R, et al. A feasibility study of using silkworm larvae as a novel *in vivo* model to evaluate the biotoxicity of ionic liquids. Ecotoxicology and Environmental Safety, 2021, 209: 111759.

[29] Rana I, Shivanandappa T. Mechanism of potentiation of endosulfan cytotoxicity by thiram in Ehrlich ascites tumor cells. Toxicology In Vitro, 2010, 24 (1): 40-44.

[30] Yu H, Peng J, Cao X, et al. Effects of microplastics and glyphosate on growth rate, morphological plasticity, photosynthesis, and oxidative stress in the aquatic species *Salvinia cucullata*. Environmental Pollution, 2021, 279: 116900.

[31] Wang Q, Wangjin X, Zhang Y, et al. The toxicity of virgin and UV-aged PVC microplastics on the growth of freshwater algae *Chlamydomonas reinhardtii*. Science of the Total Environment, 2020, 749: 141603.

[32] Natarajan L, Omer S, Jetly N, et al. Eco-corona formation lessens the toxic effects of polystyrene nanoplastics towards marine microalgae *Chlorella* sp. Environmental Research, 2020, 188: 109842.

[33] Zhu Z, Wang S, Zhao F, et al. Joint toxicity of microplastics with triclosan to marine microalgae *Skeletonema costatum* . Environmental Pollution, 2019, 246: 509-517.

[34] 李建安，王佳妤，梅熠辉，等．昼夜温差对三角褐指藻和赤潮异弯藻生长和叶绿素荧光特性的影响．水生生物学报，2022，46(2)：194-202.

[35] 郜晓峰，刘炜，钟逸云，等．不同温度对大叶藻生长与光合生理的影响．应用与环境生物学报，2022，28(1)：175-181.

第五章　纳米材料对微藻的毒性效应与作用机制

随着近几十年来纳米技术的发展和迅速崛起，越来越多的人工纳米材料被应用到工业生产、社会生活、医疗、环境修复和生物技术等各个领域。纳米颗粒具有体积小、比表面积大、反应活性高等多种独特的物理化学性质，可损伤或破坏生态系统中的个体、群体甚至整个生态系统[1]。纳米金属氧化物和碳纳米管是目前被广泛研究和应用的纳米材料，已有研究报告了多种纳米材料扩散进入生态系统对生物体的毒性效应。例如，纳米 MgO 可对多种病毒、细菌及真菌有强烈的抑制作用[2]；尽管纳米 Fe_2O_3 已经是生物安全性较高的纳米材料，其仍对金黄色葡萄球菌和微藻等有明显的抑制作用[3]；纳米 TiO_2 具有较强的光催化活性和紫外吸收性，在光照下更容易诱导活性氧产生，破坏藻类细胞的生物活性大分子，导致膜脂过氧化等氧化损伤[4]；碳纳米管对浮游生物的毒性机制包括活性氧（ROS）诱导的氧化损伤、直接接触导致的物理损伤、残留金属催化剂的溶出等[5]。作为水生态系统重要的初级生产者，藻类对纳米材料的响应具有种属特异性，并受到纳米材料的种类、粒径、浓度、表面特性、溶解度等自身特性的影响[6]。此外，纳米颗粒能在初级生产者单细胞藻类体内积累，直接或间接地影响整个水生态系统[7]，甚至通过食物链最终进入人体，具有广泛的生态影响。研究不同纳米材料对微藻的毒性效应可为全面评估纳米材料的生态风险提供科学依据，对纳米材料的生态风险评估和管控具有重要意义。

目前对纳米材料的毒性研究主要是在实验室内完成，然而大自然水体十分复杂，单一的实验室条件并不能完全体现真实的自然环境和纳米材料对生物的影响。一些纳米材料进入水体后，由于粒径小、表面活性高等原因，很容易发生团聚，改变其表面结构。然而在自然水体中，天然有机物（natural organic matter，NOM）有可能与纳米材料相互作用，产生更为复杂的效应。例如，水体中大量存在的腐殖酸可增加纳米 TiO_2 表面电负性，增加纳米 TiO_2 和藻细胞的静电排斥力，减少颗粒与细胞接触，从而减轻氧化胁迫和细胞毒性[8]。因此，阐明 NOM 对纳米材料毒性效应的影响和二者相互作用机制，有助于理解自然水体中纳米材料的形态、迁移的规律，对评估纳米材料的环境风险具有重要意义。

本章主要内容：研究工业上广泛应用的三种金属纳米材料和碳纳米管对微藻的生理生化和形态结构的影响，探讨其毒性效应与作用机制；探究水体中一种常见 NOM——富里酸对纳米 Fe_2O_3 与微藻相互作用与毒性效应的影响，分析纳米颗粒与藻细胞的团聚与相互作用基团，基于藻细胞的生长、生理的氧化应激的响应揭示富里酸缓解纳米 Fe_2O_3 毒性效应的机制。

第一节　纳米 MgO 对微藻的毒性效应与作用机制

一、纳米 MgO 在水环境中的行为

1. MgO 在水环境中的形态表征和解离 Mg^{2+} 情况

采用透射电镜（TEM）对纳米 MgO 的形态和尺寸进行表征（图 5-1），纳米 MgO 呈不规则的椭圆形片状结构，且发生明显的团聚，团聚体大小可达数十微米。经 nano-measure 软件分析测量，团聚体中平均纳米 MgO 粒径为 105nm，明显大于实验提供的纳米 MgO 的初始粒径（＜50nm）。纳米 MgO 的团聚现象可能是由于其粒径小、比表面积大，导致化学键态严重失配，产生大量活性中心，使纳米材料具有极强的吸附能力[9]，从而在水环境中易发生凝聚，使其在水溶液或者培养基中通常以团聚体的形式存在。在静止培养条件下，这些团聚体通常在水中逐渐沉降，在高浓度下会在培养基底部形成肉眼可

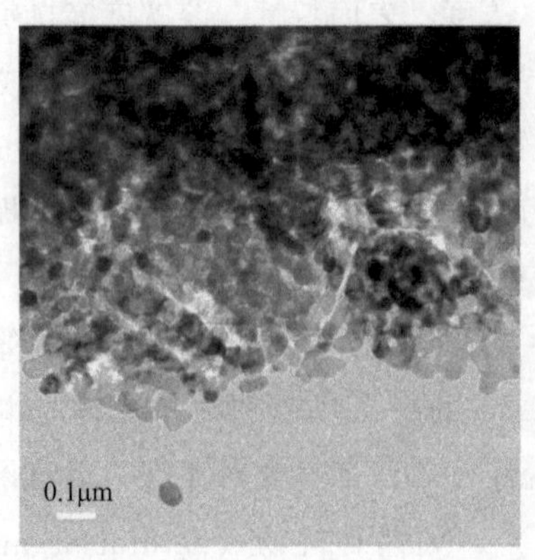

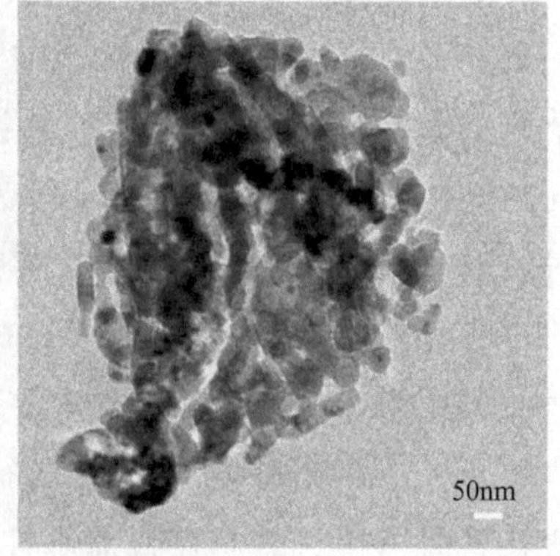

图 5-1　纳米 MgO 的透射电镜图

见的白色沉淀。

利用火焰原子吸收法对纳米 MgO 的 Mg^{2+} 解离量进行测定（图 5-2），发现在微藻培养基中不同浓度的纳米 MgO 解离的 Mg^{2+} 的浓度与纳米 MgO 浓度呈剂量效应关系，即纳米 MgO 浓度越高，解离的 Mg^{2+} 浓度越高。当纳米 MgO 的浓度高于 4mg/L 时，Mg^{2+} 浓度随着纳米 MgO 浓度增加呈指数增加。纳米 MgO 的浓度达到 100mg/L 时，解离出的 Mg^{2+} 浓度为 2.14mg/L，为对照组的 92.91 倍，但仍低于对照 BG-11 培养基中的 Mg^{2+} 浓度（7.32mg/L）。纳米 MgO 极易发生水合，并在其表面形成 $Mg(OH)_2$，而 $Mg(OH)_2$ 是一种微溶于水的中等强度碱，在水中可解离出 Mg^{2+} 和 OH^-。影响纳米材料溶解的因素很多，包括纳米材料的粒径、比表面积、表面曲率及粗糙度等；另外，pH 值、离子强度及聚集情况也在一定程度上可以显著影响纳米材料的溶解性[10]。

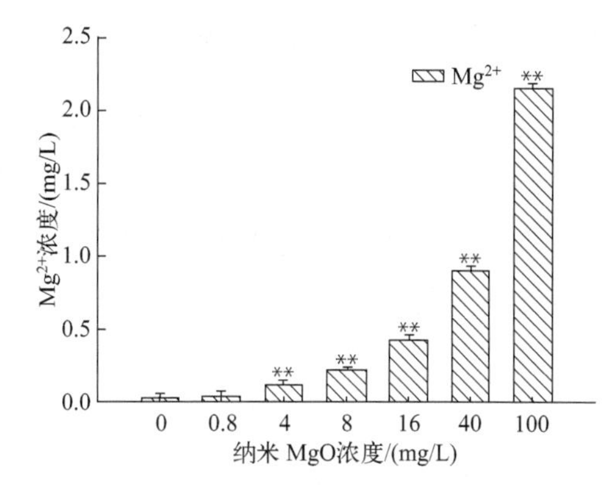

图 5-2　不同浓度纳米 MgO 解离出 Mg^{2+} 浓度

** 表示不同浓度的极显著性变化（$p<0.01$）

2. 纳米 MgO 在水环境中产生 ROS 情况

采用亚甲蓝（MB）还原法测定光照条件下不同浓度纳米 MgO 悬浮颗粒在无藻细胞的 BG-11 培养基中产生 ROS 的水平。亚甲蓝染料在正常光照情况下不易褪色，但与 ROS 反应后其发生氧化褪色，通过计算亚甲蓝的脱色率可反映纳米 MgO 在光催化作用下产生的 ROS 的总量（图 5-3）。低浓度（<8mg/L）纳米 MgO 悬液中 MB 的脱色率与对照无显著差异，表明低浓度的纳米 MgO 直接产生的 ROS 较少。随着纳米 MgO 浓度的增加，亚甲蓝的脱色增强，在纳米 MgO 的浓度达到 100mg/L 时，亚甲蓝的脱色率达 31.52%，表明较高浓度的纳米 MgO 在光照条件下可直接产生 ROS，包括 O_2^-、H_2O_2、·OH。来源于纳米 MgO 表面的晶格缺陷和氧空位可诱导 ROS 生成[11]。ROS 的产生以及由此造成

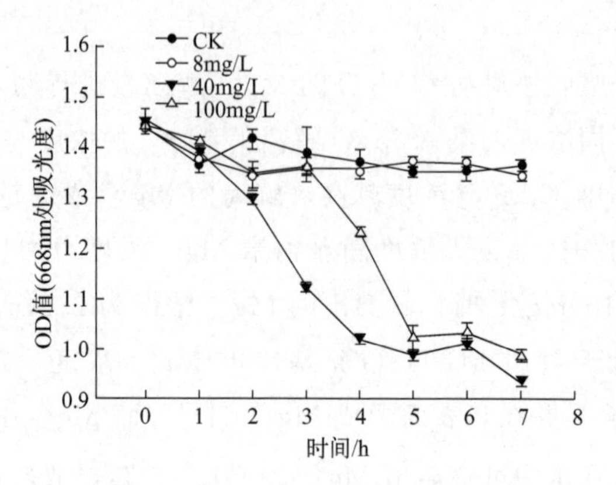

图 5-3 纳米 MgO 在 BG-11 培养基中对 MB 脱色的影响

的氧化压力是纳米 MgO 对生物体毒性效应的致毒机理之一。

二、纳米 MgO 对斜生栅藻生长的影响

以毒性效应研究常用受试生物斜生栅藻为对象，探讨 0～100mg/L 纳米 MgO 对其细胞生长和生理代谢的影响［图 5-4(a)］。在测试的纳米 MgO 暴露浓度下，48h 内斜生栅藻细胞生长未受显著影响，但随着处理时间延长，纳米 MgO 显著抑制藻细胞生长，在低浓度（0.8mg/L）下即对斜生栅藻的生长产生抑制作用，且随着纳米 MgO 浓度升高，对藻细胞的生长抑制增强。在浓度为 0.8mg/L、8mg/L、40mg/L 和 100mg/L 的纳米 MgO 中暴露 6d 后其生长抑制率分别为 20.44%、28.14%、31.96%和 65.91%，表明高浓度的纳米 MgO 对斜生栅藻细胞产生了毒性效应。在 100mg/L 的纳米 MgO 中暴露 4d 后，藻细胞

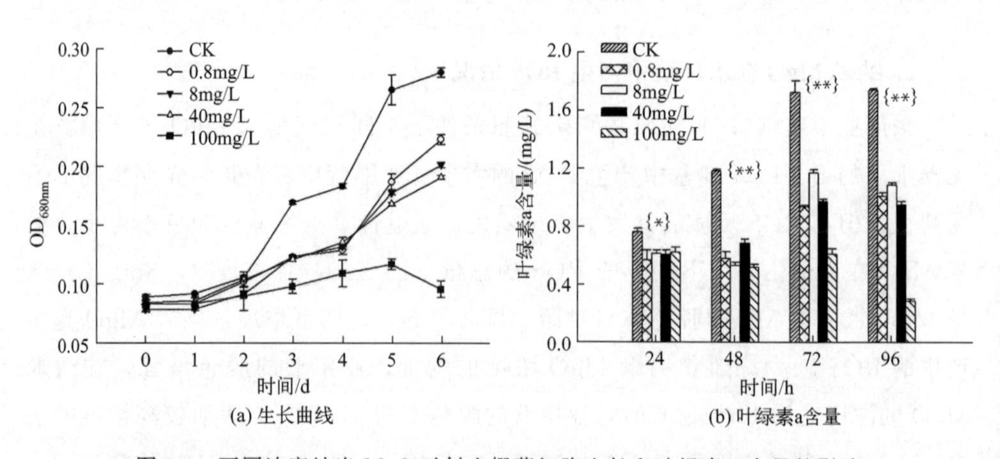

图 5-4 不同浓度纳米 MgO 对斜生栅藻细胞生长和叶绿素 a 含量的影响

* 表示 $p<0.05$，** 表示 $p<0.01$，分别表示同一时间不同浓度处理与对照组显著和极显著性差异

失绿甚至死亡，大量藻细胞沉淀，且易黏附于瓶壁上。这可能是由于纳米 MgO 生成的团聚体对藻细胞的吸附引起的共沉降，限制了藻细胞的游动以及培养体系间的营养物质和气体交换[6]。

叶绿素 a 的含量与微藻的生长有较强的相关性，常用于表征藻细胞的生长。在不同浓度的纳米 MgO 处理下，叶绿素 a 含量均降低［图 5-4(b)］。纳米 MgO 为 8mg/L 时叶绿素 a 含量为所有暴露组中最高。纳米 MgO 形成的团聚体易包裹在藻细胞周围形成遮光效应，阻碍藻细胞对光的吸收与利用。而藻细胞可通过合成更多的叶绿素，提高细胞对光的捕获和利用。但高浓度（100mg/L）的纳米 MgO 处理时，叶绿素含量随培养时间的延长而显著降低，暴露 96h 后叶绿素 a 的含量仅为接种初期（24h）的 46%，即高浓度纳米 MgO 严重抑制藻细胞叶绿素的合成，此时藻细胞发生明显的黄化现象。这可能是由于高浓度纳米 MgO 暴露下产生了较多 ROS（图 5-3），直接破坏了叶绿素结构，并导致叶绿素的合成受阻，进而使细胞发生黄化或漂白现象。

有研究表明纳米氧化物解离的离子可对微藻细胞产生毒性，如纳米 ZnO（30nm）对淡水微藻月牙藻的毒性作用主要来源于其解离出的 Zn^{2+}[12]。而 Mg^{2+} 是微藻生长所必需的营养元素之一，对维持叶绿体结构和功能具有重要作用，同时适宜浓度的 Mg^{2+} 可以提高光系统活性和光能转化率。但 Mg^{2+} 亦可通过影响藻类的形态，进而影响藻类的生长[13]。那么纳米 MgO 解离出的 Mg^{2+} 是否会对斜生栅藻的生长造成影响？通过测定不同浓度的 Mg^{2+} 处理（10mg/L、20mg/L 和 30mg/L）对斜生栅藻细胞生长的影响［图 5-5(a)］，发现培养 6d 后 30mg/L 的 Mg^{2+} 对斜生栅藻生长有一定促进作用，但其他浓度处理无显著差

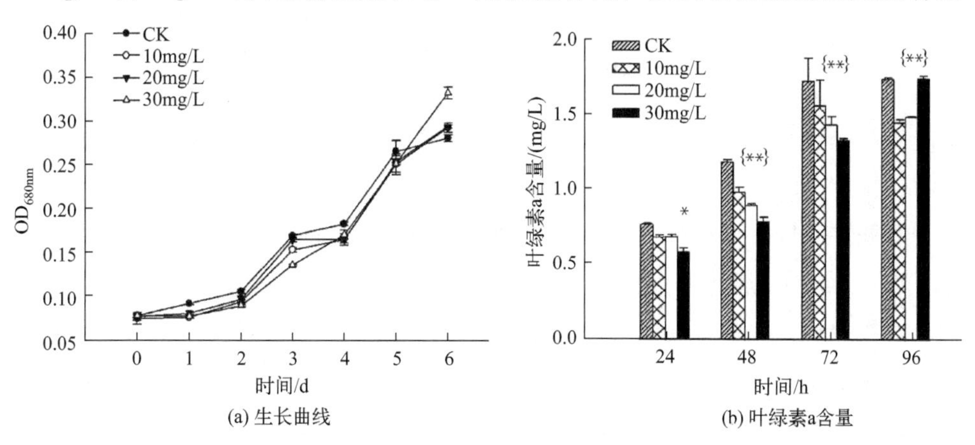

图 5-5 不同浓度 Mg^{2+} 对藻细胞生长和叶绿素 a 含量的影响

* 表示 $p<0.05$，** 表示 $p<0.01$，分别表示同一时间不同浓度处理与对照组显著和极显著性差异

异。藻细胞中叶绿素的含量随 Mg^{2+} 浓度增加而逐渐降低［图 5-5(b)］，表明过量 Mg^{2+} 抑制斜生栅藻叶绿素的合成。100mg/L 纳米 MgO 处理的 Mg^{2+} 浓度约为 10mg/L，包括解离 Mg^{2+}（2.14mg/L）与原培养基中 Mg^{2+}（7.32mg/L），在该浓度下斜生栅藻的生长不受影响，但叶绿素含量降低了 15%。据此推测，纳米 MgO 解离出的 Mg^{2+} 对藻细胞毒性效应较低，但可能通过抑制叶绿素合成而降低藻细胞对光能的捕获。

三、纳米 MgO 对斜生栅藻生理生化指标的影响

微藻应对胁迫因素时，可通过合成保护类蛋白质，如抗氧化酶等保护细胞免受氧化损伤。除 16mg/L，所测试的纳米 MgO 暴露浓度下可溶性蛋白含量均降低，且随着纳米 MgO 浓度升高，可溶性蛋白含量越低［图 5-6(a)］。纳米 MgO 浓度为 16mg/L 时可溶性蛋白含量升高，可能是由于毒物刺激效应，即一定程度的氧化胁迫可诱导大量保护类蛋白质合成以抵御胁迫。但随着纳米 MgO 浓度升高，其表面产生大量的 O_2^- 会攻击细胞壁上蛋白质肽链中羰基上的极性碳原子 $C^{\delta+}$，导致蛋白质降解[14]，并干扰藻细胞其他生理代谢，进而严重阻碍藻细胞的生长。

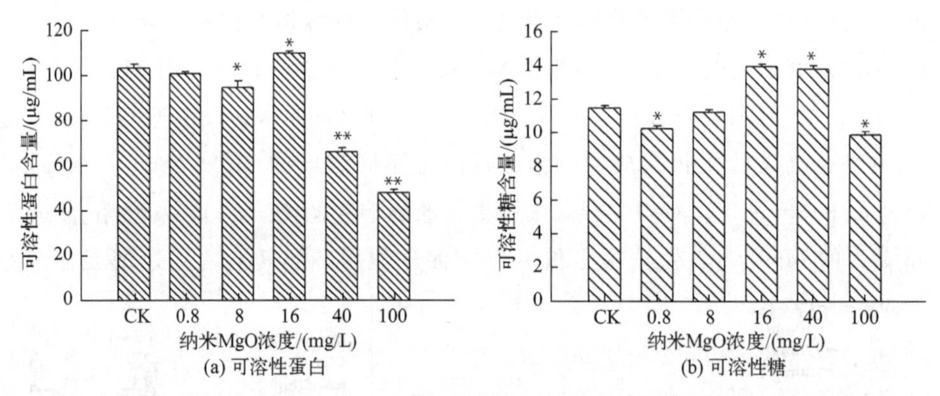

图 5-6　不同浓度纳米 MgO 对藻细胞中可溶性蛋白和可溶性糖含量的影响

* 表示 $p<0.05$，** 表示 $p<0.01$，分别表示同一时间不同浓度处理与对照组显著和极显著性差异

暴露在不同浓度纳米 MgO 下斜生栅藻的可溶性糖变化趋势与可溶性蛋白类似［图 5-6(b)］。相比于对照组，较低浓度纳米 MgO（8mg/L）轻微抑制藻细胞可溶性糖合成，中高浓度的纳米 MgO(16～40mg/L）促进斜生栅藻可溶性糖的合成，最高量达 13.94mg/L，比对照组高 20%。结果表明，可溶性糖可能是斜生栅藻细胞抵御纳米 MgO 胁迫的重要成分。微藻的糖类物质，尤其是多糖类具有抗氧化性，可淬灭 ROS，甚至提高藻细胞抗氧化酶的活性[15]。但高浓度纳米 MgO(100mg/L）抑制了可溶性糖的合成，其受抑制程度（14%）比可溶性蛋白

（52%）轻，表明藻细胞可能发生了严重的氧化胁迫，并对糖类和蛋白质等大分子物质造成破坏。

四、纳米 MgO 对斜生栅藻的氧化应激作用

为直接表征纳米 MgO 诱导的氧化应激对斜生栅藻产生氧化损伤的程度，测定了细胞内过氧化物（H_2O_2）和膜脂过氧化损伤指标 MDA 的含量，发现二者均随纳米 MgO 浓度升高显著增加（图 5-7）。SOD 和过氧化物酶（POD）是微藻内两种重要的抗氧化酶，在正常状态下斜生栅藻细胞内诱导了较高的 SOD 活性，其在纳米 MgO 暴露时，活性反而随纳米 MgO 浓度升高（>8mg/L）而降低，这可能是由于过量 ROS 直接破坏了 SOD 的结构。相反，藻细胞内 POD 活性在所有浓度暴露组均显著提高，表明 POD 是斜生栅藻应对纳米 MgO 氧化胁迫的关键酶之一。但可能由于高浓度下产生的 ROS 远超出藻细胞的清除能力，同时由于 SOD 活性的损失，使得藻细胞不能有效清除 ROS，最终引起细胞毒性（图 5-4）。

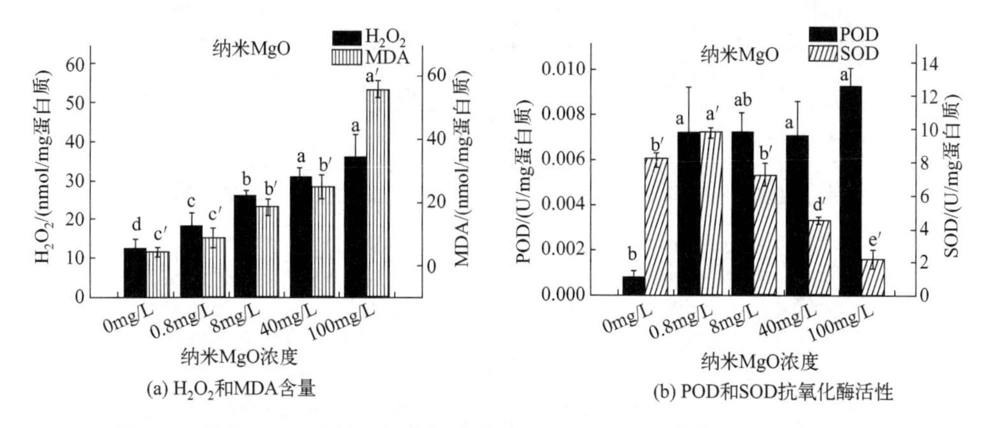

图 5-7　纳米 MgO 对斜生栅藻细胞内 H_2O_2、MDA 和抗氧化酶活性的影响

不同小写字母表示不同暴露浓度处理组间差异显著（$p<0.05$）

五、纳米 MgO 对斜生栅藻细胞形态的影响

利用扫描电镜（SEM）观察纳米 MgO 与藻细胞的相互作用，发现纳米 MgO 处理组［图 5-8(b)～(d)］纳米 MgO 与斜生栅藻极易发生团聚现象，形成的团聚体吸附到藻细胞表面。随暴露浓度升高，藻细胞表面吸附聚集的纳米颗粒增多。纳米级 MgO 比微米级 MgO 的比表面积大，表面活性更高，吸附性更强，更容易形成团聚体[16]。除纳米颗粒自身的团聚作用外，由于藻类在培养过程中产生的胞外分泌物富含多糖和糖蛋白，携带大量的负电荷，很容易吸引表面带正

电的纳米 MgO，从而可进一步促进纳米 MgO 的团聚效应，使其聚集在藻细胞壁表面形成大的团聚体。这些团聚体会缠绕在斜生栅藻的鞭毛上（图 5-8 白色箭头处），限制藻细胞自由活动，并阻碍藻细胞对营养物质及光的吸收利用[6]。纳米 MgO 浓度越高，形成的纳米 MgO-藻细胞团聚体体积越大，更容易将藻细胞包裹缠绕其中。Sadiq 报道了纳米 TiO_2 可形成大团聚体聚集在藻细胞周围，使藻细胞沉淀死亡[17]。在我们的实验中，观察到高浓度纳米 MgO 暴露时大量藻细胞沉淀到培养容器底部。据此我们推测纳米 MgO 团聚体对藻细胞包裹和沉淀可能是高浓度纳米 MgO 引起细胞毒性的重要因素之一。此外，纳米颗粒与细胞的直接接触还会造成机械性损伤［图 5-8(c)，(d)，黑色箭头处］，高浓度(100mg/L）纳米 MgO 可引起藻细胞发生明显变形甚至破裂，使细胞内溶物流出，导致胞内可溶性蛋白和糖类物质含量大幅降低（图 5-6）。

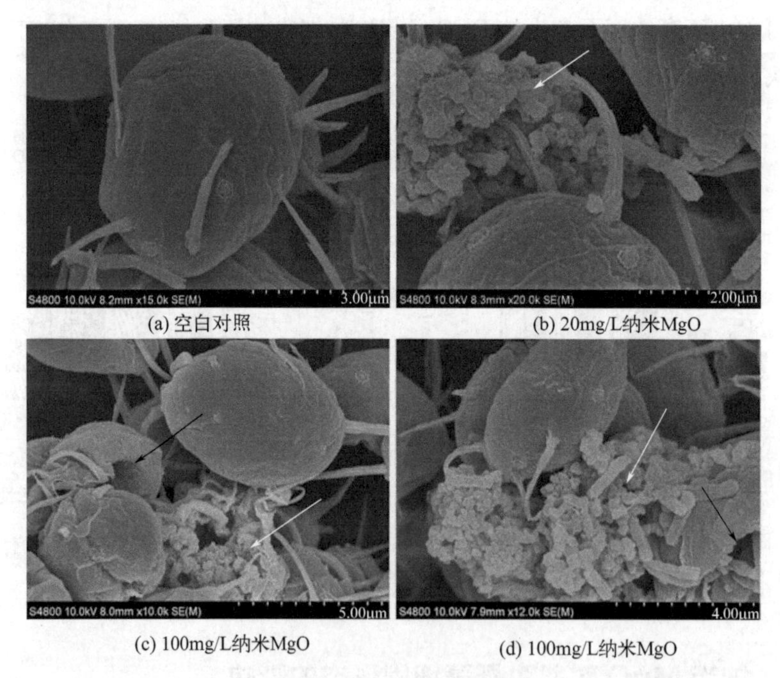

(a) 空白对照　(b) 20mg/L纳米MgO

(c) 100mg/L纳米MgO　(d) 100mg/L纳米MgO

图 5-8　不同浓度纳米 MgO 处理后斜生栅藻的扫描电镜图片

图片中黑色箭头处为变形的藻细胞，白色箭头处为纳米 MgO 形成的团聚体

采用透射电镜（TEM）观察藻细胞在 100mg/L 纳米 MgO 悬浮液中孵育 24h 的形态结构变化（图 5-9），未发现纳米 MgO 颗粒进入藻细胞。这是由于纳米 MgO 在与斜生栅藻互作过程中形成的团聚体粒径可达原本纳米颗粒尺寸的数十倍，改变了原有的颗粒形态，以及藻细胞壁的良好屏蔽作用，使得纳米团聚体不容易进入藻细胞内部。因此，水体中纳米 MgO 对斜生栅藻的损伤主要归因于

纳米颗粒在细胞外，通过直接物理接触造成机械损伤；同时诱导更多ROS产生，引起细胞膜脂质过氧化和生物大分子的氧化损伤，破坏细胞膜的结构和功能，导致细胞破裂，甚至导致细胞解体直至死亡[18]。试验观察到在100mg/L的纳米MgO暴露条件下，细胞出现严重变形与质壁分离［图5-9(b)］，证实了高浓度纳米MgO破坏了斜生栅藻的细胞结构。

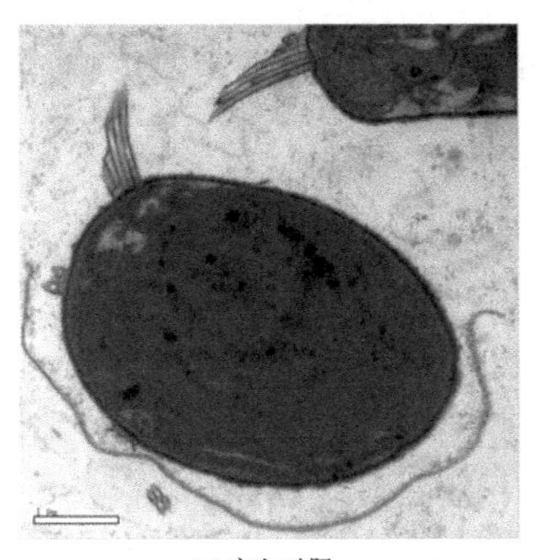

(a) 空白对照

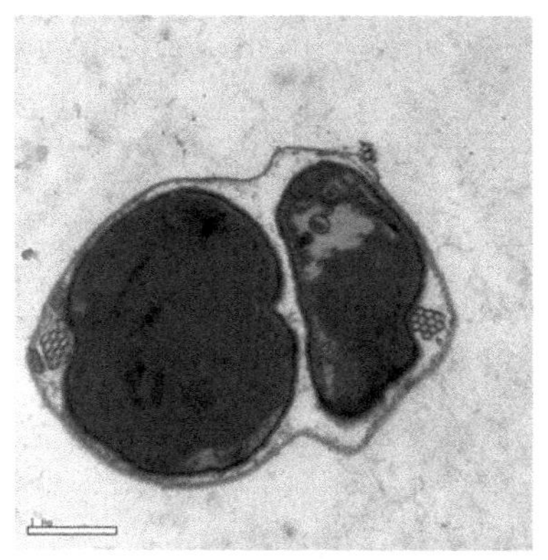

(b) 100mg/L纳米MgO处理

图5-9　纳米MgO暴露下斜生栅藻TEM图

第二节　碳纳米管对微藻的毒性效应与作用机制

一、CNTs对蛋白核小球藻和斜生栅藻生长的影响

测定不同碳纳米管（CNTs）（粒径2nm）浓度暴露下蛋白核小球藻和斜生栅藻细胞密度的变化（图5-10），发现在低浓度下（1mg/L和2.5mg/L），CNTs对蛋白核小球藻和斜生栅藻的细胞生长影响不大。而在5mg/L浓度下蛋

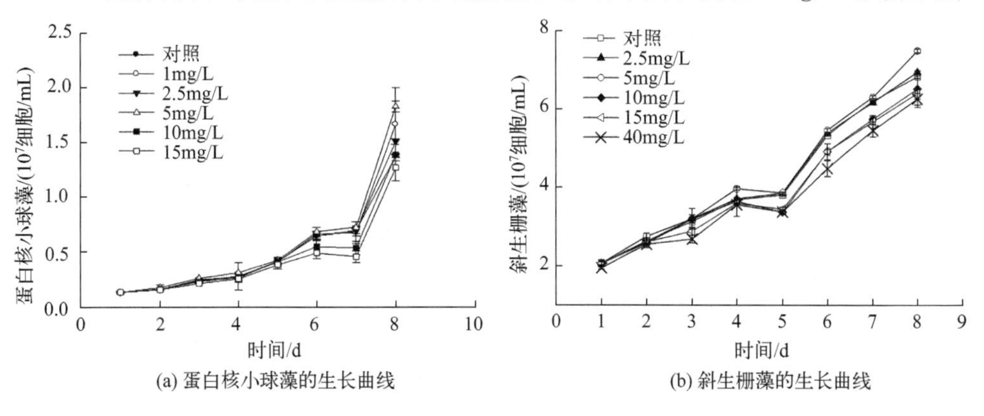

(a) 蛋白核小球藻的生长曲线

(b) 斜生栅藻的生长曲线

图5-10　不同浓度CNTs暴露下蛋白核小球藻和斜生栅藻的生长曲线

白核小球藻细胞密度增加，表明此时 CNTs 促进了藻细胞生长，而更高浓度暴露时则出现抑制效应，细胞数下降。斜生栅藻处理组在 5mg/L 浓度下细胞数增加，但随着浓度增加（10mg/L、15mg/L 和 40mg/L）暴露 4d 后出现抑制作用。碳纳米管对斜生栅藻细胞的暴露剂量效应浓度 EC_{30} 和 EC_{50} 值分别为 59.62mg/L 和 104.19mg/L。

二、 CNTs 对蛋白核小球藻和斜生栅藻光合作用的影响

蛋白核小球藻和斜生栅藻暴露于不同浓度 CNTs 处理后，其叶绿素 a 含量呈现了随暴露浓度变化的趋势（图 5-11）。在低浓度下（<5mg/L）CNTs 对蛋白核小球藻叶绿素 a 含量影响不大，5mg/L 的 CNTs 暴露，使其叶绿素 a 含量显著上升至 0.038pg/细胞。然而随着浓度增加，叶绿素 a 含量与对照相比无显著差异。在低浓度（1mg/L 和 2.5mg/L）暴露下 CNTs 对斜生栅藻叶绿素 a 的合成无显著影响，而 5mg/L 的 CNTs 促进了叶绿素 a 的合成，高浓度（15mg/L）CNTs 对斜生栅藻叶绿素 a 的合成则有抑制作用，其含量降低了 22%。

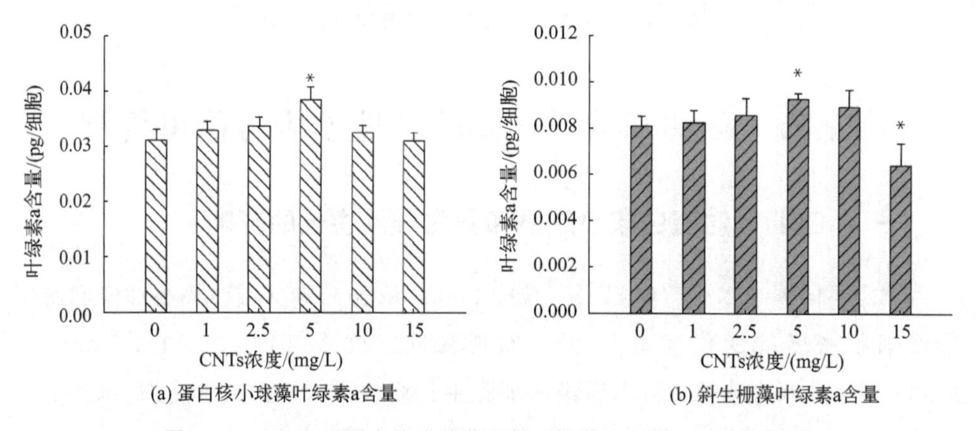

图 5-11 CNTs 对蛋白核小球藻和斜生栅藻叶绿素 a 含量的影响

* 表示处理组与对照组之间差异显著（$p<0.05$，后续图中 * 注释同此图）

CNTs 暴露下，两株微藻暴露的潜在光化学效率 F_v/F_m 均呈现下降趋势（图 5-12），尤其是高浓度组处理（≥10mg/L），蛋白核小球藻和斜生栅藻暴露 5d 后，F_v/F_m 分别降低了 70% 和 48%，表明两株微藻细胞均发生了光抑制。两株微藻光系统Ⅱ的实际量子产率 Y(Ⅱ) 则在 CNTs 暴露浓度高于 10mg/L 时降低 20%以上（图 5-13）。此外，两株微藻光合最大电子传递相对速率 $rETR_{\max}$ 在低 CNTs 浓度时与对照无显著差异，但随着暴露浓度增大，$rETR_{\max}$ 迅速降低（图 5-14）。其中斜生栅藻的 $rETR_{\max}$ 对 CNTs 浓度变化更敏感，在高于

CNTs 浓度 2.5mg/L 时即显著降低，蛋白核小球藻的 $rETR_{max}$ 在 CNTs 浓度高于 5mg/L 时显著降低。$rETR_{max}$ 和Y(Ⅱ)降低表明两株微藻的光合电子传递和碳同化效率均受到抑制，进而影响藻细胞的正常生长。

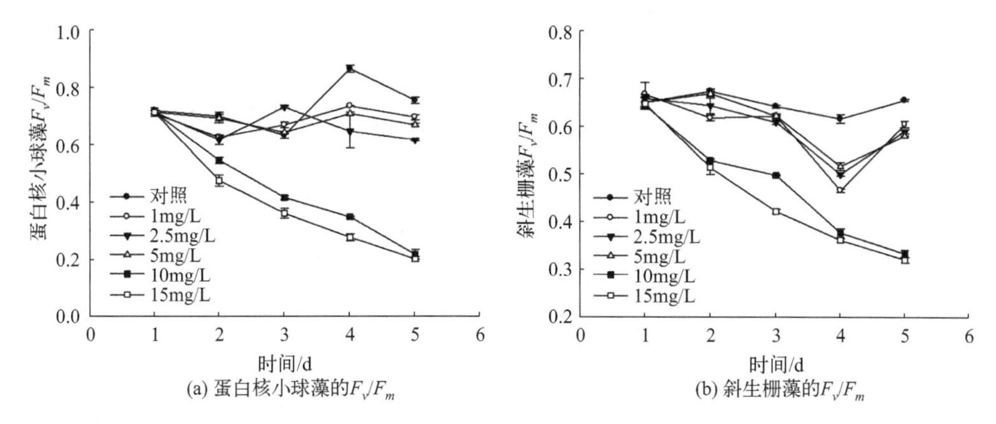

(a) 蛋白核小球藻的F_v/F_m　　(b) 斜生栅藻的F_v/F_m

图 5-12　不同浓度 CNTs 对蛋白核小球藻和斜生栅藻 F_v/F_m 的影响

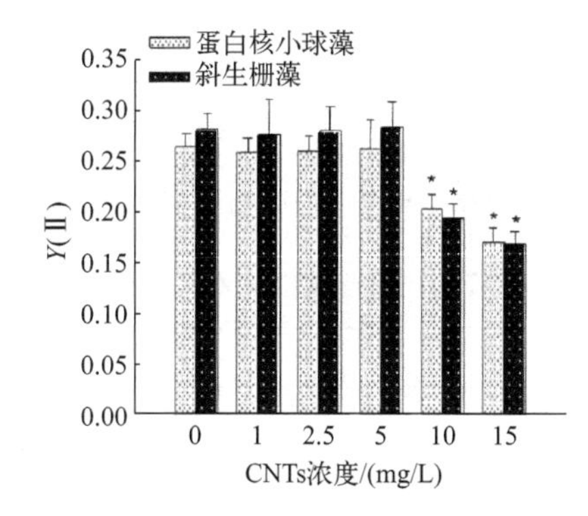

图 5-13　CNTs 对蛋白核小球藻和斜生栅藻实际量子产率 Y(Ⅱ) 的影响

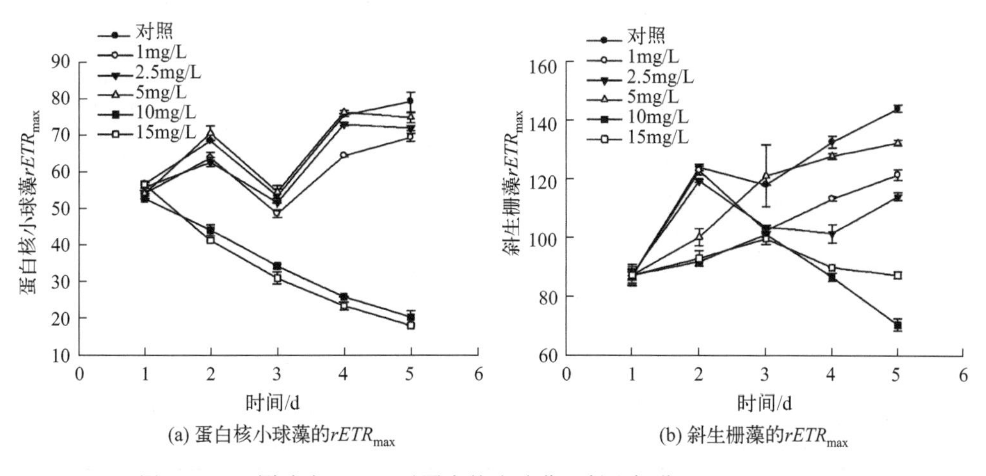

(a) 蛋白核小球藻的$rETR_{max}$　　(b) 斜生栅藻的$rETR_{max}$

图 5-14　不同浓度 CNTs 对蛋白核小球藻和斜生栅藻 $rETR_{max}$ 的影响

三、 CNTs对蛋白核小球藻和斜生栅藻生化组分的影响

进一步测定不同浓度CNTs暴露8d后两株微藻脂质、可溶性蛋白和糖的含量（图5-15，表5-1），发现5mg/L的CNTs对总蛋白含量影响不大，但促进了蛋白核小球藻和斜生栅藻的中性脂合成和可溶性糖积累。斜生栅藻总脂含量和产率在5mg/L和40mg/L CNTs暴露下略有提高（表5-1）。微藻脂质，尤其是中性

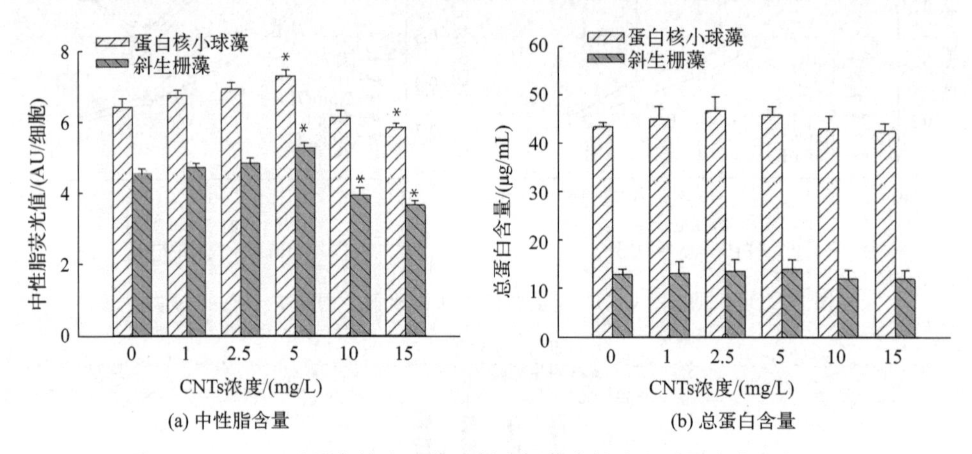

图5-15　CNTs对蛋白核小球藻和斜生栅藻中性脂和总蛋白含量的影响

表5-1　CNTs对斜生栅藻细胞内可溶性糖含量、脂质含量及脂肪酸组成的影响

CNTs浓度/(mg/L)		0	5	40
可溶性糖/(μg/10^7细胞)		1.79±0.14	2.31±0.27*	2.01±0.17*
总脂(以细胞干重计)/%		22.94±1.24	24.53±0.33*	25.46±0.77*
总脂产率/[mg/(L·d)]		13.45±0.14	14.65±0.09*	14.21±0.75*
脂肪酸(占总脂肪酸的比例)/%	C16∶0	21.65±0.41	22.92±0.21*	23.38±0.69*
	C16∶1	2.18±0.27	2.14±0.11	2.85±0.11*
	C16∶2	1.72±0.06	2.45±0.08*	3.29±0.11*
	C18∶0	3.46±0.73	3.85±0.27	3.49±0.56
	C18∶1n9c	9.19±0.33	10.73±0.41*	10.23±0.42*
	C18∶2n6t	14.63±0.97	9.29±0.64*	10.49±0.66*
	C18∶2n6c	8.12±0.16	9.51±0.18*	10.92±0.86*
	C18∶3n6	1.75±0.22	1.86±0.18	1.05±0.08*
	C18∶3n3	31.14±0.45	32.38±0.75	29.29±0.72
	C20∶0	5.23±0.29	3.94±0.34*	4.33±0.42*
UFA/SFA		2.95±0.25	2.70±0.12	2.70±0.12

注：*表示与对照组有显著性差异($p<0.05$)。

脂肪，可作为胁迫条件下重要的储能物质。另外，可溶性糖可能是微藻响应和抵御 CNTs 氧化胁迫的重要物质，一方面其可作为 ROS 信号（如葡萄糖和蔗糖），可快速诱导特定 ROS 清除剂产生[19]；另一方面，在较高浓度时可溶性糖可直接清除 ROS，尤其是长链的水溶性寡糖和多糖可直接捕获和清除 ROS[20]。

测定了低浓度 CNTs(5mg/L) 和高浓度 CNTs(40mg/L) 暴露下斜生栅藻的脂肪酸组成变化（表 5-1），发现在低浓度 CNTs(5mg/L) 下，C16：0、C16：2、C18：1n9c 和 C18：2n6c 的含量比对照显著提高了 5.9%、42.4%、16.8%和 17.1%，而 C18：2n6t 和 C20：0 含量显著降低了 36.5%和 24.7%；C16：1、C18：0、C18：3n6 和 C18：3n3 含量无显著变化。在 40mg/L CNTs 处理下，C16：1 含量显著提高 30.7%，而 C18：3n6 则降低了 40%。由于微藻细胞膜和类囊体膜富含多不饱和脂肪酸（PUFA），其共轭双键极易与 ROS 发生反应，我们推测斜生栅藻细胞在 40mg/L CNTs 暴露下比低暴露浓度下受到的氧化胁迫程度严重，导致 C18：3n6 发生氧化降解。藻细胞在不同 CNTs 暴露浓度下，其不饱和脂肪酸/饱和脂肪酸比例（UFA/SFA）与对照无显著差异，表明斜生栅藻在 CNTs 暴露下可维持较稳定的脂肪酸不饱和度，藻细胞的膜脂功能没有受到严重破坏或者损伤。

四、 CNTs 暴露下蛋白核小球藻和斜生栅藻氧化应激响应

细胞在受到氧化胁迫时产生的 ROS 分子之一——过氧化氢（H_2O_2）可能在胞内过量积累，导致细胞器及生物大分子的氧化损伤。测定不同 CNTs 浓度暴露下 H_2O_2 含量 [图 5-16(a)]，发现两株微藻的 H_2O_2 含量均显著高于对照组，且随着暴露浓度增加，产生的 H_2O_2 增多，但增加幅度较小。两株藻细胞膜脂过氧化指标 MDA 含量在较低浓度（5mg/L）暴露下无显著变化，但随着 CNTs 暴露浓度达到 10mg/L 及以上时，MDA 含量显著提高 1 倍 [图 5-16(b)]，表明两株微藻在较高浓度 CNTs 暴露下受到较严重的氧化损伤，而在低 CNTs 暴露浓度（≤5mg/L）下，尽管细胞内 ROS 含量升高，但细胞膜氧化损伤程度较轻。在高浓度 CNTs 暴露时，CAT 酶可能是起主要作用的抗氧化酶，可直接清除 H_2O_2 避免氧化损伤。两株微藻的 CAT 活性在 10mg/L CNTs 暴露时可达对照组的 2 倍以上 [图 5-16(c)]，而 SOD 酶活性受到抑制 [图 5-16(d)]，可能是因为高浓度纳米材料暴露下可诱导过量的 ROS 产生，导致细胞内抗氧化剂减少和抗氧化酶（如 SOD 酶）活性降低，甚至造成细胞的氧化损伤[21]。

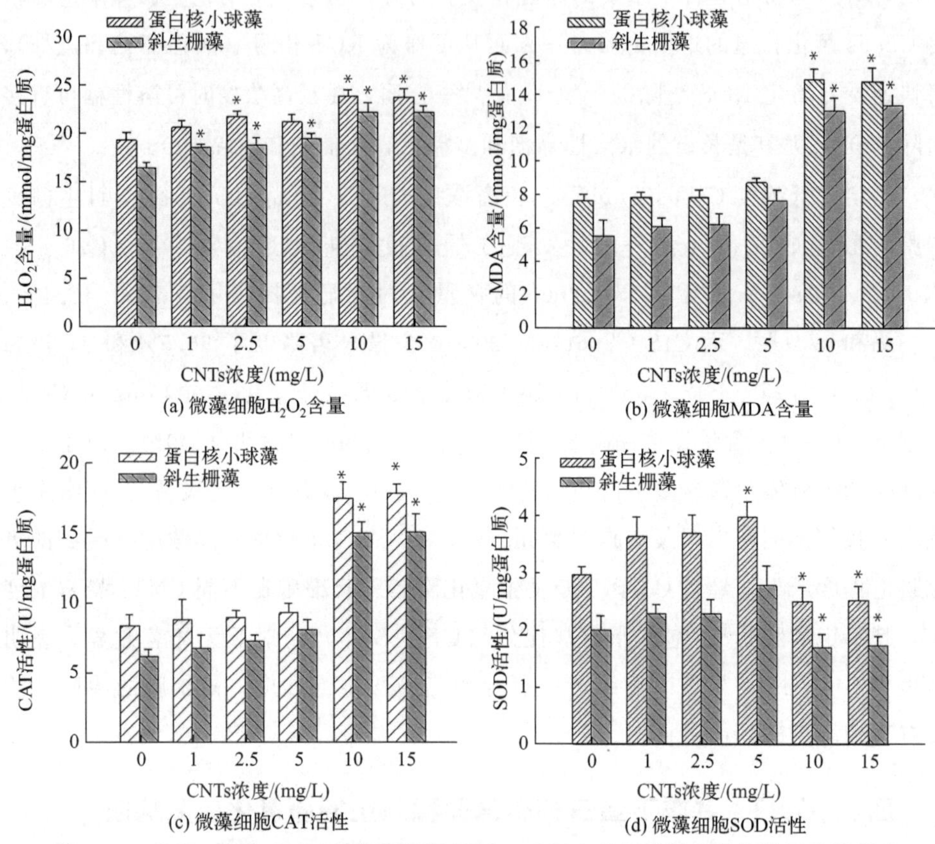

图 5-16　CNTs 暴露（5d）对微藻细胞 H_2O_2、MDA 含量以及抗氧化酶活性的影响

五、 CNTs 与斜生栅藻相互作用形态表征

SEM 结果显示（图 5-17），斜生栅藻细胞在 CNTs 暴露 48h 后，少量藻细胞发生变形，CNTs 形成团聚体并吸附到藻细胞表面，甚至形成较大的团聚体，将整个藻细胞包裹在其中，造成遮光效应，降低光能吸收效率，进而影响细胞生长。与纳米 MgO 的团聚体类似，CNTs 形成的团聚体缠绕在斜生栅藻细胞的鞭毛上，造成鞭毛断裂或从细胞表面脱落，限制了藻细胞的运动，并使其易沉降在培养容器底部，限制了培养液与细胞间的气质交换，进而影响藻细胞的生长代谢。TEM 结果显示（图 5-18），经 CNTs 处理后，部分斜生栅藻细胞变形，但完整细胞中的细胞器变形不明显。此外，还可观察到细胞壁外的胞外多糖层与细胞壁分离，鞭毛脱落，未观察到纳米材料直接进入藻细胞。结合毒性试验和生理生化结果，推测 CNTs 对微藻的毒性效应为直接接触导致的遮光效应、物理损伤及其诱导的 ROS 氧化破坏。

图 5-17 扫描电子显微镜下 CNTs（40mg/L）与斜生栅藻的相互作用

图（a）的参照标尺为 10μm；图（b）的参照标尺为 5μm

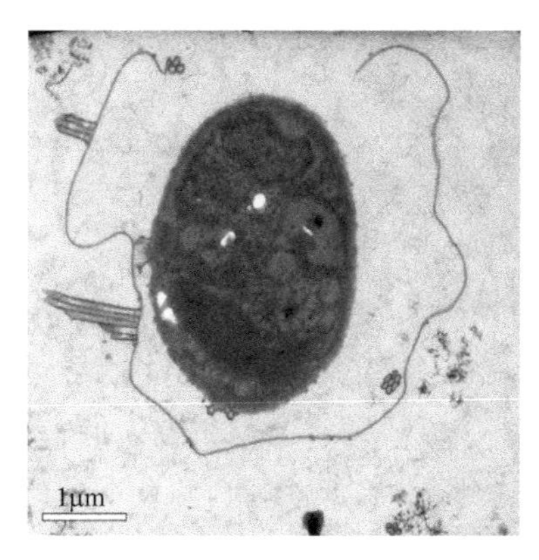

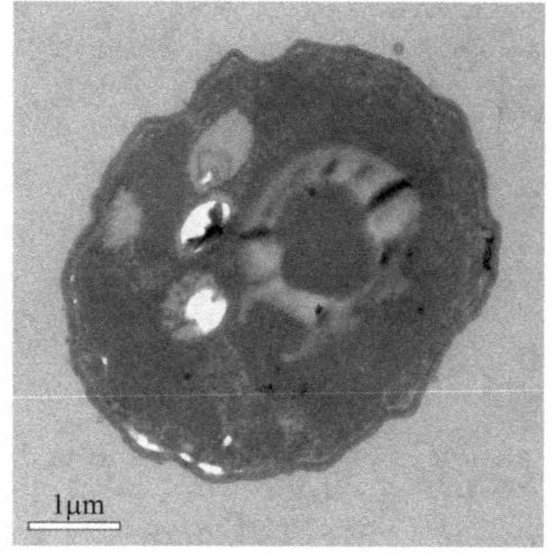

图 5-18 透射电子显微镜下 CNTs（40mg/L）与斜生栅藻的相互作用

第三节 纳米 α-Fe_2O_3 对微藻的毒性效应与相互作用机制

一、纳米 α-Fe_2O_3 对斜生栅藻细胞生长和生理生化组分的影响

本节选择一种典型的天然有机物（NOM）富里酸，观测其与纳米 α-Fe_2O_3 共同作用下两种微藻（斜生栅藻和聚球藻）的生理响应，探讨富里酸对纳米 α-Fe_2O_3 毒性效应的影响。首先探讨了单独作用时对两株微藻的影响，如图 5-19 所示，当纳米 α-Fe_2O_3 浓度在 2～20mg/L 时，对斜生栅藻的生长有一定的促进作用，在 2～10mg/L 范围内能显著提高藻细胞叶绿素的含量，而高浓度（>20mg/L）可显著抑制藻细胞的生长，在 40mg/L、60mg/L 和 100mg/L 时细胞生长分别被抑制 8.0%、14.7%和 16.9%。按 OECD《化学品测试指南》毒性

测试标准计算不同浓度纳米 α-Fe_2O_3 对斜生栅藻的生长抑制率，由此计算出 EC_{30} 和 EC_{50} 值分别为 118.71mg/L 和 214.44mg/L。有研究发现纳米 α-Fe_2O_3 和 γ-Fe_2O_3 在低浓度（1mg/L）已对微绿球藻和等鞭金藻产生毒性[22]，而蛋白核小球藻对纳米 Fe_2O_3 的耐受浓度更高，EC_{50} 可高达 132mg/L，且 α-Fe_2O_3 比 γ-Fe_2O_3 的毒性更高[23]。我们的结果发现纳米 α-Fe_2O_3 对斜生栅藻叶绿素 a 含量的影响比细胞密度更为显著，在 2mg/L、5mg/L 和 10mg/L 处理下，叶绿素 a 含量分别提高 19%、18%和 12%，而在 40mg/L、60mg/L 和 100mg/L 处理下，其含量分别下降 35%、41%和 39%。

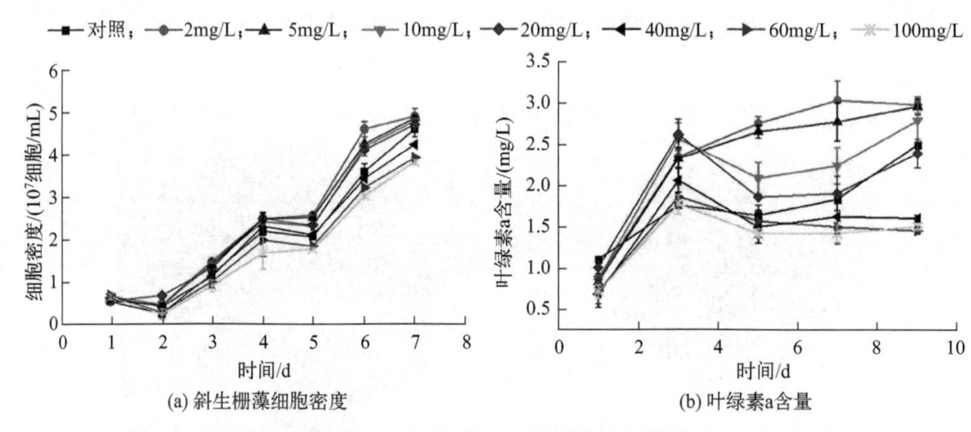

图 5-19 不同浓度纳米 α-Fe_2O_3 对斜生栅藻生长和叶绿素 a 含量的影响

进一步测定了不同浓度纳米 α-Fe_2O_3 暴露 96h 后，斜生栅藻细胞内各生理生化组分及光合荧光参数的变化（表 5-2），发现试验浓度下，藻细胞内可溶性蛋

表 5-2 纳米 α-Fe_2O_3 对斜生栅藻细胞内生理生化组分及光合活性的影响

纳米材料浓度/(mg/L)		可溶性蛋白含量/(μg/10^7 细胞)	可溶性糖含量/(μg/10^7 细胞)	F_v/F_m	$rETR_{max}$
纳米 α-Fe_2O_3	0	1.57±0.21	2.29±0.12	0.570±0.022	1517±66.2
	2	1.98±0.11*	2.82±0.22*	0.546±0.036	1299±103.9
	5	1.72±0.28	3.56±0.43*	0.535±0.064	1327±94.4
	10	2.19±0.32*	3.89±0.17*	0.537±0.020*	583±81.0*
	20	1.99±0.23*	3.20±0.25*	0.533±0.047*	710±21.1*
	40	1.82±0.03*	3.34±0.37*	0.503±0.005*	540±12.1*
	60	1.92±0.24*	4.04±0.52*	0.492±0.001*	368±17.5*
	100	1.65±0.09	3.72±0.65*	0.452±0.001*	334±56.5*

注：* 表示与对照组显著性差异（$p<0.05$）。

白和可溶性糖的含量显著提高，表明纳米 α-Fe_2O_3 可诱导斜生栅藻细胞合成蛋白质和糖类物质抵御纳米 α-Fe_2O_3 的胁迫作用。最大光化学效率（F_v/F_m）和相对电子传递速率（$rETR_{max}$）在低浓度纳米 α-Fe_2O_3 下（2mg/L 和 5mg/L）没有显著变化，而随浓度升高到 20mg/L 后，二者均显著降低，但 F_v/F_m 降低的幅度较小（6%），表明藻细胞并未受到明显的光抑制，但此时 $rETR_{max}$ 却显著降低了 53%，表明藻细胞实际的光合电子传递效能已经降低。

进一步测定了 5mg/L、40mg/L 和 100mg/L 纳米 α-Fe_2O_3 处理 9d 后斜生栅藻细胞内中性脂、总脂和脂肪酸组成的变化（表 5-3），发现中性脂荧光强度随纳米 α-Fe_2O_3 浓度增加而增强，在 100mg/L 时获得最大值。而总脂含量在 40mg/L 和 100mg/L 时显著提高，分别提高了 27.8%和 44.8%。纳米 α-Fe_2O_3 浓度为 5mg/L 时，达到最高总脂产率；在 40mg/L 和 100mg/L 暴露浓度下，由于生物量降低，导致总脂产率略低于 5mg/L 暴露浓度。脂肪酸 C16∶0、C16∶2、C18∶1n9c 和 C18∶2n6c 的含量随纳米 α-Fe_2O_3 浓度升高而提高，相反 C18∶2n6t、C18∶3n3 和 C20∶0 含量降低。在 5mg/L 和 40mg/L 纳米 α-Fe_2O_3 下，C18∶3n6 显著降低。整体来说，不饱和脂肪酸/饱和脂肪酸比例（UFA/SFA）没有显著变化。

表 5-3　纳米 α-Fe_2O_3 对斜生栅藻细胞内脂质含量及脂肪酸组成的影响

纳米 α-Fe_2O_3 浓度/(mg/L)		0	5	40	100
中性脂荧光强度/($AU/10^6$ 细胞)		0.46±0.01	0.56±0.05*	0.81±0.02*	1.40±0.04*
总脂含量(以细胞干重计)/%		22.94±1.24	25.14±1.34*	29.24±1.35*	33.22±0.54*
总脂产率/[mg/(L·d)]		13.45±0.14	18.77±0.07*	16.92±0.16*	15.88±0.22*
脂肪酸(占总脂肪酸的比例)/%	C16∶0	21.65±0.41	21.58±0.35	22.98±0.52*	22.66±0.41*
	C16∶1	2.18±0.27	2.64±0.23	2.45±0.27	2.44±0.31
	C16∶2	1.72±0.06	1.98±0.41	3.29±0.11*	5.08±0.91*
	C18∶0	3.46±0.73	3.96±0.34	3.39±0.63*	3.46±0.19
	C18∶1n9c	9.19±0.33	9.96±0.42	10.06±0.24	10.46±1.01*
	C18∶2n6t	14.63±0.97	11.93±0.18*	7.54±0.86*	9.53±2.00*
	C18∶2n6c	8.12±0.16	9.81±0.25*	12.66±0.23*	10.11±0.45*
	C18∶3n6	1.75±0.22	1.49±0.26*	0.99±0.04*	1.69±0.13
	C18∶3n3	31.14±0.45	30.77±0.87	32.78±0.53*	29.77±1.22*
	C20∶0	5.23±0.29	5.11±0.24	2.31±0.80*	4.12±0.20*
UFA/SFA		2.95±0.25	2.88±0.11	2.72±0.14	2.75±0.15

注：* 表示与对照组显著性差异($p<0.05$)；UFA—不饱和脂肪酸；SFA—不饱和脂肪酸。

通过测定不同浓度纳米 α-Fe_2O_3 对斜生栅藻生理和生化指标的影响，发现低浓度（<20mg/L）下纳米 α-Fe_2O_3 对斜生栅藻细胞生长没有显著影响，而浓度>40mg/L 时，对细胞生长有一定的抑制作用，但不致死，表明纳米 α-Fe_2O_3 对斜生栅藻细胞毒性较小。纳米 α-Fe_2O_3 可诱导如蛋白质、糖类、脂质合成增强，表明其可能参与到纳米 α-Fe_2O_3 诱导的氧化应激防御中。某些多不饱和脂肪酸含量增多，表明多不饱和脂肪酸可能参与清除纳米 α-Fe_2O_3 诱导产生的 ROS，但不饱和脂肪酸和饱和脂肪酸之间维持了稳定的转化，UFA/SFA 在较稳定的范围内。

二、纳米 α-Fe_2O_3 对斜生栅藻氧化应激水平的影响

当斜生栅藻细胞暴露于纳米 α-Fe_2O_3 时，常见活性氧分子 H_2O_2 含量随纳米材料浓度升高而提高，同时胞内膜质过氧化程度指标 MDA 在纳米 α-Fe_2O_3 处理下升高［图 5-20(a)］。通过测定抗氧化酶的活性［图 5-20(b)］，发现在 10～60mg/L 浓度范围内，CAT 活性随处理浓度增加而提高，而在 100mg/L 下，CAT 的活性略有下降，但仍高于对照组，推测是由于高浓度纳米材料产生的氧化压力较强，导致 CAT 的活性可能受到了一定的损伤。相应的 SOD 的活性在高浓度纳米 α-Fe_2O_3（100mg/L）处理下维持较高的水平，以维持细胞的抗氧化能力。用亚甲蓝法测定纳米 α-Fe_2O_3 在水溶液中直接产生的 ROS 的含量（图 5-21），发现低剂量的纳米 α-Fe_2O_3（5mg/L）不能使亚甲蓝脱色，表明此时直接产生的 ROS 较少，甚至可能没有产生 ROS。随着纳米 α-Fe_2O_3 浓度的增加，亚甲蓝的脱色明显增强，纳米 α-Fe_2O_3 浓度为 20mg/L 和 100mg/L 时，7h 内脱色率分别为 12.6%和 21.2%。与纳米 MgO 在同等浓度（40mg/L 和 100mg/L）

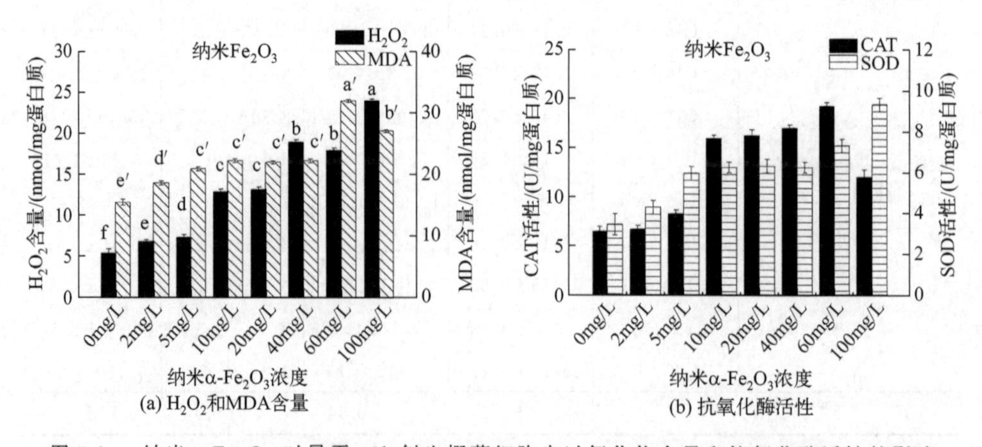

图 5-20　纳米 α-Fe_2O_3 对暴露 48h 斜生栅藻细胞内过氧化物含量和抗氧化酶活性的影响

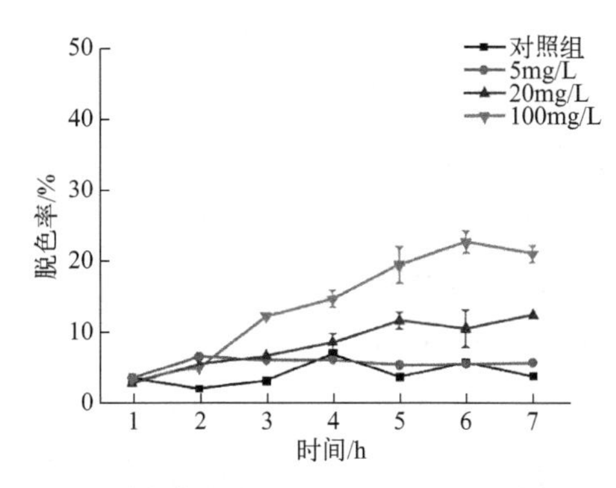

图 5-21 不同浓度纳米 α-Fe_2O_3 对亚甲蓝脱色率的影响

下亚甲蓝脱色率（36.6%和 31.7%）相比，纳米 MgO 产生 ROS 的能力高于纳米 α-Fe_2O_3，因此可能导致纳米 α-Fe_2O_3 比纳米 MgO 的细胞毒性弱。

三、纳米 α-Fe_2O_3 对聚球藻生理和氧化应激水平的影响

由于不同的微藻对纳米材料的敏感性不同，为验证富里酸对缓解纳米 α-Fe_2O_3 生态毒性是否具有广泛性，本实验选取一种淡水原核模式蓝藻——聚球藻（*Synechococcus* sp. PCC7942）作为研究对象，探讨富里酸是否会影响纳米 α-Fe_2O_3 的生态毒性及其与聚球藻细胞的相互作用。首先测定不同浓度纳米 α-Fe_2O_3（0.3mg/L、1.0mg/L、3.3mg/L、10mg/L 和 30mg/L）对聚球藻生长的影响，发现浓度为 0.3mg/L、1.0mg/L 和 3.3mg/L 时，聚球藻细胞密度没有显著变化，而浓度为 10mg/L 时，聚球藻细胞生长已经受到抑制（图 5-22）。纳米材料的常见毒性机制包括产生 ROS 导致蛋白质和其他大分子的氧化损伤，并最终破坏细胞等。提高 CAT、POD 和 SOD 活性是细胞清除 ROS 的重要途径。此外，提高蛋白质和可溶性糖的合成也是一种积极的防御机制，其通过防止氧化应

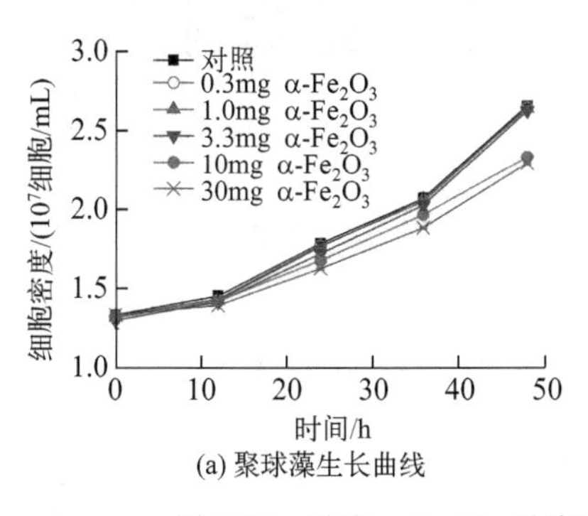

(a) 聚球藻生长曲线

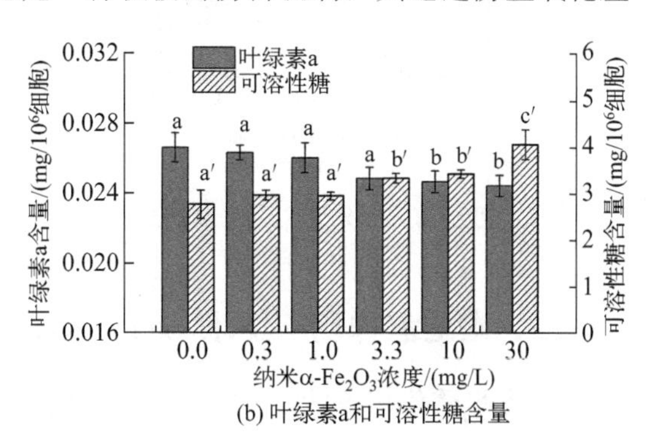

(b) 叶绿素a和可溶性糖含量

图 5-22 纳米 α-Fe_2O_3 对聚球藻生长、叶绿素 a 和可溶性糖含量的影响

激和清除纳米颗粒诱导的氧自由基来防止藻细胞受到氧化损伤[20]。如图 5-23 所示，3.3mg/L 纳米 α-Fe_2O_3 可促进聚球藻可溶性蛋白和可溶性糖积累，提高抗氧化酶活性，此时细胞生长并未受影响，表明在较低浓度下纳米 α-Fe_2O_3 对聚球藻产生了“毒物刺激效应”[24]。而当纳米 α-Fe_2O_3 在水环境中浓度达到 10mg/L 时，对藻类有生长抑制作用，且可溶性糖、可溶性蛋白的含量和抗氧化酶活性随纳米 α-Fe_2O_3 暴露浓度增加而提高（图 5-23）。上述结果表明，抗氧化酶、可溶性糖和可溶性蛋白的积累可能是清除纳米 α-Fe_2O_3 诱导的 ROS 产生的关键屏障。然而，这种防御反应是有限的，不足以减弱较高浓度的纳米颗粒（≥10mg/L）对细胞的毒性作用，因此在较高浓度的纳米 α-Fe_2O_3 颗粒（≥10mg/L）处理下观察到其对细胞生长的抑制。在这种情况下，过量的 ROS 如果不能及时耗尽，就会对聚球藻产生毒性。

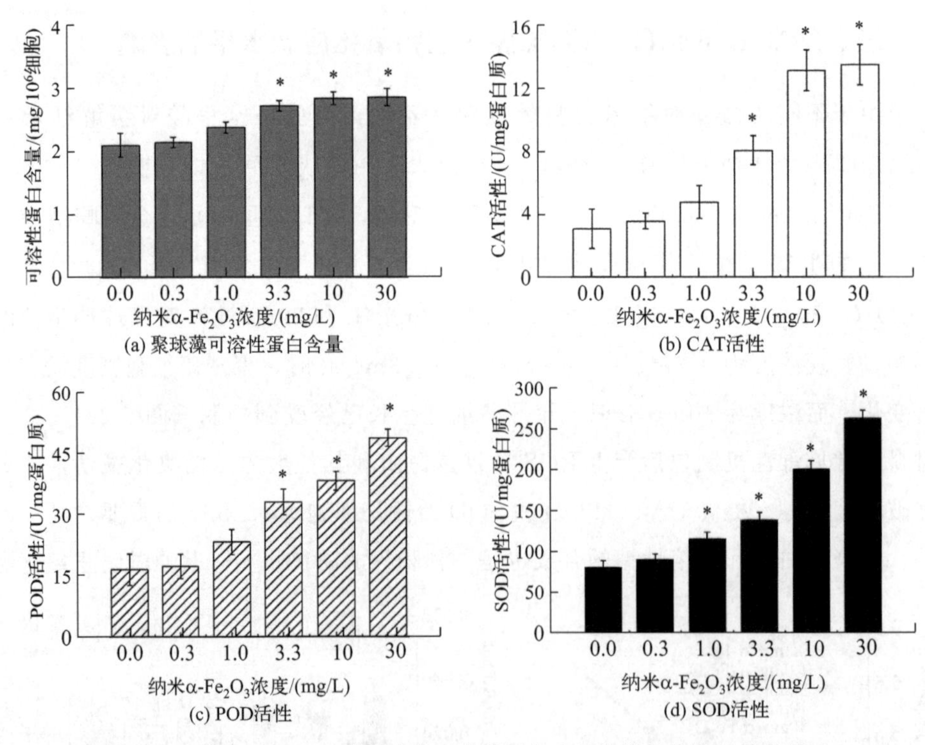

图 5-23 纳米 α-Fe_2O_3 对聚球藻可溶性蛋白含量和抗氧化酶活性的影响

四、富里酸作用下纳米 α-Fe_2O_3 对微藻毒性效应的影响

1. 富里酸作用下纳米 α-Fe_2O_3 对斜生栅藻的毒性效应

测定了在 20mg/L 富里酸（FA）和不同浓度纳米 α-Fe_2O_3 共暴露下栅藻

细胞生长和叶绿素的变化（图 5-24），结果发现在试验浓度下，当纳米材料浓度为 5mg/L 和 20mg/L 时，FA 对藻细胞密度和叶绿素含量没有显著影响；当纳米 α-Fe_2O_3 浓度为 60mg/L 时，FA 处理组的细胞密度和叶绿素含量与正常培养细胞没有明显差异，表明 FA 的加入缓解了纳米 α-Fe_2O_3 对藻细胞生长的抑制作用。

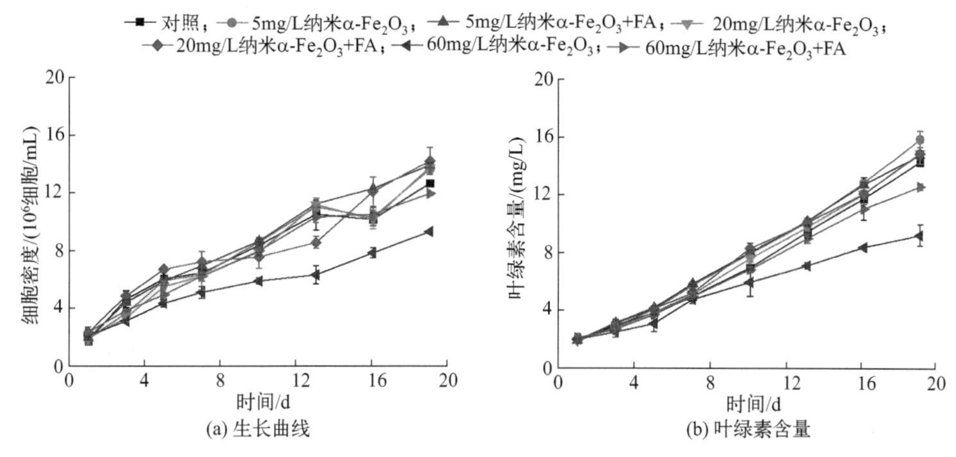

图 5-24　纳米 α-Fe_2O_3＋富里酸对斜生栅藻生长和叶绿素含量的影响

如图 5-25 所示，当纳米 α-Fe_2O_3 浓度为 5mg/L 和 20mg/L 时，可溶性蛋白和可溶性糖含量上升，而 FA 的加入对其可溶性蛋白含量的影响不大。在纳米 α-Fe_2O_3 抑制藻细胞生长的浓度下（60mg/L），FA 的加入使其可溶性糖的含量略有降低，但仍高于对照组，可溶性蛋白含量则与对照组无显著差异。通过测定各处理组中 SOD 和 CAT 活性随时间的变化（表 5-4），发现 FA 加入后，纳米 α-

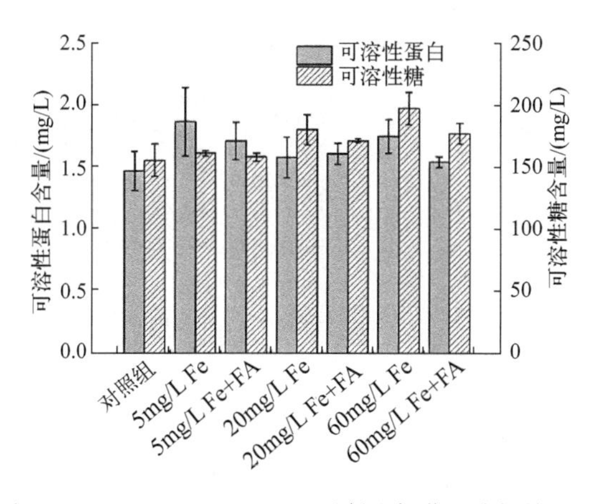

图 5-25　不同浓度纳米 α-Fe_2O_3＋FA（20mg/L）对斜生栅藻可溶性糖和可溶性蛋白含量的影响

图中 Fe 代表纳米 α-Fe_2O_3

Fe_2O_3 浓度为 20mg/L 时，SOD 和 CAT 的活性与对照组没有显著差异，而 60mg/L 处理组的抗氧化酶活性在 FA 加入后显著降低，但仍高于对照组，表明 FA 的加入可以缓解纳米 α-Fe_2O_3 产生的氧化压力。

表 5-4　纳米 α-Fe_2O_3＋FA 对斜生栅藻 SOD 和 CAT 活性的影响

酶	暴露时间	对照	20mg/L Fe	20mg/L Fe ＋20mg/L FA	60mg/L Fe	60mg/L Fe ＋20mg/L FA
SOD /(U/mg 蛋白质)	4h	3.32±0.85	6.55±0.54*	4.14±0.32	7.24±0.13*	5.14±0.52
	24h	4.77±1.04	7.43±0.11*	5.16±0.43	8.44±0.33*	5.72±0.34
	48h	3.68±0.28	6.91±1.35*	4.31±0.24	9.33±0.54*	6.22±0.75*
CAT /(U/mg 蛋白质)	4h	6.14±0.21	8.36±0.39*	5.90±0.42	14.36±0.78*	8.12±0.43*
	24h	5.43±0.68	10.35±0.42*	6.21±0.27	13.54±2.12*	7.95±1.35*
	48h	6.64±0.3	9.65±0.33*	7.04±0.34	16.97±1.09*	10.13±0.88*

注：Fe 即为纳米 α-Fe_2O_3；* 表示某一时间点各处理组与对照组有显著性差异（$p<0.05$）。

2. 富里酸作用下纳米 α-Fe_2O_3 对聚球藻的毒性效应

如图 5-26(a) 所示，在 10mg/L 纳米 α-Fe_2O_3 中加入不同浓度的 FA 时，聚球藻细胞密度与正常培养对照无显著性差异，且不同浓度的 FA 处理组之间亦无显著性差异，表明在 FA 的作用下，纳米 α-Fe_2O_3 对聚球藻生长的抑制作用被

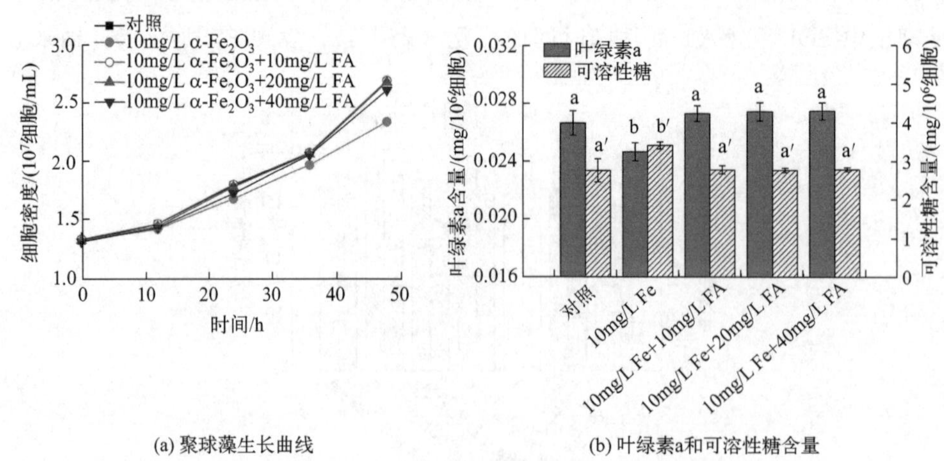

图 5-26　纳米 α-Fe_2O_3（10mg/L）＋不同浓度富里酸（10mg/L、20mg/L、40mg/L）对聚球藻生长、叶绿素 a 和可溶性糖含量的影响

图（b）中 Fe 表示纳米 α-Fe_2O_3

FA缓解。叶绿素a含量对FA的响应与细胞生长相似［图5-26(b)］，在纳米α-Fe_2O_3浓度≥10mg/L时，叶绿素a浓度下降，而加入FA后，叶绿素a含量与正常培养细胞无显著差异。相应的，聚球藻细胞内可溶性糖和总蛋白含量，及CAT、POD、SOD的活性在暴露于10mg/L纳米α-Fe_2O_3时显著提高（图5-22和图5-23），但加入不同浓度的FA后，其含量或活性水平均恢复至正常培养细胞的水平，且不同浓度FA处理组之间没有显著差异（图5-27），表明FA可以缓解纳米α-Fe_2O_3造成的氧化损伤。天然有机物可直接与活性氧发生反应，起到抗氧化剂的作用[25]。据报道，FA能抑制纳米颗粒产生ROS（·O^{2-}、·OH和$_1O^2$），尤其是几乎可完全抑制$_1O^2$生成[26]。因此试验观察到在FA处理下培养物中抗氧化酶的活性显著降低的现象［图5-27(b)～(d)］，这可能是由于FA减少了ROS的产生，从而降低了抗氧化酶的活性。

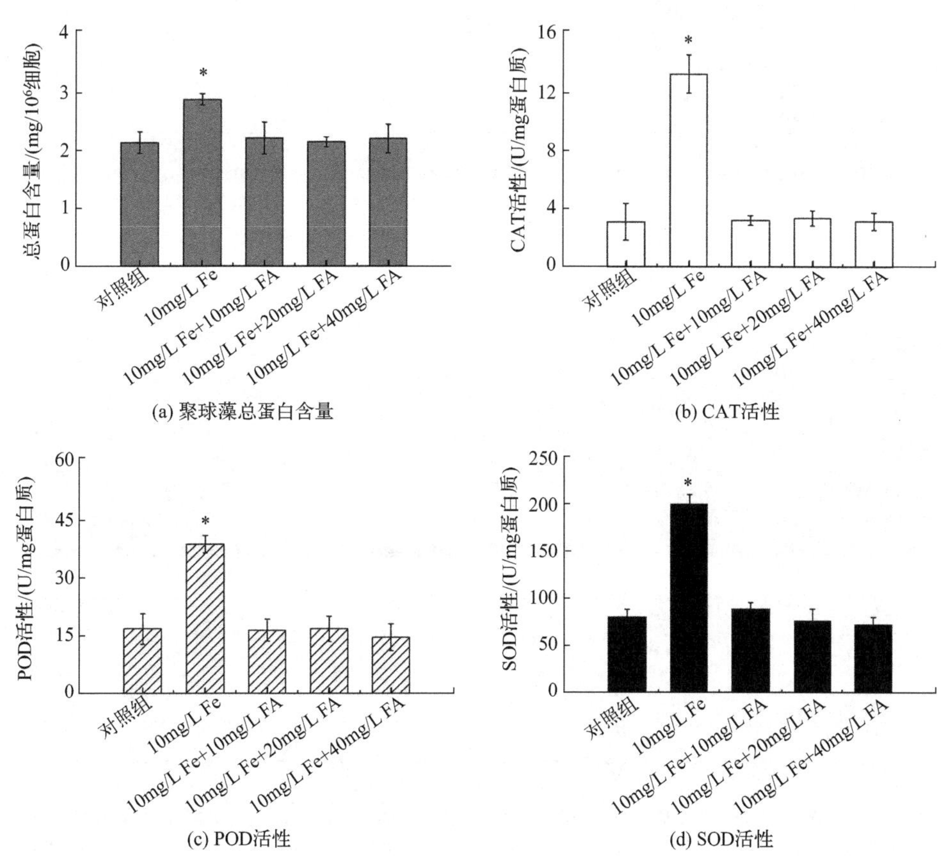

图5-27　纳米α-Fe_2O_3（10mg/L）＋不同浓度富里酸（10mg/L、20mg/L、40mg/L）对聚球藻总蛋白含量和抗氧化酶活性的影响

Fe表示纳米α-Fe_2O_3材料

五、富里酸对纳米 α-Fe_2O_3 与微藻细胞相互作用影响的表征

1. 电镜观察

为探讨富里酸如何影响纳米 α-Fe_2O_3 与微藻细胞的相互作用，首先用扫描电镜（SEM）观察在富里酸和纳米 α-Fe_2O_3 共存时纳米颗粒与藻细胞间的表面形貌。如图 5-28 和图 5-29 所示，斜生栅藻细胞和聚球藻细胞暴露于纳米 α-Fe_2O_3 48h 后，均有大量纳米 α-Fe_2O_3 团聚体形成，覆盖在藻细胞的表面，而加入 FA 后，团聚体形成明显减少，虽仍有少量小的团聚体吸附到藻细胞表面，但未形成大片覆盖或包裹藻细胞表面的现象。透射电镜（TEM）的结果显示（图 5-30 和图 5-31），加入 FA 对斜生栅藻和聚球藻细胞结构并无明显影响。但在本次试

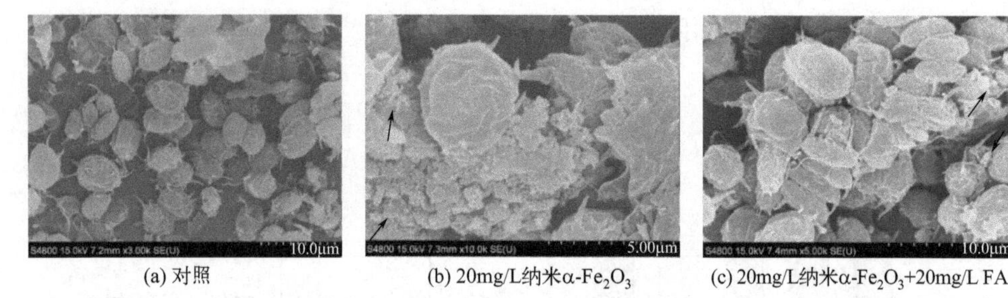

(a) 对照　(b) 20mg/L纳米 α-Fe_2O_3　(c) 20mg/L纳米 α-Fe_2O_3+20mg/L FA

图 5-28　SEM 观察富里酸对纳米 α-Fe_2O_3 与斜生栅藻细胞相互作用的影响（48h）

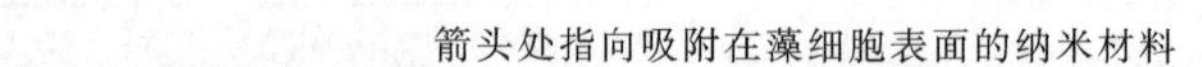
箭头处指向吸附在藻细胞表面的纳米材料

(a) 对照　(b) 10mg/L纳米 α-Fe_2O_3(一)　(c) 10mg/L纳米 α-Fe_2O_3(二)

(d) 10mg/L纳米 α-Fe_2O_3(三)　(e) 10mg/L纳米 α-Fe_2O_3+20mg/L FA(一)　(f) 10mg/L纳米 α-Fe_2O_3+20mg/L FA(二)

图 5-29　SEM 观察富里酸对纳米 α-Fe_2O_3 与聚球藻细胞相互作用的影响（48h）

箭头处指向吸附在藻细胞表面的纳米材料

验中，观察到在纳米 α-Fe_2O_3 作用下，一些斜生栅藻细胞的边缘显现不规则锯齿状，表明细胞壁可能已被破坏［图 5-30(c)］，此时可观察到细胞内有一些类似于颗粒团聚体状的黑色高电子密度物质出现，推测可能是纳米 α-Fe_2O_3 在细胞壁破损的情况下，穿过细胞膜进入斜生栅藻细胞中。

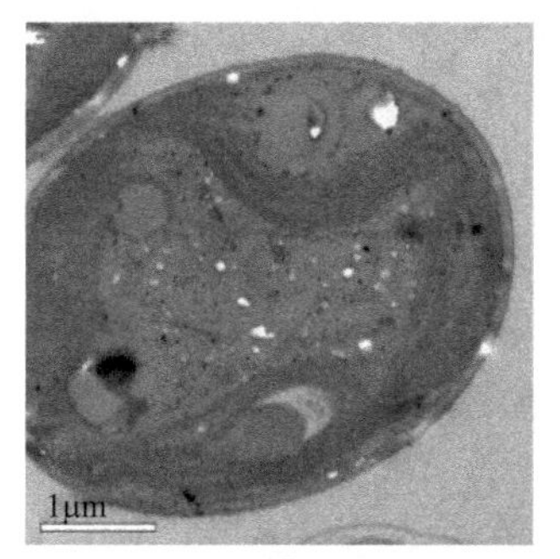

(a) 对照

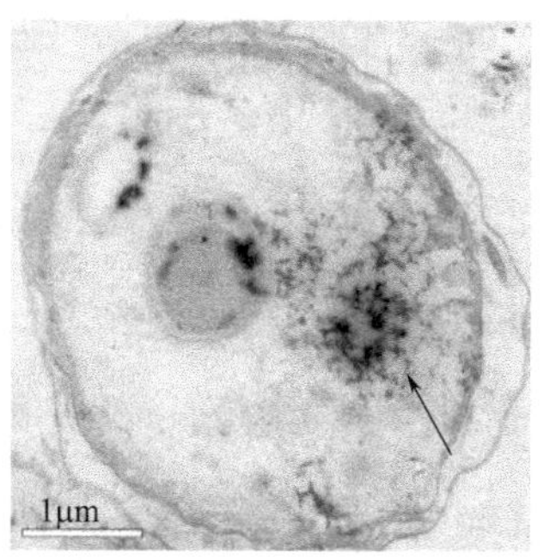

(b) 20mg/L纳米α-Fe_2O_3(一)

(c) 20mg/L纳米α-Fe_2O_3(二)

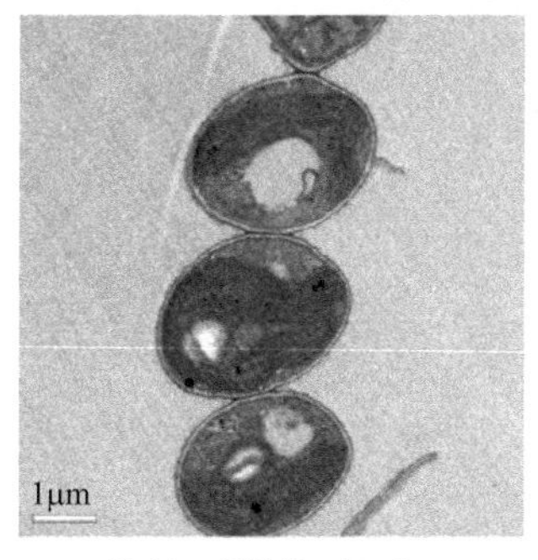

(d) 20mg/L纳米α-Fe_2O_3+20mg/L FA(一)

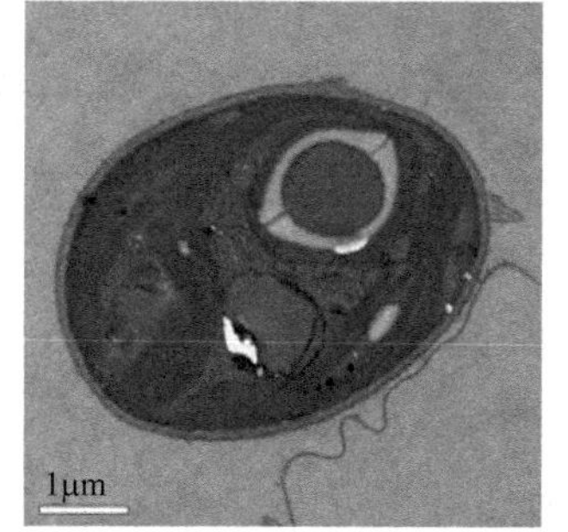

(e) 20mg/L纳米α-Fe_2O_3+20mg/L FA(二)

图 5-30　TEM 观察富里酸对纳米 α-Fe_2O_3 与斜生栅藻细胞相互作用的影响（48h）

箭头处指向进入藻细胞的纳米材料

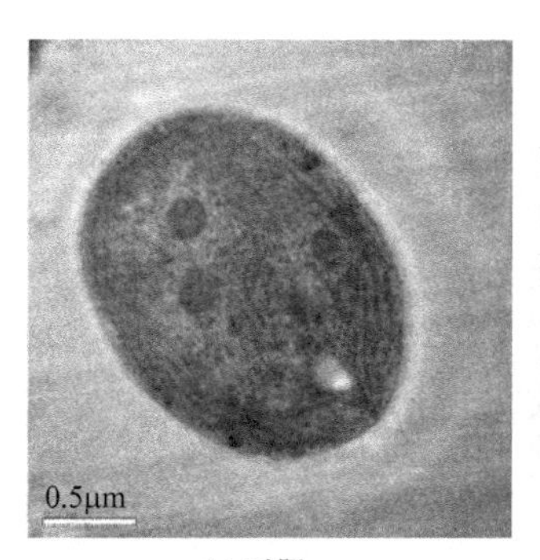

(a) 对照

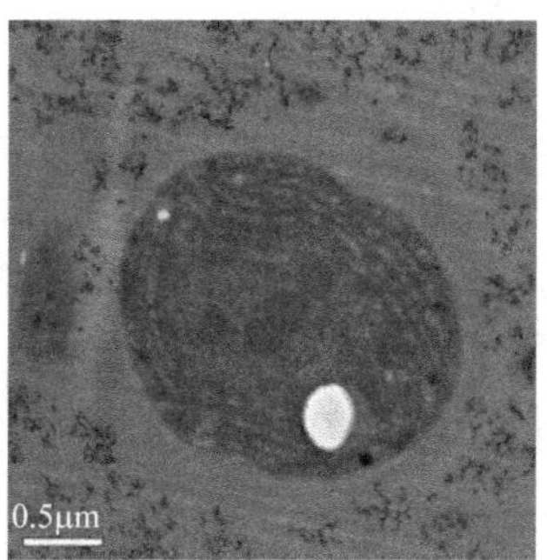

(b) 10mg/L纳米α-Fe_2O_3

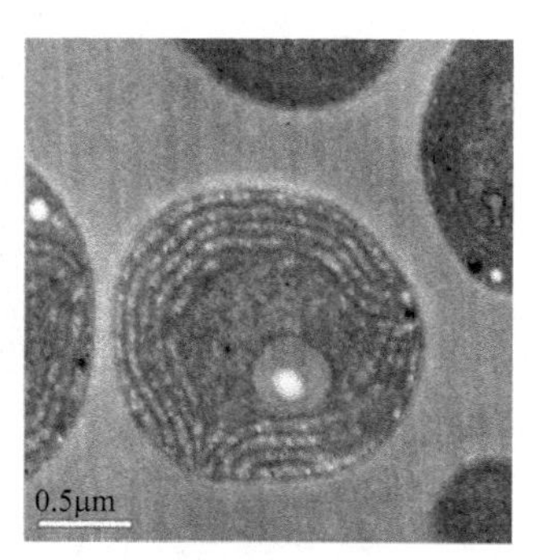

(c) 10mg/L纳米α-Fe_2O_3+20mg/L FA

图 5-31　TEM 观察富里酸对纳米 α-Fe_2O_3 与聚球藻细胞相互作用的影响（48h）

2. FT-IR 吸收光谱

为进一步分析纳米 α-Fe_2O_3 与微藻细胞表面作用的基团，利用傅立叶红外光谱（FT-IR）测量 400～4000cm^{-1} 内的吸收光谱，分析纳米 α-Fe_2O_3 与细胞表面的相互作用，分析其与微藻细胞表面可能的结合位点和方式。如图 5-32 所示，斜生栅藻和聚球藻细胞 FT-IR 图谱中包含：碳水化合物等的—OH 和/或蛋白质的—NH（3400cm^{-1}），以及—CH、—CH_3 和—CH_2 的伸缩振动（2960cm^{-1}，2925cm^{-1} 和 2851cm^{-1}）。纳米 α-Fe_2O_3 特征 Fe—O 振动在 536～570cm^{-1} 和 460～480cm^{-1} 范围内[22]。当藻细胞暴露于纳米 α-Fe_2O_3 时，两株藻的 FT-IR 的特征谱图在 570cm^{-1} 和 454cm^{-1} 处均出现了特征吸收峰（图 5-32），表明纳米 α-Fe_2O_3 可直接吸附到藻细胞表面，而当加入 FA 后，两处的特征吸收峰信号值降

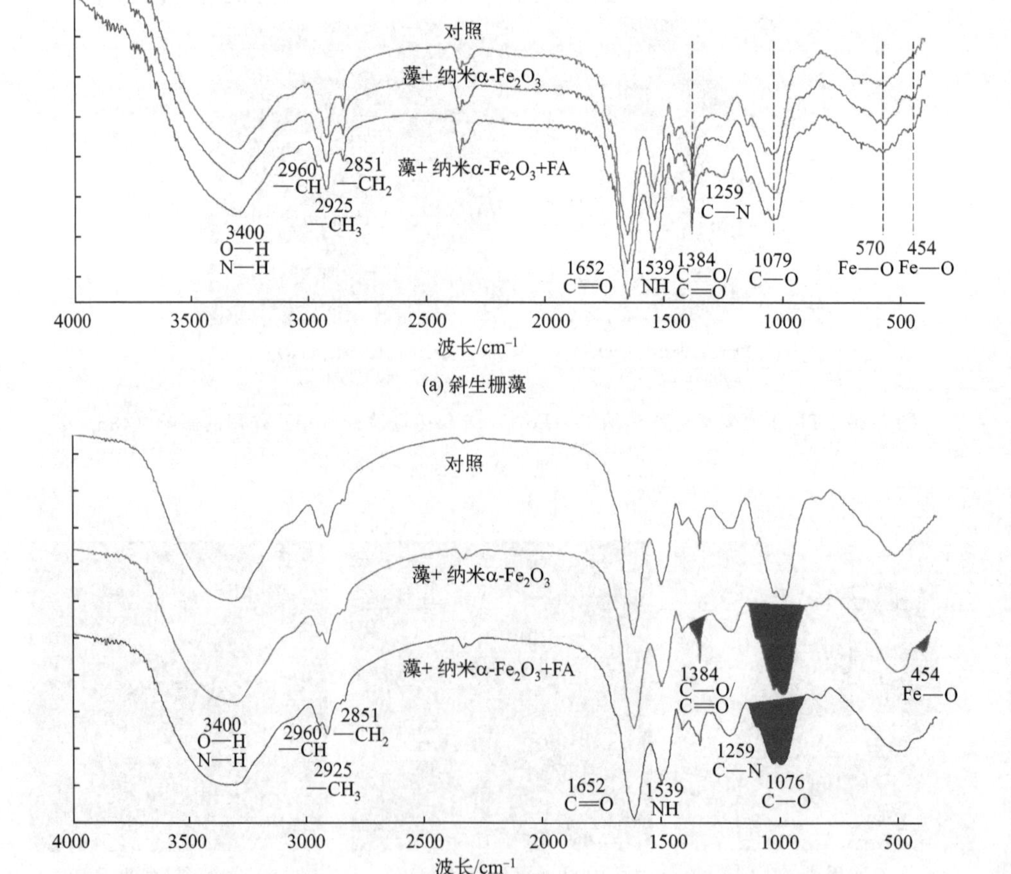

图 5-32　富里酸、纳米 α-Fe_2O_3 与斜生栅藻和聚球藻相互作用的 FT-IR 光谱图

低，表明在 FA 作用下，部分纳米 α-Fe_2O_3 从藻细胞表面解吸下来。值得注意的是，斜生栅藻细胞的其他特征吸收峰无显著差异，而聚球藻细胞在 1384cm^{-1} 处的吸收峰［图 5-32(b)］，即代表 C—O 或 COO^- 伸缩振动的特征峰，其吸收值在 FA 处理后降低，推测是由于 FA 通过羰基与纳米 α-Fe_2O_3 相互作用，可能包裹到带正电的纳米 α-Fe_2O_3 表面，使纳米颗粒表面带负电荷，其通过与带负电荷的藻细胞表面的静电排斥作用，减少纳米颗粒与藻细胞的接触，从而减轻了纳米 α-Fe_2O_3 的团聚和吸附现象[27]。此外，还观察到聚球藻谱图的 1076cm^{-1} C—O 伸缩振动特征峰吸收值在 FA 处理后亦有下降，亦表明 FA 可能通过羧基与纳米 α-Fe_2O_3 的 Fe—O 键作用而减轻其在藻细胞表面的吸附[27]。SEM 和 FT-IR 的结果表明，FA 能减轻纳米 α-Fe_2O_3 对藻细胞的吸附作用，从而可减少对藻细胞的遮光效应和直接物理接触。而直接物理接触可诱导藻细胞内大量 ROS 的产生，据此推测减少纳米材料与藻细胞接触是 FA 处理下 ROS 减少的重要原因[23,28]。

根据两种微藻细胞的生理生化指标测定和显微观察总结了纳米 α-Fe_2O_3 对微藻产生毒性效应的主要原因：纳米 α-Fe_2O_3 颗粒易形成较大的团聚体，附着在藻细胞表面，造成直接接触损伤、氧化胁迫和遮光效应。富里酸能缓解纳米 α-Fe_2O_3 对两种藻细胞的毒性作用，推测其机制为：FA 带大量的负电荷，可能通过静电吸引包裹在纳米 α-Fe_2O_3 表面，其可通过与藻细胞间的静电斥力减轻纳米 α-Fe_2O_3 在藻细胞表面的团聚，从而可减少对藻细胞的遮光效应和直接物理接触，并可减少由此诱导的 ROS 产生，进而可降低对生物大分子和细胞膜的氧化损伤，最终可降低纳米 α-Fe_2O_3 对微藻的毒性效应。

第四节　纳米 TiO_2 对微藻的毒性效应

一、纳米 TiO_2 对斜生栅藻生长的影响

图 5-33 显示了不同浓度纳米 TiO_2 对斜生栅藻生长的影响。加入纳米 TiO_2 处理 24h 和 48h 后，处理组与对照组中斜生栅藻的生长未表现出明显差异（$p>0.05$），但随着处理时间的延长（72h 和 96h 时），高纳米 TiO_2 浓度（≥10mg/L）处理组中斜生栅藻的生长受到明显抑制，如处理 96h 时，在 10mg/L、20mg/L 和 40mg/L 纳米 TiO_2 的处理组中，斜生栅藻的细胞密度仅为对照组的 48.1％、46.8％和 44.3％；而与对照组相比，低浓度处理组影响不明显，且具有一定的促进作用，如处理 96h 时，在 2.5mg/L 和 5mg/L 纳米 TiO_2 的处理组中，斜生

栅藻的细胞密度为对照组的 106.3%和 102.5%，这与纳米 CeO_2 对斜生栅藻生长的影响结果基本一致[29,30]。低浓度的纳米 TiO_2 对斜生栅藻产生的促进作用可能是由于其解离出的少量 Ti^{2+} 对斜生栅藻具有营养作用，而高浓度的纳米 TiO_2 可引起藻体内叶绿素含量、蛋白质含量以及酶活性等发生改变，从而对微藻生长产生抑制[29]。

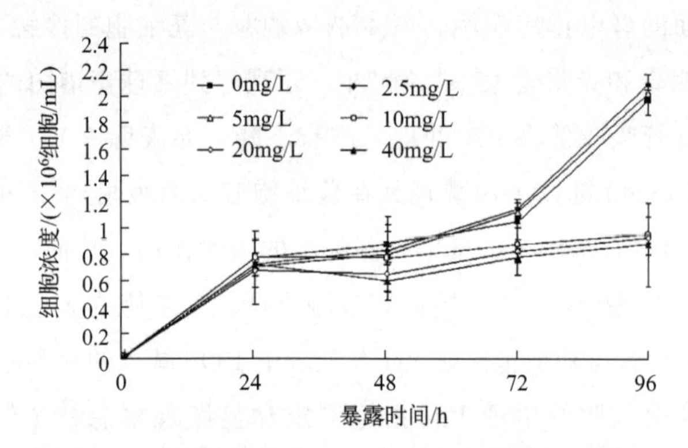

图 5-33 不同浓度纳米 TiO_2 对斜生栅藻生长的影响

二、纳米 TiO_2 对斜生栅藻中叶绿素 a 含量的影响

叶绿素是光合作用的主要色素，叶绿素的破坏或降解会直接导致光合作用效率的降低，因此藻体内叶绿素含量的变化直接影响其生长状态，图 5-34 显示了纳米 TiO_2 对斜生栅藻中叶绿素 a 含量的影响。低纳米 TiO_2 浓度（≤5mg/L）下，藻体叶绿素 a 含量随处理时间延长而逐渐升高；高纳米 TiO_2 浓度（≥10mg/L）下，叶绿素 a 含量先升高后降低。说明低浓度纳米 TiO_2 可促进斜生栅藻中叶绿素 a 的合成，使其生长加快，而高浓度纳米 TiO_2 可使叶绿素 a 分子受损或其合成代谢受到抑制，当其浓度进一步增大时，可能会形成大量的 ROS，进一步破坏叶绿素 a[31]。

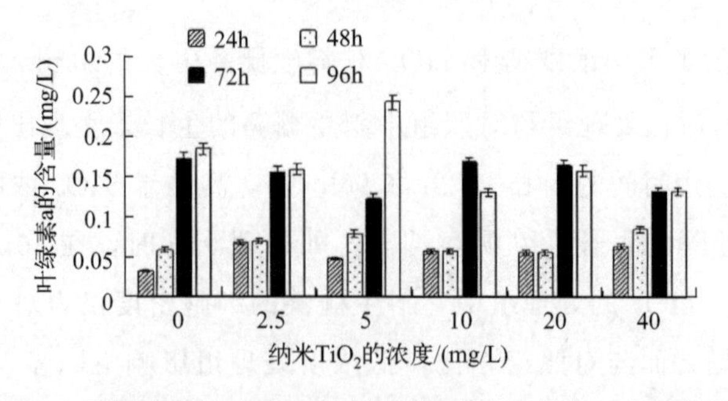

图 5-34 不同浓度纳米 TiO_2 对斜生栅藻中叶绿素 a 含量的影响

三、纳米 TiO_2 对斜生栅藻氧化应激水平的影响

SOD是生物体内重要的活性氧防护酶，可与生物体内过氧化物酶、过氧化氢酶、谷胱甘肽酶等组成防御过氧化系统。SOD可催化生物细胞中的ROS发生歧化反应，使其生成过氧化氢，然后再由过氧化氢酶将其转化为无害的分子氧和水，从而有效地清除活性氧，防止细胞膜系统过氧化作用的发生。由图5-35可知，随着纳米 TiO_2 浓度的增加，SOD活性先上升后下降，当纳米 TiO_2 浓度为5mg/L时，藻细胞中SOD活性达到最高（8.07U/10^8 细胞），表明在低纳米 TiO_2 浓度胁迫下，藻细胞中SOD活性增加，用以清除过量的ROS，使体内ROS保持平衡状态，从而可使微藻细胞的生长不受抑制；但高纳米 TiO_2 浓度胁迫下，藻细胞受到的ROS伤害超出了自身所能调节的范围，导致SOD活性显著下降，从而对细胞产生损伤[30]。

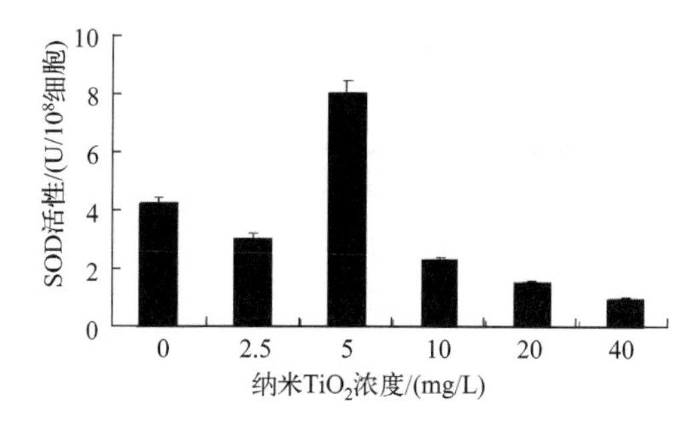

图5-35　纳米 TiO_2 胁迫下斜生栅藻中SOD活性的变化

在环境胁迫条件下，生物体内的ROS平衡被打破，过多的ROS会引起膜脂过氧化，而MDA是膜脂过氧化的产物，已被广泛用作衡量膜脂过氧化损伤的指标。纳米 TiO_2 胁迫对斜生栅藻中MDA含量的影响如图5-36所示，随着纳米 TiO_2 浓度的增加，细胞中MDA含量逐渐升高，在40mg/L处理组中，藻细胞

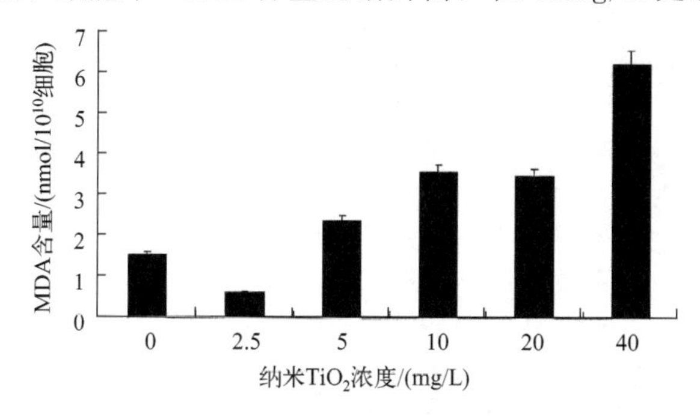

图5-36　不同浓度纳米 TiO_2 对斜生栅藻中MDA含量的影响

内 MDA 含量达到最大值（6.25nmol/10^{10} 细胞），表明随着纳米 TiO_2 浓度的升高，膜脂过氧化加剧，细胞损伤严重。有研究表明，纳米 TiO_2 对藻类的致毒机理可能是：纳米 TiO_2 通过氧化还原的方式使藻体内产生大量有害 ROS，破坏细胞的有序结构和正常的代谢功能，引起藻体内叶绿素含量、蛋白质含量以及酶活性等发生改变，从而影响藻类的生长、发育过程[32]。

本实验结果显示低浓度纳米 TiO_2（≤5mg/L）对斜生栅藻的生长及叶绿素 a 的合成具有一定的促进作用，而高浓度（≥10mg/L）时表现出抑制效应。此外，纳米 TiO_2 胁迫下，藻细胞内会发生显著的生理生化反应，如 SOD 活性先上升后下降，MDA 含量逐渐升高，表明细胞中 ROS 的产生和消除间的平衡被破坏，ROS 的积累导致细胞膜被破坏，从而抑制了斜生栅藻的生长。因此，作为被广泛使用的一类纳米材料，纳米 TiO_2 对水环境的潜在危害不容忽视，相关部门在制定纳米 TiO_2 的安全标准时应加以考虑。

参考文献

[1] Klaine S J, Alvarez P J, Batley G E, et al. Nanomaterials in the environment: behavior, fate, bioavailability, and effects. Environmental Toxicology and Chemistry: An International Journal, 2008, 27 (9): 1825-1851.

[2] 李世涛，乔学亮，陈建国，等. 纳米氧化镁及其复合材料的抗菌性能研究. 功能材料，2005，36: 1651-1654，1663.

[3] Tran N, Mir A, Mallik D, et al. Bactericidal effect of iron oxide nanoparticles on *Staphylococcus aureus*. International Journal of Nanomedicine, 2010, 5: 277-283.

[4] 陆长梅，温俊强. 纳米级 TiO_2 抑制微囊藻生长的实验研究. 城市环境与城市生态，2002，15: 13-18.

[5] 白伟，张程程，姜文君，等. 纳米材料的环境行为及其毒理学研究进展. 生态毒理学报，2009，4: 174-182.

[6] Navarro E, Baun A, Behra R, et al. Environmental behavior and ecotoxicity of engineered nanoparticles to algae, plants, and fungi. Ecotoxicology, 2008, 17 (5): 372-386.

[7] 陈晓晓. 纳米四氧化三铁对小球藻的生态毒性研究. 武汉：华中师范大学，2012.

[8] Lin D, Ji J, Long Z, et al. The influence of dissolved and surface-bound humic acid on the toxicity of TiO_2 nanoparticles to *Chlorella* sp. Water Research, 2012, 46 (14): 4477-4487.

[9] 鲁俊文，王维，张爱清，等. 纳米氧化镁的吸附及分解性能研究进展. 硅酸盐通报，2011，30: 1094-1098，1104.

[10] 林道辉，冀静，田小利，等. 纳米材料的环境行为与生物毒性. 科学通报，2009，54: 3590-3604.

[11] Krishnamoorthy K, Manivannan G, Kim S J, et al. Antibacterial activity of MgO nanoparticles based on lipid peroxidation by oxygen vacancy. Journal of Nanoparticle Research, 2012, 14: 1-10.

[12] Franklin N M, Rogers N J, Apte S C, et al. Comparative toxicity of nanoparticulate ZnO, bulk ZnO, and $ZnCl_2$ to a freshwater microalga (*Pseudokirchneriella subcapitata*): the

importance of particle solubility. Environmental Science & Technology, 2007, 41 (24): 8484-8490.

[13] Van Boekel W H M. Phaeocystis colony mucus components and the importance of calcium ions for colony stability. Marine Ecology-Progress Series, 1992, 87: 301-305.

[14] Huang L, Li D Q, Lin Y J, et al. Controllable preparation of Nano-MgO and investigation of its bactericidal properties. Journal of Inorganic Biochemistry, 2005, 99 (5): 986-993.

[15] Li H, Xu J, Liu Y, et al. Antioxidant and moisture-retention activities of the polysaccharide from *Nostoc commune* . Carbohydrate Polymers, 2011, 83 (4): 1821-1827.

[16] Stark J, Klabunde K. Adsorption of hydrogen halides, nitric oxide and sulfur trioxide on magnesium oxide nanocrystals and compared with microcrystals. Chemistry of Materials, 1996, 8 (8): 1913-1918.

[17] Sadiq I M, Dalai S, Chandrasekaran N, et al. Ecotoxicity study of titania (TiO_2) NPs on two microalgae species: *Scenedesmus* sp. and *Chlorella* sp. Ecotoxicology and Environmental Safety, 2011, 74 (5): 1180-1187.

[18] Makhluf S, Dror R, Nitzan Y, et al. Microwave - assisted synthesis of nanocrystalline MgO and its use as a bacteriocide. Advanced Functional Materials, 2005, 15 (10): 1708-1715.

[19] Bolouri-Moghaddam M R, Le Roy K, Xiang L, et al. Sugar signalling and antioxidant network connections in plant cells. FEBS Journal, 2010, 277 (9): 2022-2037.

[20] Mohamed Z A. Polysaccharides as a protective response against microcystin-induced oxidative stress in *Chlorella vulgaris* and *Scenedesmus quadricauda* and their possible significance in the aquatic ecosystem. Ecotoxicology, 2008, 17: 504-516.

[21] Johnston H J, Hutchison G R, Christensen F M, et al. A critical review of the biological mechanisms underlying the in vivo and in vitro toxicity of carbon nanotubes: The contribution of physico-chemical characteristics. Nanotoxicology, 2010, 4 (2): 207-246.

[22] Demir V, Ates M, Arslan Z, et al. Influence of alpha and gamma-iron oxide nanoparticles on marine microalgae species. Bulletin of Environmental Contamination and Toxicology, 2015, 95: 752-757.

[23] Lei C, Zhang L, Yang K, et al. Toxicity of iron-based nanoparticles to green algae: Effects of particle size, crystal phase, oxidation state and environmental aging. Environ Pollut, 2016, 218: 505-512.

[24] Chen F, Xiao Z, Yue L, et al. Algae response to engineered nanoparticles: current understanding, mechanisms and implications. Environmental Science: Nano, 2019, 6 (4): 1026-1042.

[25] Fabrega J, Fawcett S R, Renshaw J C, et al. Silver nanoparticle impact on bacterial growth: effect of pH, concentration, and organic matter. Environmental Science & Technology, 2009, 43 (19): 7285-7290.

[26] Maurer-Jones M A, Gunsolus I L, Murphy C J, et al. Toxicity of engineered nanoparticles in the environment. Analytical Chemistry, 2013, 85 (6): 3036-3049.

[27] Zhou K, Hu Y, Zhang L, et al. The role of exopolymeric substances in the bioaccumulation and toxicity of Ag nanoparticles to algae. Scientific Reports, 2016, 6: 32998.

[28] Li Z, Greden K, Alvarez P J J, et al. Adsorbed polymer and NOM limits adhesion and toxicity of nano scale zerovalent iron to *E. coli* . Environmental Science & Technology, 2010, 44 (9): 3462-3467.

[29] 李锋民，赵薇，李媛媛，等．纳米 TiO_2 对短裸甲藻的毒性效应．环境科学，2012，33：233-238.

[30] 钟秋，何桢，戴安琪，等．纳米二氧化铈对斜生栅藻的毒性研究．农业环境科学学报，2012，31：299-305.

[31] 侯东颖，冯佳，谢树莲．纳米二氧化钛胁迫对普生轮藻的毒性效应．环境科学学报，2012，32：1481-1486.

[32] 张宁，金星龙，李晓，等．人工纳米材料对藻类的毒性效应研究进展．安徽农业科学，2011，39：6000-6003.

第六章　离子液体对微藻的毒性效应与作用机制

离子液体（ionic liquids，ILs）作为一种新型溶剂，具备许多传统有机溶剂无法比拟的优点，如难挥发、溶解性强、热稳定性强、较宽的化学窗口、设计性强等，被认为是继水和超临界 CO_2 后又一大类环境友好型“绿色溶剂”，现已被广泛应用于化工、医药、电化学、功能材料等领域[1,2]。ILs 在理论上有上亿种，这是由于 ILs 可通过多种有机阳离子（如咪唑、吡啶、哌啶、季铵等离子）和无机或有机阴离子（如 Cl^-、Br^-、NO_3^-、PF_6^-、BF_4^- 等）的有机结合而被设计开发出来，目前在美国化学文摘社（CAS）数据库中报道了至少 3 万种咪唑基 ILs，在实际应用中的有上百种[3,4]。

随着 ILs 的大规模合成和广泛应用，部分 ILs 不可避免会排放到自然环境中。有报道指出，ILs 可通过运输过程的意外泄漏、垃圾填埋场的滤液、废液倾倒等方式进入水环境中[5]。在实际环境中，Probert 等[6] 在靠近英格兰东北部的垃圾填埋场里检测到了高浓度的 ILs（1-辛基-3-甲基咪唑盐），其最高浓度已达 2.4g/L。由于大部分 ILs 是水溶性的，并具有稳定的化学和热力学性质，因此很难利用现有的污水处理技术将其去除，进入自然水体后 ILs 最终会成为持久性新污染物，其在水环境中的积累和污染将对水生生物及生态系统造成严重威胁。目前 ILs 与石墨烯、微塑料被并列为三大新环境污染物[7]，其在水体中的环境行为和生态毒性受到了研究者们的广泛关注，成为了生态与环境科学领域的研究前沿和热点。目前有关 ILs 的生物毒性研究已有大量报道，尤其是 ILs 对各种藻类、大型溞、虾、斑马鱼、金鱼、贝类、尖吻鲈等水生生物的毒性效应，研究发现，ILs 的毒性受阳离子、阴离子、烷基链长度等结构的影响。

微藻具有生长周期短、易操作、易观察、对有毒物质敏感和无摄食过程等特点，且普遍存在，是开展毒理学研究的理想生物，其中，蛋白核小球藻（*Chlorella pyrenoidosa*）和三角褐指藻（*Phaeodactylum tricornutum*）是水生生态系统中淡水生态系统和海洋生态系统中常见的微藻，由于其对污染物的敏感性，在毒理学研究中常作为毒性指示生物。因此，本章首先运用 CiteSpace 可视化分析软件对有关 ILs 毒性效应研究的文献资料进行了多维度分析，然后以上述两种微藻为实验材料，从 ILs 对微藻生长和光合作用的生理生化影响探讨了 ILs 的毒性效应，并在氧化应激水平上研究了微藻对 ILs 的响应机制，以期让读者充分了解 ILs 对微藻的毒性效应与作用机制。

第一节　基于 CiteSpace 可视化分析 ILs 毒性效应的研究

一、 ILs 毒性效应研究进展的时空维度分析

1. 数据检索与筛选

科学计量学，也称文献计量学，是一种通过统计学与文本挖掘方法分析某一研究领域的相关文献，并利用信息可视化技术绘制相关知识图谱以直观展示分析结果的研究方法。其中，CiteSpace 是进行科学计量学研究最常用的软件程序之一，该软件是华人学者陈超美博士于 2004 年开发的。相较于当下的其他可视化软件，CiteSpace 更着重于对研究前沿的发展趋势、不同研究之间的内部联系进行检测和分析。目前，该方法已被应用于多个学科领域以分析其研究进展、前沿热点和发展趋势。本节选取 Web of Science（WOS）数据库进行检索，主题检索词为“ionic liquids” And “toxicity” OR “toxic”，时间跨度为 2006.01.01～2022.12.31，通过对重复和无效文献进行筛选，最终获得了 1197 篇文献的核心数据集并对其进行分析。

2. 有关 ILs 毒性效应研究的时间特征分析

研究某一领域出版论文在一定时期内的数量和被引情况可在一定程度上反映研究者们对该主题的关注程度，也可反映当前研究的发展速度和水平。图 6-1 展示了 2006～2022 年间有关 ILs 毒性效应的 1197 份出版论文的年度分布情况，总体来讲，关于 ILs 毒性效应相关研究的文献数量和被引频次从 2006～2020 年整体呈上升趋势，ILs 毒性效应研究成为国际上的热门领域，学术影响力不断增强，表明越来越多的研究者们关注 ILs 对生态环境的影响。作为一种新兴的化学物质，ILs 已在多个领域展现出其广泛的应用前景，但随着其使用量的增加，其

潜在的毒性效应及对环境的潜在影响逐渐引起了公众和学术界的关注。土壤作为生态系统的重要组成部分，ILs 可能对土壤微生物产生毒性作用，从而影响土壤生态系统的正常功能；且其在土壤中的长期积累又会进一步对土壤结构造成破坏，从而影响土壤肥力和植物的生长。此外，在水体环境方面，ILs 因其高离子浓度和稳定性可能对水生生物产生不利影响，泄漏和排放是 ILs 进入水体的主要途径，其对水生生态系统的影响不容忽视；ILs 在水体中的迁移和转化过程也需要深入研究，以揭示其对水环境长期影响的具体机制。因此，为了全面评估 ILs 对环境和生态系统的影响，需要对其进行深入研究，并应加强对其生产和使用过程中的环境监管和管理。

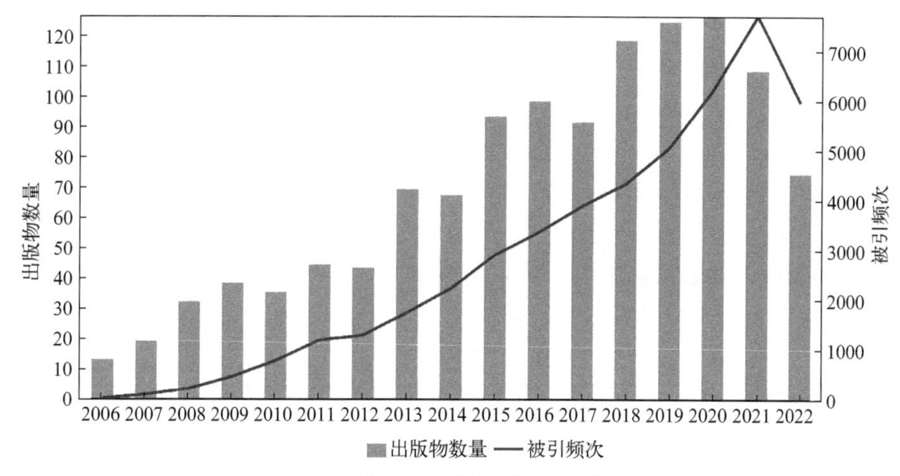

图 6-1　2006～2022 年间有关 ILs 毒性效应的出版物数量和被引频次

虽然从 2021 年开始，相关研究的文献数量和被引频次开始下降。但为了更加全面评估 ILs 对生物的毒性效应，后续仍需要开展更深入的研究和分析，这不仅涉及 ILs 对不同生物种类和生态系统的具体影响机制，更需关注 ILs 在实际应用中的环境影响和生态风险。此外，在实际应用中，相关行业和部门应加强对 ILs 的环境监管和风险评估，例如：①建立严格的 ILs 生产和使用标准，限制其使用量和排放浓度，确保其对环境和生态的影响在可控范围内；②开展定期的环境监测和生态风险评估，及时发现并解决 ILs 可能带来的环境问题；③加强 ILs 替代品的研发和推广，降低其对环境和生态的潜在风险；④学术界也应通过深入研究 ILs 的化学结构、离子浓度、暴露时间等因素对生物毒性的影响机制，为相关政策和标准的制定提供科学依据。

3. 有关 ILs 毒性效应研究的期刊来源与学科分析

学术期刊是科研成果展示的重要平台和载体。ILs 毒性相关研究的刊载期刊多集中于环境科学领域。表 6-1 列举了 2006—2022 年发文量及引用量前十位的英文期刊，这些期刊构成了 ILs 毒性效应研究的重要载体和知识来源。使用 CiteSpace 软件进行期刊双图叠加图谱分析，能展示各学科文献分布、引文轨迹等，进而可研究期刊间的信息传递及知识发展脉络，揭示传播规律。ILs 毒性研究领域跨物理、材料、化学、环境、毒理学、营养学等多学科，且多学科交叉融合，具有较大的发展潜力。

表 6-1　发文量及引用量前 10 的期刊

发文前 10 的期刊	发文量	引用量前 10 的期刊	引用量
Chemosphere	112	Green Chemistry	738
Ecotoxicology and Environmental Safety	85	Chemosphere	692
Journal of Hazardous Materials	76	Ecotoxicology and Environmental Safety	675
Environmental Science and Pollution Research	37	Journal of Hazardous Materials	602
Science of the Total Environment	33	Water Research	450
Green Chemistry	23	Environmental Science & Technology	450
Journal of Separation Science	23	Chemical Reviews	422
Chemical Engineering Journal	21	Environmental Toxicology and Chemistry	372
Environmental Pollution	66	Chemical Society Reviews	345
Molecules	17	Environmental Science and Pollution Research	325

4. 有关 ILs 毒性效应研究的空间分布特征

基于 WOS 数据库对文献作者、研究机构和国家合作网络的贡献分析能识别研究领域内权威机构和学者，并可体现各国的发展情况和合作紧密程度。在 CiteSpace 中，中心性是测度节点在网络中重要性的一个指标，其值越大表明影响力越大，在推动该领域国际研究合作中的支点作用越强。在研究力量合作共现图谱中，节点年轮大小代表发文数量，连线粗细表示合作的紧密程度。

根据国家合作共现图谱和相关数据可得出发文量前五的国家依次为中国、美国、波兰、意大利和西班牙，中心性前五的国家依次为英国、美国、德国、中国和意大利。数据说明，我国在 ILs 毒性效应研究领域的发文量最多，国内学者通过构建 ILs 暴露模型深入研究了 ILs 对生物体细胞、组织和器官的毒性作用机制，这些研究不仅揭示了 ILs 对生物体的毒性影响，还为其安全应用提供了科学依据；但相关文章的影响力低于英国、美国和德国，表明我国在 ILs 毒性效应研究领域的影响力还有待提高。相比之下，国外在 ILs 毒性效应方面的研究起步较早，研究内容更加丰富多样。例如，国外学者深入探讨了 ILs 对水生生物、哺乳

动物和微生物的毒性作用，及其在环境中的归趋和生态风险等，这些研究不仅为ILs的安全应用提供了科学依据，还为全球范围内的ILs研究和应用提供了重要借鉴。

根据机构合作共现图谱得出发文量前五的机构依次为河南师范大学、山东农业大学、同济大学、阿威罗大学和中国科学院，中心性前五的机构依次为格但斯克大学、全北国立大学、法国国家科学研究中心、阿威罗大学和中国科学院。数据说明，发文量前五中有四所研究机构来自我国，表明我国该领域成果产出方面在国际上表现突出，但我国机构除中国科学院外，其他机构影响力较低，而格但斯克大学虽发文量少，但文章影响力远高于其他机构。此外，根据作者合作共现图谱发现，在ILs毒性效应研究领域中，Wang Jun、Zhu Lusheng、Wang Jinhua、Liu Shushen和Biczak Robert等5位研究者成果产出位居前列，发文数量超过19篇，Stolte Stefan发文量17篇，研究成果中心性第一，被引频次248，表明其对ILs毒性研究领域起到了重要的支撑和引领作用。

二、 ILs毒性效应研究热点及演化趋势分析

关键词是展现论文研究主题和内容的核心词汇，其出现频率反映出该领域的研究热点，使用CiteSpace对WOS数据进行分析，可以看出，“ionic liquid”和“toxicity”是网络中最大的两个节点，出现频次分别达658次和371次；其次为“imidazolium”“water”“*Vibrio fischeri*”等，出现频次均在100次以上。结合关键词分析可知，咪唑基ILs及其在水中的环境行为是目前国内外研究的热点，这是由于咪唑基ILs在众多ILs中最具有替代传统挥发性有机溶剂的潜力，其在分离过程、有机合成、生物催化、电化学、生物质溶解和转化等领域表现出广泛的应用前景，而且目前已检测到咪唑基ILs在环境中释放，未来这种污染会随着咪唑基ILs在各个领域应用规模的扩大而加剧。此外，部分长链烷基咪唑基ILs由于化学性质高度稳定，还存在降解难题；再加上咪唑基ILs的亲水特性，进入环境和食物链中的咪唑基ILs很容易在水生和陆生环境之间转移，并在不同营养级生物中传递富集。因此，近年来有关咪唑基ILs生态毒性的研究不断增多，涉及微生物、植物、动物、细胞及DNA等多方面，研究发现咪唑基ILs对生态系统和人类健康造成的潜在安全风险也不容忽视。然而，目前国内外相关研究只是关注了ILs对水生生物的急性毒性、慢性毒性等危害，忽略了其在水生态系统的食物链传递，而ILs在食物链传递中是否有生物放大效应，这对食物链顶端的人类生命健康具有重要意义。此外，利用费氏弧菌（*Vibrio fischeri*）作为模式生

物进行 ILs 毒性研究等是该领域的重点研究内容。

进一步通过关键词突现分析来揭示 ILs 毒性效应研究领域的发展趋势和热点特征，筛选获得了频次突现强度最高的 10 个关键词，从时间上看该领域可分为 3 个阶段：

(1) 从 2007 年开始出现突现关键词，包括“design”和“imidazolium”，从关键词反映的内容来看，可设计的咪唑基 ILs 的毒性从 2007 年起成为国际研究热点；

(2) 从 2008～2016 年突现词数量开始增多，该领域研究热度进一步提升，其中“functionalized side chain”突现强度最大，为 8.87，表明对 ILs 毒性的研究延伸到其结构对毒性的影响；

(3) 从 2017 年到现在突现词开始减少，表明该领域进入平稳发展期，该阶段的突现词包括“lipid peroxidation”“phytotoxicity”和“deep eutectic solvent”，说明 ILs 毒性研究延伸到对机体的脂质过氧化作用、植物毒性和深共熔溶剂毒性等的研究上。

从文献报道来看，目前研究的方向主要集中在 ILs 不同组成部分和结构对其毒性的影响上，研究方法则以生物个体水平的毒性试验研究为主，少量涉及分子、细胞水平的毒性试验以及建立 ILs 的构效关系等，缺乏有关 ILs 在食物链中积累、传递、转化等相关数据，在评价其降解性、毒性和腐蚀性等有关环境、安全和卫生方面的指标时，证据还存在明显不足。因此，未来的研究需要聚焦 ILs 在水生食物链中的传递特征和毒性效应机制，丰富其在食物链中积累、传递、转化等相关数据，这有助于控制其使用和排放剂量，避免对各类生物和生态环境带来危害；同时需进一步挖掘 ILs 的作用靶点，这有助于设计合成具有相同使用效果，但对生物毒性更低的 ILs，使其真正成为“绿色溶剂”，助力“绿色化学”发展。

基于关键词共现，对关键词聚类分析可视化展示，得到了关于 ILs 毒性研究的关键词聚类图谱。其中聚类序号越小，代表聚类规模越大，包含的关键词越多。共形成 10 个聚类标签，前 5 个分别为“chromatography”“functionalized side chain”“oxidative stress”“1-methyl-3-octylimidazolium bromide（$[C_8mim]Br$）”“ionic liquids”，这些研究标检表明以下研究方向是热点：①ILs 的常用分析检测方法为色谱法；②具有官能化侧链 ILs 的毒性被着重研究；③氧化应激是生物体响应 ILs 毒性效应的重要机制；④ $[C_8mim]Br$ 是 ILs 毒性效应研究中最常用的代表性 ILs。

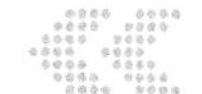

三、 ILs 毒性效应研究的共被引分析

文献共被引是指两篇或多篇文献在引用其他文献时出现了共同引用的情况。也就是说，当两篇文献同时被第三篇文献所引用时，这两篇文献就构成了共被引关系。例如，文档 A 和文档 B 被文档 C、文档 D 和文档 E 所引用。那么，文档 A 和文档 B 之间就是共被引关系，且共被引强度为 3。如果文档 A 和文档 B 之间被越多的文献同时引用，那么它们之间的相关性就越强。这种情况表明文档 A 和文档 B 在研究某一特定领域或主题时具有共同的价值和影响力。共被引文献可以被视为一种衡量学术文献影响力的指标，尤其是在评估学术期刊、作者和学术机构时。共被引文献的数量越多，表明该文献的影响力和贡献越大。

通过文献共被引聚类分析，获得了有关 ILs 毒性效应研究领域的知识基础，揭示了每个阶段知识主题的变化。表 6-2 展示了共被引频次前 10 的文献。共被引频次最高的文献综述了 ILs 应用的潜在风险，特别强调了 ILs 的潜在环境影响以及设计本质上更安全的 ILs 是未来的方向；共被引频次第二的文献则聚焦于 ILs 的环境归宿与毒性研究进展；共被引频次第三的文献综述了 ILs 的抗微生物和细胞毒性，并强调其在制药和医学领域的应用潜力。以上结果表明：①有关 ILs 毒性效应的综述在被引用方面占据较大优势；②设计开发绿色安全的 ILs 极具前景；③ILs 的最终环境归宿和生态影响是当前研究的一大热点。

表 6-2　ILs 毒性研究领域前 10 的共被引文献

序号	文章标题	第一作者	发表年份	共被引频次	中介中心性
1	A brief overview of the potential environmental hazards of ionic liquids	Bubalo M C	2014	111	0.03
2	Environmental fate and toxicity of ionic liquids: a review	Pham T P T	2010	110	0.05
3	Biological activity of ionic liquids and their application in pharmaceutics and medicine	Egorova K S	2017	65	0.01
4	Environmental application, fate, effects and concerns of ionic liquids: a review	Amde M	2015	61	0.01
5	Toxicity assessment of various ionic liquid families towards *Vibrio fischeri* marine bacteria	Ventura S P M	2012	55	0.07
6	Imidiazolium based ionic liquids: effects of different anions and alkyl chains lengths on the barley seedlings	Bubalo M C	2014	51	0

续表

序号	文章标题	第一作者	发表年份	共被引频次	中介中心性
7	Toxicity of ionic liquids: eco(cyto)activity as complicated, but unavoidable parameter for task-specific optimization	Egorova K S	2014	47	0.03
8	Acute and chronic toxicity of imidazolium-based ionic liquids on *Daphnia Magna*	Bernot R J	2005	47	0.05
9	Toxicity and antimicrobial activity of imidazolium and pyridinium ionic liquids	Docherty K M	2005	44	0.03
10	Effects of different head groups and functionalised side chains on the aquatic toxicity of ionic liquids	Stolte S	2007	43	0.02

第二节　ILs对微藻生长的影响

一、ILs对藻细胞生长的抑制作用

采用急性毒性标准实验方法研究了6种ILs（$[C_4mim]Cl$、$[C_8mim]Cl$、$[C_8mim]NO_3$、$[C_8mpy]Cl$、$[C_8mpy]Br$和$[C_{12}mim]Cl$）对蛋白核小球藻和三角褐指藻生长的抑制作用。由图6-2可知，ILs对微藻的生长均存在抑制作用，6种ILs对两种微藻的生长抑制作用随其浓度的增加而增大，呈现出明显的剂量-效应关系。例如暴露于5mg/L、10mg/L、20mg/L、30mg/L和40mg/L $[C_8mim]Cl$ 96h之后，相比于对照组，三角褐指藻的生长抑制率为19.62%、20.90%、34.83%、42.72%和60.71%；将蛋白核小球藻暴露于1mg/L、2mg/L、3mg/L、4mg/L、6mg/L和8mg/L $[C_8mim]Cl$ 96h后，其生长抑制率为11.18%、36.28%、43.68%、60.81%、65.75%和71.72%。此外，当以较低浓度ILs处理微藻时，随着时间的延长，微藻的生长并没有发生显著的变化，这说明在较低浓度ILs处理下，微藻具有一定恢复生长的能力或其能促进藻细胞生长。如分别以5mg/L $[C_4mim]Cl$和0.02mg/L $[C_{12}mim]Cl$处理蛋白核小球藻24h、48h、72h和96h后，生长抑制率分别为3.25%、4.19%、5.59%、8.15%和−2.22%、−5.06%、−8.81%、−13.09%。这一结果与Liu等[8]研究咪唑类ILs对斜生栅藻的生长抑制效果一致，即当斜生栅藻暴露于0.5mg/L $[C_6mim]Cl$ 96h后，其生长抑制率从6.22%（24h）降至1.54%（96h），并认为随着时间的延长，微藻生物量可恢复至对照组水平，而当微藻暴露于高浓度咪唑类ILs时，微藻生物量不能恢复到对照组水平。

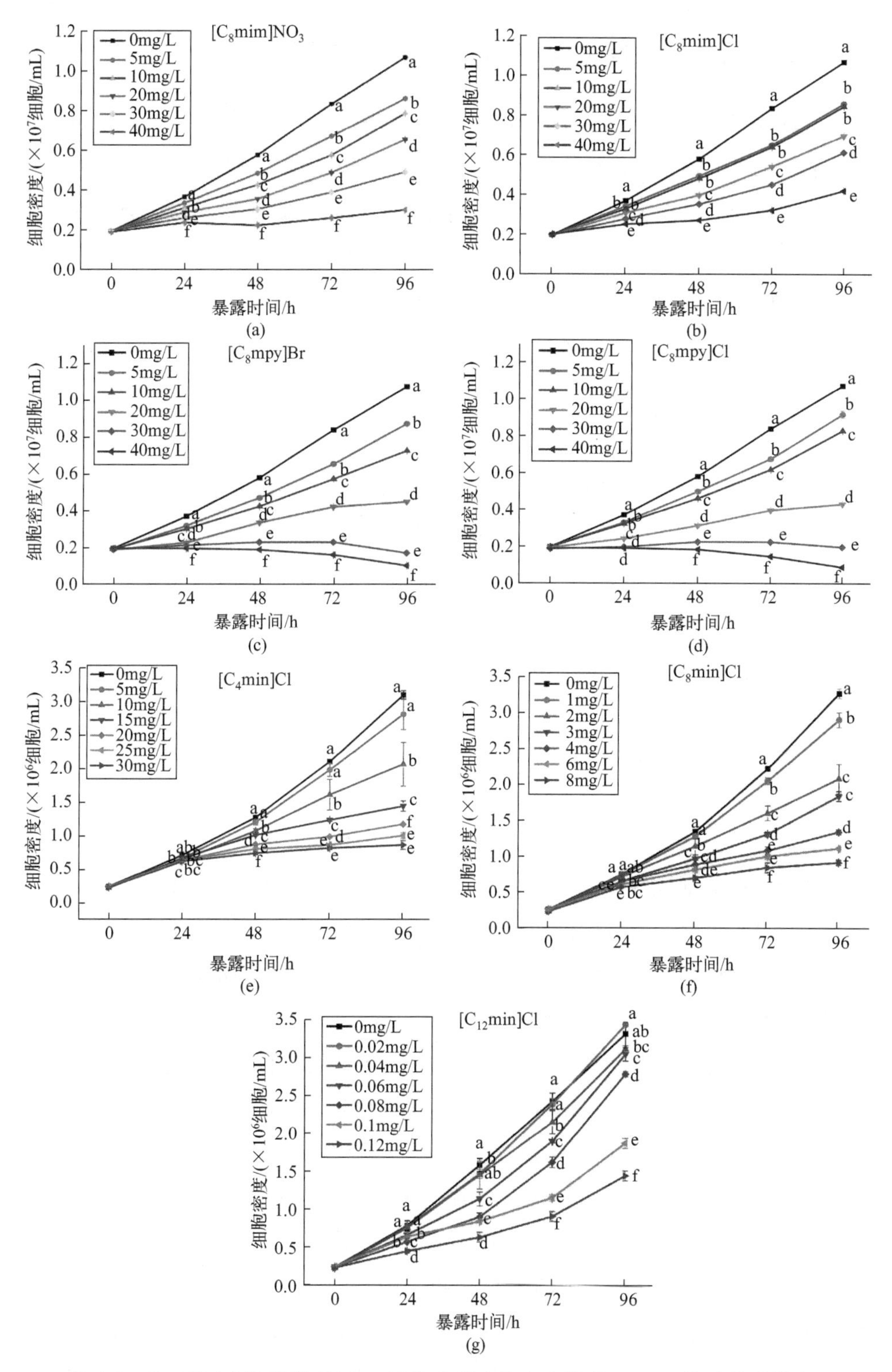

图 6-2 ILs 对三角褐指藻［(a)～(d)］和蛋白核小球藻［(e)～(g)］生长的影响

二、 ILs对藻细胞的半数有效浓度（EC_{50}）

半数有效浓度（EC_{50}）指污染物引起机体某项生物效应发生50%改变所需要的剂量，是一项用于评估污染物毒性效应的重要指标，一般来说，其值越小代表该污染物的毒性越大。EC_{50} 值可较快速地判断出污染物对受试生物产生毒性效应的程度，可为进一步开展慢性毒性研究提供参考。当微藻暴露于ILs时，毒性效应会因ILs结构的不同而不同，如碳链长度、阴阳离子等，且微藻对ILs的抵御能力也会因微藻种类的差异而变化。例如，当海洋微藻三角褐指藻暴露于不同结构的ILs（[C_8mim]NO_3、[C_8mim]Cl、[C_8mpy]Br和[C_8mpy]Cl）时，发现吡啶ILs对三角褐指藻的毒性明显大于咪唑ILs；含 NO_3^- 和 Br^- ILs的 EC_{50} 值均小于含 Cl^- ILs的，表明 NO_3^- 和 Br^- 的毒性均大于 Cl^-，4种ILs的毒性大小顺序为[C_8mpy]Br≥[C_8mpy]Cl>[C_8mim]NO_3>[C_8mim]Cl，说明ILs因具有不同的阴、阳离子，致使其毒性也不同。此外，根据ILs对蛋白核小球藻的 EC_{50} 值可知，在阴阳离子相同的情况下，增加碳链长度，ILs的毒性会随着碳链长度的增加而增大，这是因为ILs的毒性与其亲脂性有关，亲脂性越强，ILs越易与受试生物表面发生相互作用，导致其毒性效应越强。

微藻含有丰富的蛋白质、多糖、维生素、矿物质和色素等，具有多种保健和药理作用，具有潜在的开发前景。蛋白核小球藻和三角褐指藻生活的环境不同，主要是淡水（低渗）和海水（高渗）中渗透压、盐类和碳源的巨大差异。一般来说三角褐指藻的细胞壁具有硅质壳，其所具有的特殊瓣片结构及硅质（主要成分是二氧化硅）属性，对细胞内的物质具有非常好的机械保护作用，因此三角褐指藻细胞在环境中的耐受力极强。由表6-3可以看出不同生物对同一ILs的敏感性不同，三角褐指藻对ILs的耐受能力明显强于蛋白核小球藻，这可能是由于三角褐指藻外面具有一层坚硬的硅壳，能对三角褐指藻细胞起到保护作用，而蛋白核小球藻并不具备这一结构，因此蛋白核小球藻对ILs更加敏感。根据前人对毒性等级的划分，可将ILs的毒性分为：EC_{50} 小于0.1mg/L，极高毒；EC_{50} 0.1～1mg/L，高毒；EC_{50} 1～10mg/L，中毒；EC_{50} 10～100mg/L，低毒；EC_{50} 100～1000mg/L，几乎无毒；EC_{50} 大于1000mg/L，无毒。[C_8mim]NO_3、[C_8mim]Cl、[C_8mpy]Br和[C_8mpy]Cl对三角褐指藻的 EC_{50} 均在10～100mg/L之间，为中毒；而[C_4mim]Cl、[C_8mim]Cl和[C_{12}mim]Cl处理蛋白核小球藻时，以72h-EC_{50} 值来看，[C_4mim]Cl对蛋白核小球藻展现出低毒性，[C_8mim]Cl对蛋

白核小球藻展现出中毒性，[C_{12}mim]Cl 对蛋白核小球藻展现出高毒性。同时，以上数据也证实了碳链长度越长，ILs 毒性越大，其危害性也越高[9]。

表 6-3　ILs 对微藻的 EC_{50} 值

微藻	ILs	EC_{50}/(mg/L)			
		24h	48h	72h	96h
蛋白核小球藻	[C_4mim]Cl	185.30±5.70	46.88±2.42	23.48±3.90	15.02±1.70
	[C_8mim]Cl	24.25±1.40	8.35±0.92	4.72±0.38	3.46±0.22
	[C_{12}mim]Cl	0.18±0.02	0.10±0.01	0.102±0.04	0.113±0.00
三角褐指藻	[C_8mim]NO_3	87.54±3.23	30.21±1.32	23.74±1.65	24.03±1.44
	[C_8mim]Cl	93.23±2.53	40.71±1.86	31.62±1.56	33.64±1.35
	[C_8mpy]Br	37.71±3.10	22.72±1.23	16.64±1.77	14.44±1.21
	[C_8mpy]Cl	42.92±2.25	22.63±1.60	17.11±1.72	16.14±1.23

第三节　ILs 对微藻光合作用的影响

一、 ILs 对微藻叶绿素含量的影响

光合作用是微藻在环境胁迫下维持细胞正常运转的关键生理过程之一，其叶绿素含量与光合作用速率之间存在着密切的关系。光合作用是通过一系列复杂的化学反应将光能转化为化学能的过程，被视为藻细胞生长发育的基础。在正常生长条件下，藻细胞内叶绿素含量较高，光合作用速率也相对较高。其中叶绿素 a 与光合作用速率的关系最密切，因为在藻细胞内叶绿素 a 可将光能吸收、传递和转换，其含量在一定程度上可以反映光合作用的水平。如图 6-3 所示，经过 48h 和 96h 暴露后，6 种 ILs 对两种微藻细胞内叶绿素 a 含量的影响非常显著，且随着 ILs 浓度的增加，微藻叶绿素含量显著下降。在试验浓度范围内，6 种 ILs 对两种微藻的叶绿素均产生较强的抑制作用，各浓度暴露组的藻细胞内叶绿素 a 含量与对照组相比呈显著性差异（$p<0.05$），尤其是高浓度 ILs 组中，与对照组相比，差异极显著（$p<0.00$）。这可能是由于 ILs 能透过微藻细胞壁，结合在磷脂双分子膜表面，破坏细胞膜蛋白结构，从而进入细胞内部阻碍了叶绿素的合成[10]。此外，研究发现，经过 ILs 处理之后，微藻细胞肿胀，叶绿体片层结构断裂，类囊体片层结构松散甚至模糊不清[11,12]。

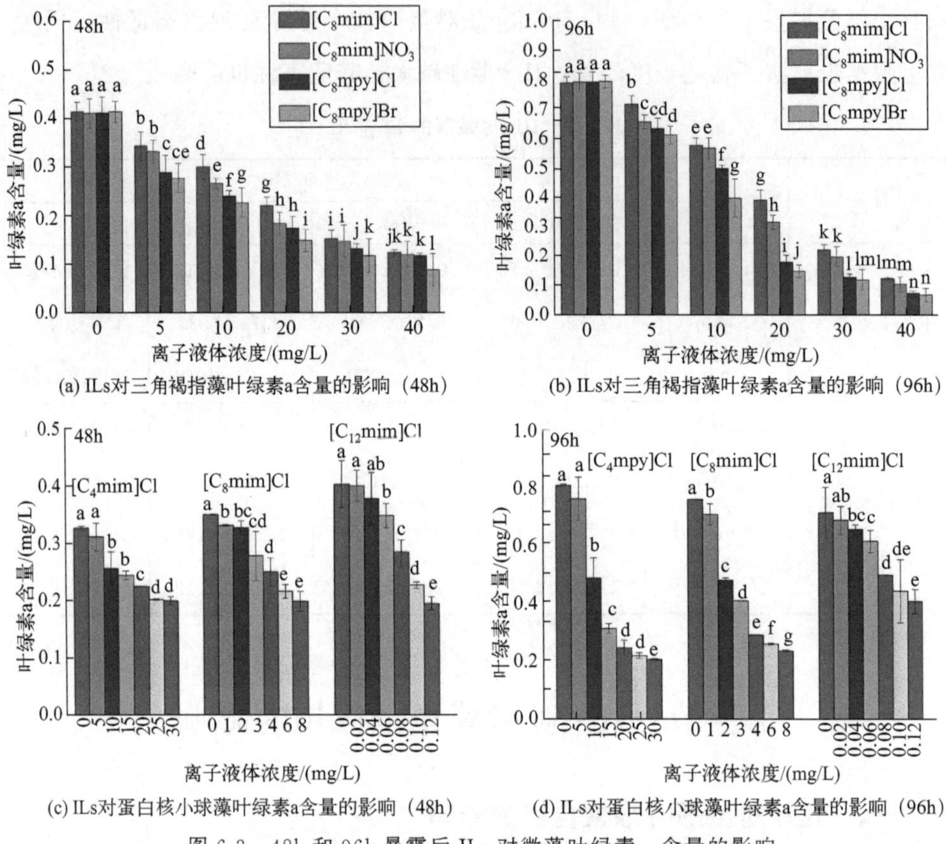

(a) ILs对三角褐指藻叶绿素a含量的影响（48h）

(b) ILs对三角褐指藻叶绿素a含量的影响（96h）

(c) ILs对蛋白核小球藻叶绿素a含量的影响（48h）

(d) ILs对蛋白核小球藻叶绿素a含量的影响（96h）

图 6-3　48h 和 96h 暴露后 ILs 对微藻叶绿素 a 含量的影响

二、ILs对微藻叶绿素荧光的影响

叶绿素荧光分析技术是一种以光合作用理论为基础，利用体内叶绿素作为天然探针，研究和探测植物光合生理状况及各种外界因子对其细微影响的新型植物活体测定和诊断技术，具有快速、灵敏、对细胞无损伤的优点，是研究植物光合作用的良好探针。随着调制荧光技术的出现，叶绿素荧光的应用逐渐从传统的植物生理学领域延伸到植物生态学、农学、林学、水生生物学和环境科学等领域。

F_v/F_m 是 PSⅡ的最大光化学量子产量，又叫作原初光化学的最大产量、PSⅡ光化学反应的潜在产量，它反映的是当所有 PSⅡ反应中心均处于开放态时的量子产量。F_v/F_m 是叶绿素荧光技术中最常用的参数之一，前期研究发现，当微藻的生理状态处于正常情况时，其值稳定，而位于环境胁迫下的微藻，F_v/F_m 变化明显，因此，F_v/F_m 通常用来鉴定 PSⅡ作用中心遭受损伤的情况。Φ_{PSII} 是指 PSⅡ的实际光能转化效率，通常其值增加表明藻类同化力（NADPH、ATP）的形成被促进，

提高了对碳固定和同化的效率；下降则表明PSⅡ的光合结构和功能受到损害[13,14]。正常情况下，F_v/F_m 值稳定在0.65～0.70，说明微藻生长处于良好的生理状态(图6-4)。当微藻暴露于ILs后，F_v/F_m 值随着ILs浓度的增加开始显著下降，说明随着ILs浓度的增加，PSⅡ的原初光化学效率和从天线色素到PSⅡ反应中心的传能效率受到明显的影响，导致细胞生长遭到抑制；此外，PSⅡ反应中心的D1蛋白发生氧化、降解导致光合效率下降，进而抑制色素的合成[15]。

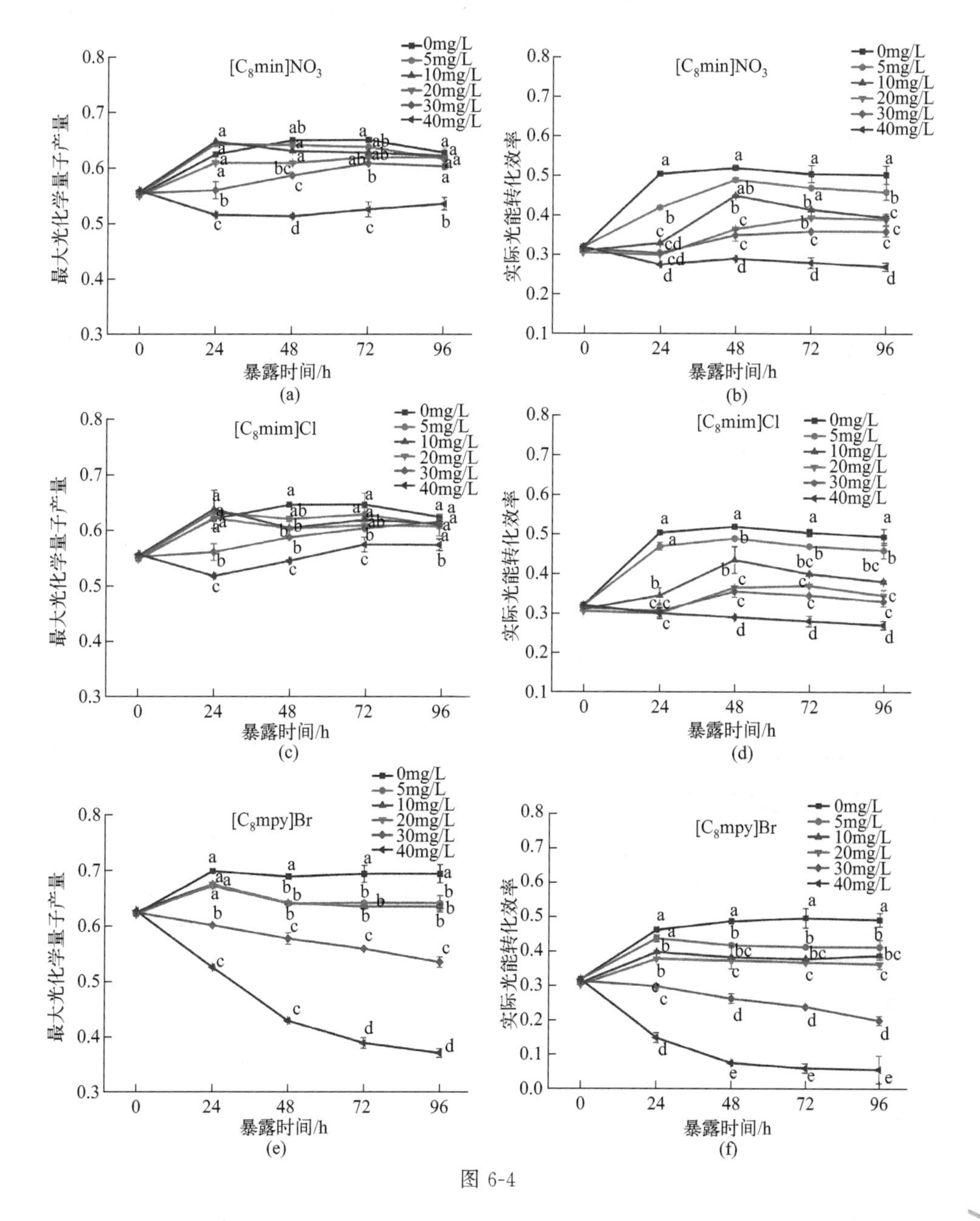

图 6-4

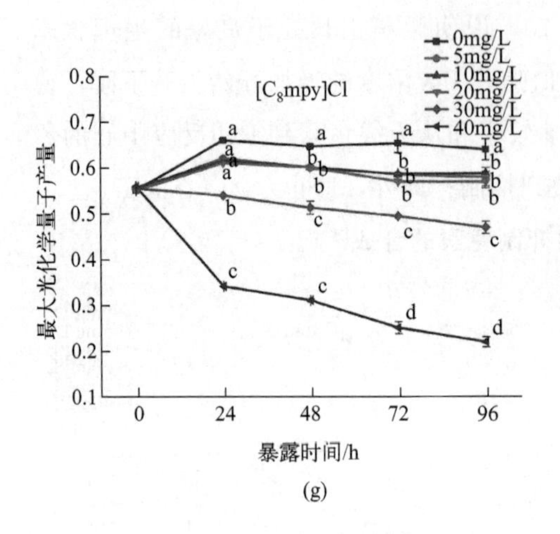
[C8mpy]Cl
0mg/L
5mg/L
10mg/L
20mg/L
30mg/L
40mg/L
最大光化学量子产量
暴露时间/h

(g)

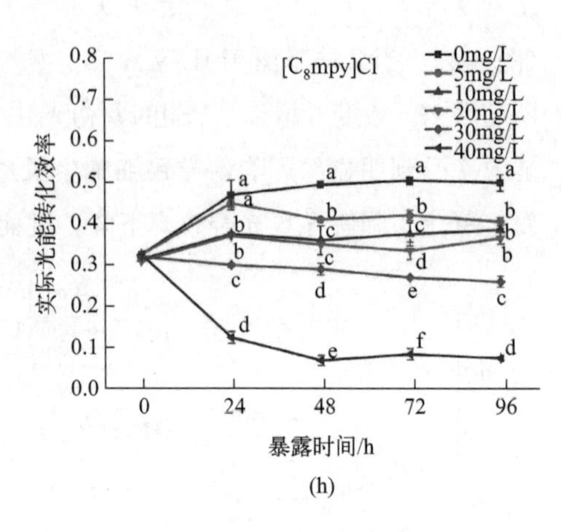
[C8mpy]Cl
0mg/L
5mg/L
10mg/L
20mg/L
30mg/L
40mg/L
实际光能转化效率
暴露时间/h

(h)

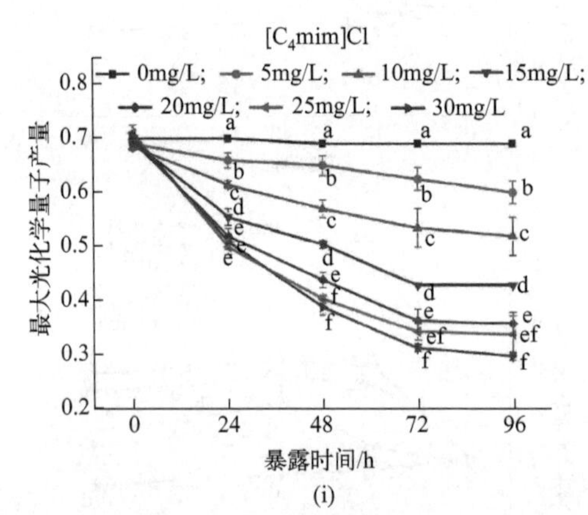
[C4mim]Cl
0mg/L; 5mg/L; 10mg/L; 15mg/L;
20mg/L; 25mg/L; 30mg/L
最大光化学量子产量
暴露时间/h

(i)

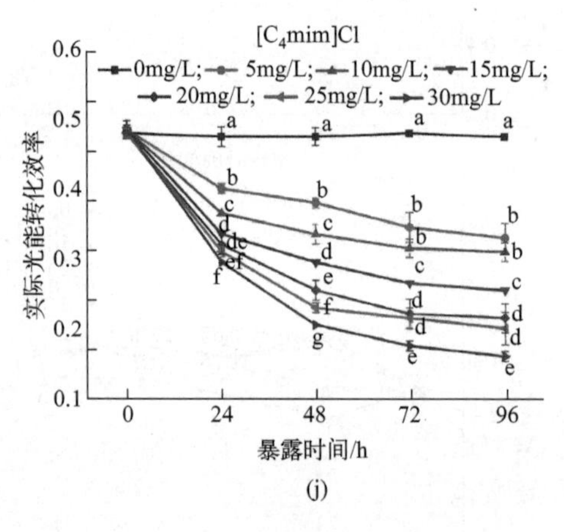
[C4mim]Cl
0mg/L; 5mg/L; 10mg/L; 15mg/L;
20mg/L; 25mg/L; 30mg/L
实际光能转化效率
暴露时间/h

(j)

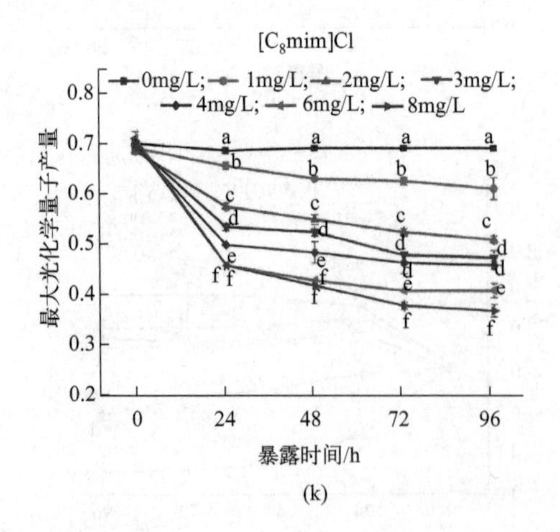
[C8mim]Cl
0mg/L; 1mg/L; 2mg/L; 3mg/L;
4mg/L; 6mg/L; 8mg/L
最大光化学量子产量
暴露时间/h

(k)

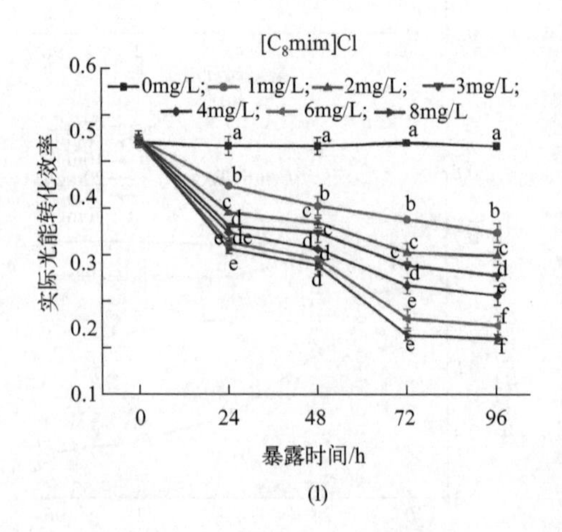
[C8mim]Cl
0mg/L; 1mg/L; 2mg/L; 3mg/L;
4mg/L; 6mg/L; 8mg/L
实际光能转化效率
暴露时间/h

(l)

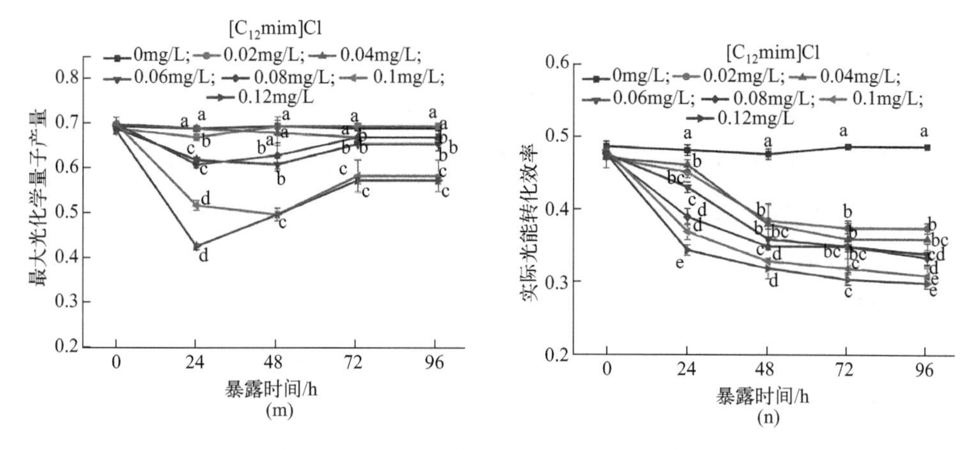

图 6-4　ILs 对微藻叶绿素荧光参数的影响

(a)～(h) ILs 对三角褐指藻叶绿素荧光参数的影响；(i)～(n) ILs 对蛋白核小球藻叶绿素荧光参数的影响

在藻细胞中，Φ_{PSII} 与碳固定效率具有良好的线性关系，通常情况下，NADPH 和 ATP 的消耗速率是决定 PSⅡ运行效率的主要因素。因此，F_v/F_m 和 Φ_{PSII} 的降低表明细胞同化能力（NADPH 和 ATP），例如氧化速率、激发能从藻胆体到 PSⅡ反应中心的转移以及 PSⅡ电子的传输等被抑制[16,17]；此外，ILs 可以抑制细胞色素 bc1 复合物的合成，然后阻断线粒体的电子传输链，这将导致线粒体功能障碍，并最终影响细胞同化能力的形成。因此，ILs 暴露严重影响了微藻的光合作用效率[18]。

第四节　ILs 对微藻氧化应激水平的影响

一、 ILs 对微藻可溶性蛋白含量的影响

可溶性蛋白作为植物代谢可逆和不可逆变化的重要指标，可对多种环境胁迫做出反应，如通过传递信号转导等应激源的信息，产生防御和保护分子，降解一些不利的或不必要的蛋白质以产生其他所必需的蛋白质[19,20]。可溶性蛋白属于非膜结合蛋白，在植物体内可储存能量以抵御极端环境。通常，为了抵抗极端环境造成的影响，细胞可溶性蛋白含量会增加，继而可提高细胞渗透浓度和功能蛋白的数量，这有助于维持细胞正常代谢。微藻暴露于 ILs 后，其可溶性蛋白含量如表 6-4 所示。在不同浓度 ILs 暴露下，可溶性蛋白的含量呈现先上升后下降的趋势，其在蛋白核小球藻细胞中的最大含量出现在 10mg/L [C_4mim]Cl、1mg/L [C_8mim]Cl、0.06mg/L [C_{12}mim]Cl 暴露时，其藻细胞内可溶性蛋白含量分别

是对照组的 1.44 倍、1.76 倍、2.23 倍；而在三角褐指藻细胞中，10mg/L [C_8mim]NO_3、10mg/L [C_8mim]Cl、5mg/L [C_8mpy]Br、5mg/L [C_8mpy]Cl 暴露时，其最大可溶性蛋白含量分别是对照组的 1.15 倍、1.13 倍、1.40 倍、1.25 倍。与对照组相比，微藻可溶性蛋白含量的增加可作为体内解毒机制，其通过产生防御和保护蛋白，如一些抗氧化和生物转化酶，减轻 ILs 对该藻的毒性作用。Kumar 等[21] 研究了杀虫剂硫丹对蓝藻的毒性效应，发现当硫丹浓度＜7.5μg/mL 时，藻细胞内可溶性蛋白的含量随硫丹浓度的增加而增加，说明低浓度农药能促进应激蛋白的合成；当硫丹浓度为 7.5μg/mL 时，藻细胞内可溶性蛋白的含量最高，但当硫丹浓度＞7.5μg/mL 时，随硫丹浓度的增加，藻细胞内可溶性蛋白的含量开始降低，表明其毒性已超出藻细胞的耐受范围，导致可溶性蛋白含量下降。同样，当微藻暴露于高浓度 ILs 时，可溶性蛋白含量的降低可能与 ILs 暴露下藻细胞内活性氧自由基（reactive oxygen species，ROS）水平或蛋白酶活性的升高有关。

表 6-4　ILs 对微藻抗氧化酶及脂质过氧化物含量的影响

微藻	ILs	浓度/(mg/L)	可溶性蛋白/($\mu g/10^6$细胞)	超氧化物歧化酶/(U/mg 蛋白质)	过氧化氢酶/(U/mg 蛋白质)	丙二醛/($nmol/10^6$ 细胞)
蛋白核小球藻	[C_4mim]Cl	0	0.84 ± 0.02^{a}	4.97 ± 0.12^{a}	0.43 ± 0.02^{a}	5.96 ± 0.12^{a}
		5	0.93 ± 0.01^{b}	5.16 ± 0.14^{a}	0.84 ± 0.20^{b}	7.77 ± 0.03^{b}
		10	1.21 ± 0.19^{c}	5.74 ± 0.02^{b}	0.83 ± 0.12^{b}	7.96 ± 0.04^{b}
		15	0.90 ± 0.03^{d}	6.02 ± 0.23^{c}	1.07 ± 0.08^{c}	8.79 ± 0.23^{c}
		20	0.86 ± 0.02^{a}	6.86 ± 0.30^{d}	1.06 ± 0.07^{c}	9.74 ± 0.05^{d}
		25	0.75 ± 0.03^{e}	5.73 ± 0.02^{b}	0.73 ± 0.21^{bd}	11.83 ± 0.50^{e}
		30	0.58 ± 0.02^{f}	1.50 ± 0.60^{e}	0.61 ± 0.03^{d}	13.28 ± 0.23^{f}
	[C_8mim]Cl	0	0.84 ± 0.02^{a}	4.97 ± 0.12^{a}	0.43 ± 0.02^{a}	5.96 ± 0.12^{a}
		1	1.48 ± 0.04^{b}	3.06 ± 1.20^{b}	0.49 ± 0.00^{b}	6.31 ± 0.39^{a}
		2	1.05 ± 0.10^{c}	5.67 ± 1.05^{a}	0.73 ± 0.06^{c}	7.04 ± 0.18^{b}
		3	1.07 ± 0.18^{c}	6.19 ± 0.12^{c}	0.73 ± 0.10^{c}	9.08 ± 0.12^{c}
		4	0.6 ± 0.06^{d}	13.87 ± 0.10^{d}	1.07 ± 0.33^{cd}	9.85 ± 0.35^{d}
		6	0.58 ± 0.12^{d}	30.65 ± 0.23^{e}	1.15 ± 0.04^{d}	11.23 ± 0.31^{e}
		8	0.57 ± 0.04^{d}	0.82 ± 0.38^{f}	0.53 ± 0.03^{e}	12.13 ± 0.23^{f}
	[C_{12}mim]Cl	0	0.63 ± 0.02^{a}	5.30 ± 0.40^{a}	0.53 ± 0.01^{a}	4.01 ± 0.01^{a}
		0.02	0.96 ± 0.12^{b}	7.56 ± 0.95^{b}	0.92 ± 0.30^{b}	4.30 ± 0.33^{a}
		0.04	1.33 ± 0.06^{c}	10.35 ± 1.68^{c}	1.37 ± 0.43^{bde}	5.23 ± 0.25^{b}
		0.06	1.87 ± 0.23^{d}	16.24 ± 2.65^{d}	1.53 ± 0.66^{bde}	7.25 ± 0.13^{c}

续表

微藻	ILs	浓度/(mg/L)	可溶性蛋白/(μg/10^6细胞)	超氧化物歧化酶/(U/mg 蛋白质)	过氧化氢酶/(U/mg 蛋白质)	丙二醛/(nmol/10^6 细胞)
蛋白核小球藻	$[C_{12}mim]Cl$	0.08	1.63±0.33^{d}	19.92±0.58^{e}	1.62±0.03^{c}	8.34±0.36^{d}
		0.1	1.20±0.04^{e}	13.85±3.63^{d}	1.47±0.03^{d}	9.62±0.42^{e}
		0.12	0.73±0.07^{f}	9.82±2.33^{c}	0.93±0.04^{e}	11.22±0.58^{f}
三角褐指藻	$[C_8mim]NO_3$	0	0.46±0.02^{a}	15.13±0.91^{a}	0.32±0.02^{a}	0.57±0.01^{a}
		5	0.50±0.03^{b}	25.36±2.44^{b}	0.42±0.03^{b}	1.66±0.24^{b}
		10	0.53±0.02^{b}	30.62±2.23^{e}	0.45±0.02^{b}	1.81±0.01^{e}
		20	0.43±0.03^{a}	22.35±1.37^{g}	0.34±0.03^{f}	2.22±0.23^{i}
		30	0.37±0.03^{g}	18.97±2.37^{h}	0.22±0.01^{g}	2.58±0.10^{k}
		40	0.24±0.03^{i}	10.38±2.34^{j}	0.11±0.01^{i}	2.67±0.17^{hk}
	$[C_8mim]Cl$	0	0.45±0.02^{a}	16.34±1.12^{a}	0.34±0.02^{a}	0.54±0.01^{a}
		5	0.49±0.03^{b}	22.31±2.23^{b}	0.40±0.03^{b}	1.32±0.20^{c}
		10	0.51±0.0.02^{b}	28.36±3.65^{e}	0.43±0.02^{b}	1.52±0.13^{f}
		20	0.32±0.03^{e}	20.19±2.12^{h}	0.28±0.03^{f}	2.14±2.31^{i}
		30	0.28±0.02^{f}	15.98±1.75^{i}	0.19±0.01^{g}	2.36±0.11^{l}
		40	0.20±0.00^{j}	9.65±1.23^{j}	0.09±0.00^{i}	2.43±0.25^{kl}
	$[C_8mpy]Br$	0	0.46±0.02^{a}	15.93±1.10^{a}	0.34±0.02^{a}	0.57±0.01^{a}
		5	0.64±0.03^{c}	40.23±3.77^{c}	0.72±0.03^{c}	2.39±0.21^{d}
		10	0.58±0.06^{d}	35.22±2.68^{df}	0.57±0.02^{d}	2.85±0.11^{g}
		20	0.25±0.03^{f}	19.23±2.11^{h}	0.22±0.03^{g}	3.03±0.30^{j}
		30	0.13±0.03^{h}	10.04±2.58^{j}	0.07±0.02^{h}	3.24±0.24^{m}
		40	0.10±0.04^{h}	6.25±1.63^{k}	0.06±0.02^{h}	3.59±0.22^{n}
	$[C_8mpy]Cl$	0	0.46±0.02^{a}	16.34±1.12^{a}	0.33±0.02^{a}	0.55±0.01^{a}
		5	0.58±0.03^{d}	36.45±3.13^{d}	0.63±0.03^{d}	2.38±0.23^{e}
		10	0.54±0.06^{b}	33.22±3.17^{f}	0.52±0.02^{e}	2.63±0.12^{hk}
		20	0.27±0.03^{f}	20.35±1.12^{h}	0.25±0.03^{g}	2.74±0.23^{gh}
		30	0.11±0.03^{h}	9.33±2.65^{j}	0.05±0.01^{h}	3.15±0.15^{m}
		40	0.09±0.04^{h}	5.44±2.36^{k}	0.03±0.02^{h}	3.46±0.12^{n}

二、 ILs 对微藻超氧化物歧化酶（SOD）和过氧化氢酶（CAT）活性的影响

藻类抗氧化系统中的超氧化物歧化酶（SOD）是 ROS 清除反应过程中第一个发挥作用的抗氧化酶，能将超氧化物阴离子自由基（O_2^-）快速歧化为过氧化

氢（H_2O_2）和分子氧，随后，H_2O_2 在过氧化氢酶（CAT）、各种过氧化物酶和抗坏血酸/谷胱甘肽循环系统的作用下转变为水和分子氧。抗氧化酶活性的增加可以减少藻细胞内由 ROS 产生的氧化损伤，SOD 和 CAT 作为生物体内主要的保护酶，与植物逆境诱导或者有氧代谢过程产生的 ROS 清除有关。

低浓度 ILs 浓度有利于 SOD 和 CAT 的积累，但随着 ILs 浓度的增加 SOD 和 CAT 的含量显著降低，呈现出先增加后下降的趋势。微藻细胞中抗氧化酶活性的增加可能是由于 ILs 诱导产生了 ROS 的积累，机体中 SOD 和 CAT 的增加用于清除产生的 ROS，使得 ROS 维持在较低的水平，以保证藻细胞内环境稳态。但是随着 ILs 浓度的增加，SOD 和 CAT 活性下降，说明藻细胞内 ROS 过量积累，超出了机体的自我调节范围，导致 SOD 和 CAT 活性下降，从而对细胞造成不可逆的损伤，最终导致细胞凋亡。Fan 等[22] 研究 4 种 ILs（[HMIM]Cl、[HMIM]NO_3、[HMPy]Cl、[HMPy]Br）对斜生栅藻的氧化胁迫时，发现：低浓度 ILs 可以诱导藻细胞合成 SOD 和 CAT，抵御 ILs 的胁迫；而高浓度的 ILs 又会使 SOD 和 CAT 等活性降低。Deng 等[4] 以中肋骨条藻（*Skeletonema costatum*）为实验对象，研究 [C_8mim]Br 对其生长抑制和氧化胁迫时，发现：当 [C_8mim]Br 浓度低于 20mg/L 时，SOD 和 CAT 含量增加，而高于 40mg/L 之后，SOD 和 CAT 含量下降。

三、 ILs 对藻细胞 MDA 含量的影响

在环境胁迫下，生物体内的 ROS 平衡状态被打破，过量积累的 ROS 会引起膜脂过氧化，进而产生丙二醛（MDA）。因此，藻细胞内 MDA 含量的变化可以反映膜脂过氧化损伤水平的高低及细胞内氧自由基含量的多少，常被用作检测细胞内氧化水平的重要指标。随着 ILs 浓度的增加，微藻细胞中 MDA 的含量逐渐增加，且各处理组中藻细胞内 MDA 含量均高于对照组（表 6-4），尤其是高浓度的 ILs 会导致微藻细胞产生大量的 MDA，这可能是由于 ILs 诱导产生了过多的 ROS，这些 ROS 可以攻击生物膜上的多不饱和脂肪酸，引起脂质过氧化，从而破坏藻细胞抗氧化系统平衡，致使产生大量的脂质过氧化物，如 MDA，从而可造成不同程度的氧化损伤[23]。

参考文献

[1] Mohamed N F, Abdul Mutalib M I, Bustam M A B, et al. Ecotoxicity of pyridinium based ionic liquids: a review. Applied Mechanics and Materials, 2014, 625: 152-155.

[2] Kárászová M, Kacirková M, Friess K, et al. Progress in separation of gases by permeation and liquids by pervaporation using ionic liquids: a review. Separation and Purification Technology, 2014, 132: 93-101.

[3] Amde M, Liu J F, Pang L. Environmental application, fate, effects and concerns of ionic liquids: a review. Environmental Science and Technology, 2015, 49: 12611-12627.

[4] Deng X Y, Hu X L, Cheng J, et al. Growth inhibition and oxidative stress induced by 1-octyl-3-methylimidazolium bromide on the marine diatom *Skeletonema costatum*. Ecotoxicology and Environmental Safety, 2016, 132: 170-177.

[5] Cvjetko Bubalo M, Radošević K, Redovniković I R, et al. A brief overview of the potential environmental hazards of ionic liquids. Ecotoxicology and Environmental Safety, 2014, 99: 1-12.

[6] Probert P M, Leitch A C, Dunn M P, et al. Identification of a xenobiotic as a potential environmental trigger in primary biliary cholangitis. Journal of Hepatology, 2018, 69: 1123-1135.

[7] Lu T, Zhang Q, Zhang Z, et al. Pollutant toxicology with respect to microalgae and cyanobacteria. Journal of Environmental Sciences, 2021, 99: 175-186.

[8] Liu H J, Zhang X Q, Chen C D, et al. Effects of imidazolium chloride ionic liquids and their toxicity to *Scenedesmus obliquus*. Ecotoxicology and Environmental Safety, 2015, 122: 83-90.

[9] Silva F A E, Siopa F, Figueiredo B F H T, et al. Sustainable design for environment-friendly mono and dicationic cholinium-based ionic liquids. Ecotoxicology and Environmental Safety, 2014, 108: 302-310.

[10] Deng X Y, Chen B, Li D, et al. Growth and physiological responses of a marine diatom (*Phaeodactylum tricornutum*) against two imidazolium-based ionic liquids ([C_4mim]BF_4 and [C_8mim]BF_4). Aquatic Toxicology, 2017, 189: 115-122.

[11] Liu H J, Xia Y L, Fan H Y, et al. Effect of imidazolium-based ionic liquids with varying carbon chain lengths on *Arabidopsis thaliana*: response of growth and photosynthetic fluorescence parameters. Journal of Hazardous Materials, 2018, 358: 327-336.

[12] Xia Y L, Liu D D, Dong Y, et al. Effect of ionic liquids with different cations and anions on photosystem and cell structure of *Scenedesmus obliquus*. Chemosphere, 2018, 195: 437-447.

[13] Miyake C, Amako K, Shiraishi N, et al. Acclimation of tobacco leaves to high light intensity drives the plastoquinone oxidation system-relationship among the fraction of open PSⅡ centers, non-photochemical quenching of Chl fluorescence and the maximum quantum yield of PSⅡ in the dark. Plant and Cell Physiology, 2009, 50: 730-743.

[14] 李杨，潘珉，何锋，等．不同底质对海菜花叶绿素荧光诱导动力学参数及净光合速率的影响．生态学报，2017，37(8)：2809-2817.

[15] Kottuparambil S, Lee S, Han T. Single and interactive effects of the antifouling booster herbicides diuron and Irgarol 1051 on photosynthesis in the marine cyanobacterium, *Arthrospira maxima*. Toxicology and Environmental Health Sciences, 2013, 5: 71-81.

[16] Baker N R. Chlorophyll fluorescence: a probe of photosynthesis *in vivo*. Annual Review of Plant Biology, 2008, 59: 89-113.

[17] Lu C M, Chau C W, Zhang J H. Acute toxicity of excess mercury on the photosynthetic performance of cyanobacterium, *S. platensis*-assessment by chlorophyll fluorescence analysis. Chemosphere, 2000, 41: 191-196.

[18] Liu X X, Wang Y, Chen H, et al. Acute toxicity and associated mechanisms of four strobilurins in algae. Environmental Toxicology and Pharmacology, 2018, 60: 12-16.

[19] Bajguz A, Piotrowska-Niczyporuk A. Interactive effect of brassinosteroids and cytokinins on growth, chlorophyll, monosaccharide and protein content in the green alga *Chlorella vulgaris* (Trebouxiophyceae). Plant Physiology and Biochemistry, 2014, 80: 176-183.

[20] Kazemi-Shahandashti S S, Maali-Amiri R. Global insights of protein responses to cold stress in plants: signaling, defence, and degradation. Journal of Plant Physiology, 2018, 226: 123-135.

[21] Kumar S, Habib K, Fatma T. Endosulfan induced biochemical changes in nitrogen-fixing cyanobacteria. Science of the Total Environment, 2008, 403: 130-138.

[22] Fan H Y, Liu H J, Dong Y, et al. Growth inhibition and oxidative stress caused by four ionic liquids in *Scenedesmus obliquus*: role of cations and anions. Science of the Total Environment, 2019, 651: 570-579.

[23] Liu D D, Liu H J, Wang S T, et al. The toxicity of ionic liquid 1-decylpyridinium bromide to the algae *Scenedesmus obliquus*: growth inhibition, phototoxicity, and oxidative stress. Science of the Total Environment, 2018, 622-623: 1572-1580.

第七章　不同环境因素下 [C_8mim] Cl 对三角褐指藻的毒性效应与作用机制

如第六章所述，众多学者已将 ILs 与石墨烯、微塑料并列为三大新兴环境污染物，其对微藻的生长、光合作用等具有显著的毒性效应，但该毒性效应是否受到环境因素的影响？影响的机制是怎样的？这都是值得探讨的科学问题。在环境因素中，盐度变化是河口、海岸和海洋环境中最常见的物理现象之一。例如，内陆海可能含有接近饱和的盐水，而其他海，如波罗的海，可能表现出极低的盐度[1]。在潮间带，低潮时的雨水和干燥分别导致低盐度和高盐度[2]。此外，在天然水体中，生物体必须面对昼夜和季节交替的过程，这使得它们可能周期性地处于变化的光照和温度条件下。其中光是影响微藻生长的重要因素，因为光是微藻自养生长和光合活性的重要能量来源[3]，光照强度变化会影响藻类的光合作用和生长，从而改变它们在海洋生态系统中的分布；温度也是影响水生生物生理活动和物种组成的重要环境因素。总之，盐度、光照强度和温度的变化都会影响污染物的毒性效应。但到目前为止，这些环境因素的变化是否会影响 ILs 对水生生物的毒性仍然是未知的。如上所述，暴露于环境污染物的生物体的许多生物反应都受到环境因素变化的影响，同时，环境因素对 ILs 的电导率、黏度、表面张力和其他物理和化学性质也有重大影响[4]，因此，迫切需要研究环境因素变化下 ILs 对水生生物的毒性效应与机制。

本章选择 1-辛基-3-甲基咪唑氯化物（[C_8mim]Cl）为代表性 ILs，主要是因为：①它易于合成并广泛应用于化学工业；②已在环境中检测到 [C_8mim]Cl 的存在[5]；③它对硅藻的生长和生化组成有显著影响[6]。选择三角褐指藻（*Phaeodactylum tricornutum*）为海洋微藻的代表性物种，主要是因为它是硅藻的模式生物，具有完整注释的全基因组信息，同时其遗传操作手段成熟，是研究硅藻内质网稳态的理想研究材料，现已被广泛用于生态毒理学研究。

因此，本章的内容包括：①确定盐度、光照强度和温度等环境因素变化是否会影响［C_8mim］Cl对三角褐指藻的毒性；②评估盐度、光照强度和温度等环境因素变化、［C_8mim］Cl浓度和暴露时间对三角褐指藻生长特性和光合活性的交互影响；③揭示三角褐指藻同时暴露于［C_8mim］Cl和环境因素变化时的潜在响应机制。希望本章能为阐明盐度、光照强度和温度等环境因素变化影响［C_8mim］Cl对微藻毒性效应的机制提供实验数据和理论依据，以利于准确评估其对海洋生态系统的环境风险。此外，为了了解胁迫弹性和胁迫恢复动力学，本章还对去除［C_8mim］Cl后不同温度下三角褐指藻的生长恢复能力进行了评估，这有助于准确了解环境因素变化下［C_8mim］Cl对三角褐指藻的毒性效应与作用机制。

第一节　盐度变化下［C_8mim］Cl对三角褐指藻的毒性效应

一、盐度变化下［C_8mim］Cl对三角褐指藻生长的影响

图7-1显示了在25‰、35‰和45‰三个盐度条件下，三角褐指藻暴露于不同浓度［C_8mim］Cl 96h的生长曲线。在没有［C_8mim］Cl的条件下，三角褐指藻在3种盐度下的生长曲线相似，这表明该硅藻能够适应盐度的变化，因为它是一种广盐性物种[7]。但是，与35‰的盐度相比，三角褐指藻在25‰和45‰盐度下生长时，其最终细胞密度分别略下降了7.03%和6.56%（图7-1），这表明盐度变化会影响该硅藻的生长，且适宜其生长的盐度为35‰。

无论盐度如何变化，［C_8mim］Cl均显著抑制了三角褐指藻的生长（图7-1）。当暴露时间从24h增加到96h时，可观察到抑制率（*IR*）的显著增加（$p<0.05$），例如，在35‰盐度条件下，当三角褐指藻暴露于20mg/L［C_8mim］Cl时，随着暴露时间的增加，*IR*值从10.35%增加到75.49%；此外，在3种盐度下，*IR*随着［C_8mim］Cl浓度从5mg/L增加到20mg/L时增大，但随着浓度进一步增加到40mg/L而趋于平稳。例如，当盐度为35‰，暴露时间为96h时，三角褐指藻暴露于5mg/L、10mg/L、20mg/L、30mg/L和40mg/L［C_8mim］Cl时的*IR*值分别为36.57%、59.54%、75.49%、74.08%和75.02%。这些数据表明，［C_8mim］Cl浓度和暴露时间是决定其对三角褐指藻产生毒性效应的两个重要因素。

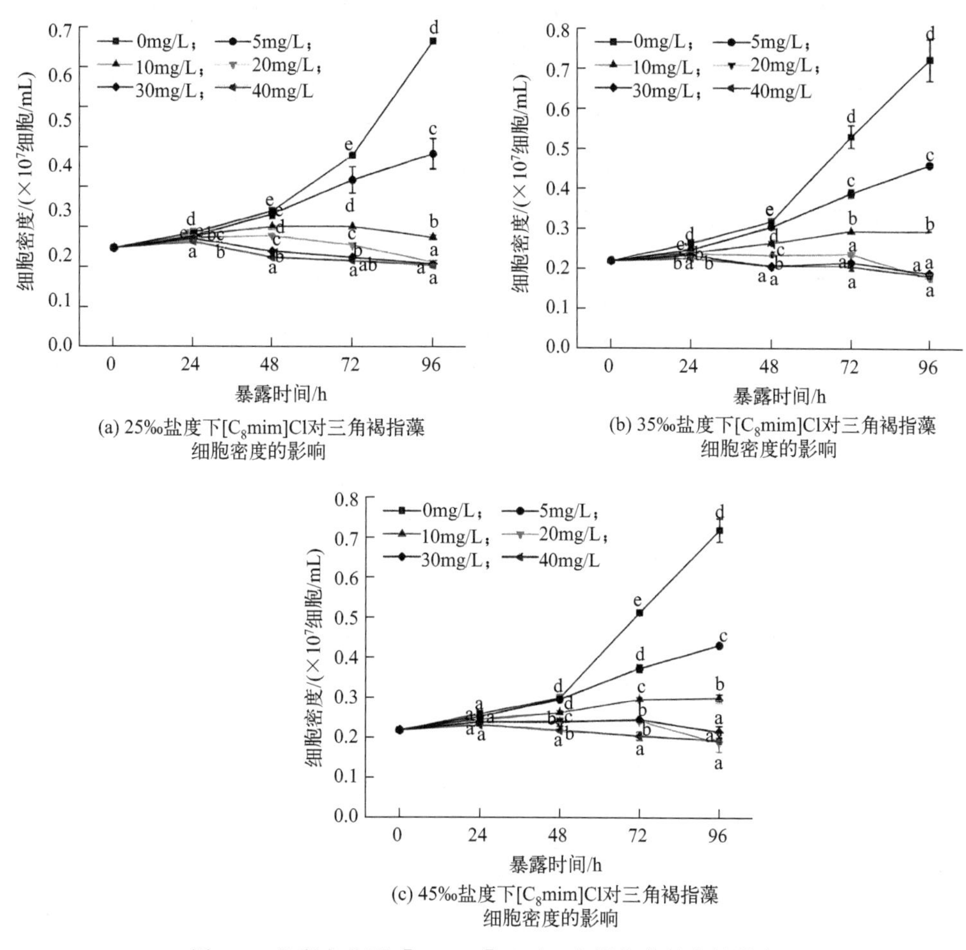

(a) 25‰盐度下[C_8mim]Cl对三角褐指藻细胞密度的影响

(b) 35‰盐度下[C_8mim]Cl对三角褐指藻细胞密度的影响

(c) 45‰盐度下[C_8mim]Cl对三角褐指藻细胞密度的影响

图 7-1　盐度变化下［C_8mim］Cl 对三角褐指藻的毒性效应

此外，使用 GraphPad Prism 中的对数抑制剂与归一化响应变量斜率程序，计算了不同盐度下［C_8mim］Cl 对三角褐指藻的 EC_{50} 值。如表 7-1 所示，EC_{50} 值随着暴露时间从 48h 增加到 96h 逐渐降低，表明［C_8mim］Cl 对该硅藻的生长具有时间依赖性毒性作用。此外，当三角褐指藻暴露于［C_8mim］Cl 48h 和 72h 时，盐度为 35‰时的 EC_{50} 值显著低于盐度为 25‰和 45‰时的 EC_{50} 值（$p<0.05$），这表明盐度变化会影响［C_8mim］Cl 在早期暴露时的毒性，尽管在这 3 种盐度下，暴露 96h 的 EC_{50} 值没有显著差异（$p>0.05$）。此外，根据表 7-2 列出的数据可知，当三角褐指藻在三个不同盐度（25‰、35‰和 45‰）下暴露于不同浓度的［C_8mim］Cl 时，［C_8mim］Cl 和盐度变化对藻类生长具有显著的交互作用。因此，可以得出结论，盐度变化可能会影响［C_8mim］Cl 对初级生产者的毒性，具体影响机制将通过后续的生理生化测定进一步分析。

表 7-1 盐度变化下 [C_8mim]Cl 对三角褐指藻的毒性效应 (EC_{50} 值)

盐度/‰	EC_{50}/(mg/L)		
	48h	72h	96h
25	68.05±4.32	26.41±0.16	7.21±1.15
35	66.27±2.80	16.79±1.11	7.71±0.35
45	119.4±7.64	20.36±1.47	7.25±0.51

表 7-2 盐度变化和 [C_8mim]Cl 对三角褐指藻生长、光合作用和生化成分的交互影响

指标	参数	盐度	[C_8mim]Cl	盐度×[C_8mim]Cl	误差
IR	*df*	2	5	7	15
	F	65.316	149.404	117.448	
	Sig.	<0.001	<0.001	<0.001	
叶绿素 a 含量	*df*	2	5	10	18
	F	205.015	2239.326	63.677	
	Sig.	<0.001	<0.001	<0.001	
F_v/F_m	*df*	2	5	10	18
	F	6.123	2068.060	7.175	
	Sig.	0.009	<0.001	<0.001	
Φ_{PSII}	*df*	2	5	10	18
	F	8.882	929.635	8.412	
	Sig.	0.002	<0.001	<0.001	
可溶性蛋白含量	*df*	2	5	10	18
	F	832.238	6271.301	291.384	
	Sig.	<0.001	<0.001	<0.001	
SOD 活性	*df*	2	5	10	18
	F	210.073	130.742	56.635	
	Sig.	<0.001	<0.001	<0.001	
CAT 活性	*df*	2	5	10	18
	F	35.998	368.052	20.073	
	Sig.	<0.001	<0.001	<0.001	
MDA 含量	*df*	2	5	10	18
	F	0.439	54.473	6.489	
	Sig.	0.652	<0.001	<0.001	

二、盐度变化下［C_8mim］Cl对三角褐指藻光合作用的影响

1. 叶绿素a含量的变化

叶绿素a是三角褐指藻中最重要的光合色素之一，在光合作用的光收集、能量传递和光能转换中起着关键作用，通常被用作研究藻细胞对环境污染物响应的有效参数[8]。图7-2显示了在3种不同盐度（25‰、35‰和45‰）下暴露于不同［C_8mim］Cl浓度下的三角褐指藻叶绿素a含量的变化。在没有［C_8mim］Cl的情况下，三角褐指藻叶绿素a含量在前24h或48h内下降，然后随着暴露时间的增加而增加，表明暴露时间对微藻培养过程中叶绿素a含量有显著影响。此外，当该硅藻在低盐度条件下生长时，叶绿素a含量较低。例如，与96h时45‰盐度下的叶绿素a含量相比，当三角褐指藻暴露于25‰和35‰盐度下时，

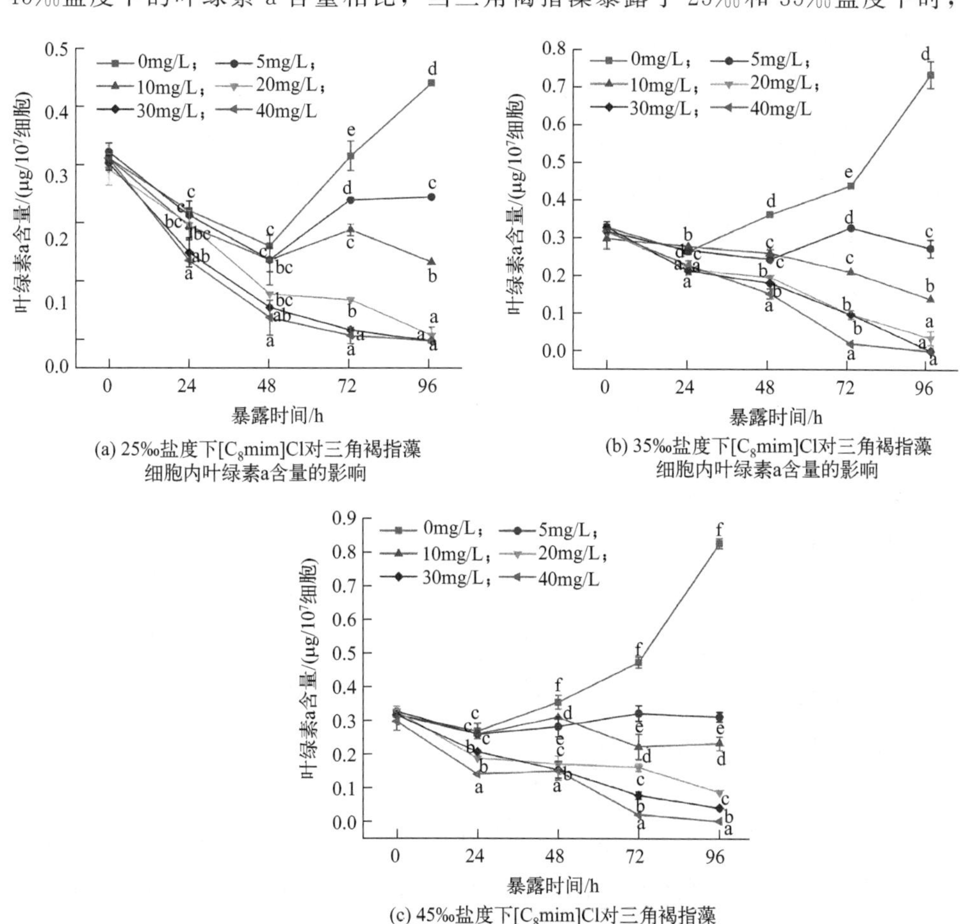

(a) 25‰盐度下[C_8mim]Cl对三角褐指藻细胞内叶绿素a含量的影响

(b) 35‰盐度下[C_8mim]Cl对三角褐指藻细胞内叶绿素a含量的影响

(c) 45‰盐度下[C_8mim]Cl对三角褐指藻细胞内叶绿素a含量的影响

图7-2　盐度变化下［C_8mim］Cl对三角褐指藻细胞内叶绿素a含量的影响

叶绿素 a 含量分别下降了 46.32%和 10.62%（图 7-2）。此外，图 7-1 和图 7-2 表明，最大细胞密度和最高叶绿素 a 含量分别出现在 35‰和 45‰的盐度下。据报道，与高盐度相比，低盐度对藻细胞色素含量的影响更为显著，这可能是由于细胞渗透压降低和细胞内光合色素丢失所致的[9]。

无论盐度如何变化，随着 [C_8mim]Cl 浓度的增加，三角褐指藻叶绿素 a 含量显著降低（图 7-2）。例如，当三角褐指藻在 35‰盐度下暴露于 5mg/L、10mg/L、20mg/L、30mg/L 和 40mg/L [C_8mim]Cl 96h 时，叶绿素 a 含量分别为 0.27μg/10^7 细胞、0.14μg/10^7 细胞、0.03μg/10^7 细胞、0μg/10^7 细胞和 0μg/10^7 细胞，与未暴露组相比，分别降低了 63.11%、81.27%、95.33%、100%和 100%。此外，在 45‰盐度下，三角褐指藻暴露于不同浓度的 [C_8mim]Cl 96h 后，叶绿素 a 含量显著高于 25‰和 35‰盐度下的叶绿素 a 含量。这些结果表明，盐度变化和 [C_8mim]Cl 可能对三角褐指藻叶绿素 a 含量产生交互作用，利用 SPSS 软件中的双向 ANOVA 分析获得的数据进一步验证了这一点（表 7-2）。因此，当三角褐指藻在三个不同盐度（25‰、35‰和 45‰）下暴露于不同浓度的 [C_8mim]Cl 时，[C_8mim]Cl 和盐度变化对叶绿素 a 含量有交互影响。

2. 光合活性的变化

由于 PSⅡ对广泛的环境胁迫很敏感，因此叶绿素荧光可以提供关于特定胁迫对藻细胞影响的丰富信息。在叶绿素荧光参数中，F_v/F_m 和 $\Phi_{PSⅡ}$ 分别代表 PSⅡ的最大光化学效率和氧化（开放）反应中心的比例，常被用作评估微藻光合活性的指标[8]。本小节测量了在 3 种不同盐度（25‰、35‰和 45‰）下，三角褐指藻暴露于不同浓度的 [C_8mim]Cl 时的 F_v/F_m 和 $\Phi_{PSⅡ}$ 值。如图 7-3 所示，在 3 种盐度下，三角褐指藻在不含 [C_8mim]Cl 的培养基里生长时，F_v/F_m 曲线相似。在 96h 内，F_v/F_m 值在 72h 内从 0.54 增加到 0.65 左右，72h 后保持在 0.65 左右，说明盐度变化对三角褐指藻的初级光合作用效率没有影响。这种现象可能是因为三角褐指藻是一种广盐性藻类，可以在 5‰～70‰的盐度范围内生长。然而，$\Phi_{PSⅡ}$ 随盐度变化而变化。例如，当三角褐指藻分别在 25‰和 45‰的盐度下生长 24h 时，与 35‰盐度相比，$\Phi_{PSⅡ}$ 下降了 5.13%和 17.95%（图 7-3）。研究表明，盐度变化会影响氧化（开放）反应中心 PSⅡ的比例，因为盐度变化可能引起类囊体膜上多肽成分的降解，以及与 PSⅡ结合的外周蛋白的分解[10]。以上结果表明，$\Phi_{PSⅡ}$ 比 F_v/F_m 更敏感，可用于评估盐度胁迫下三角褐指藻的光合活性。

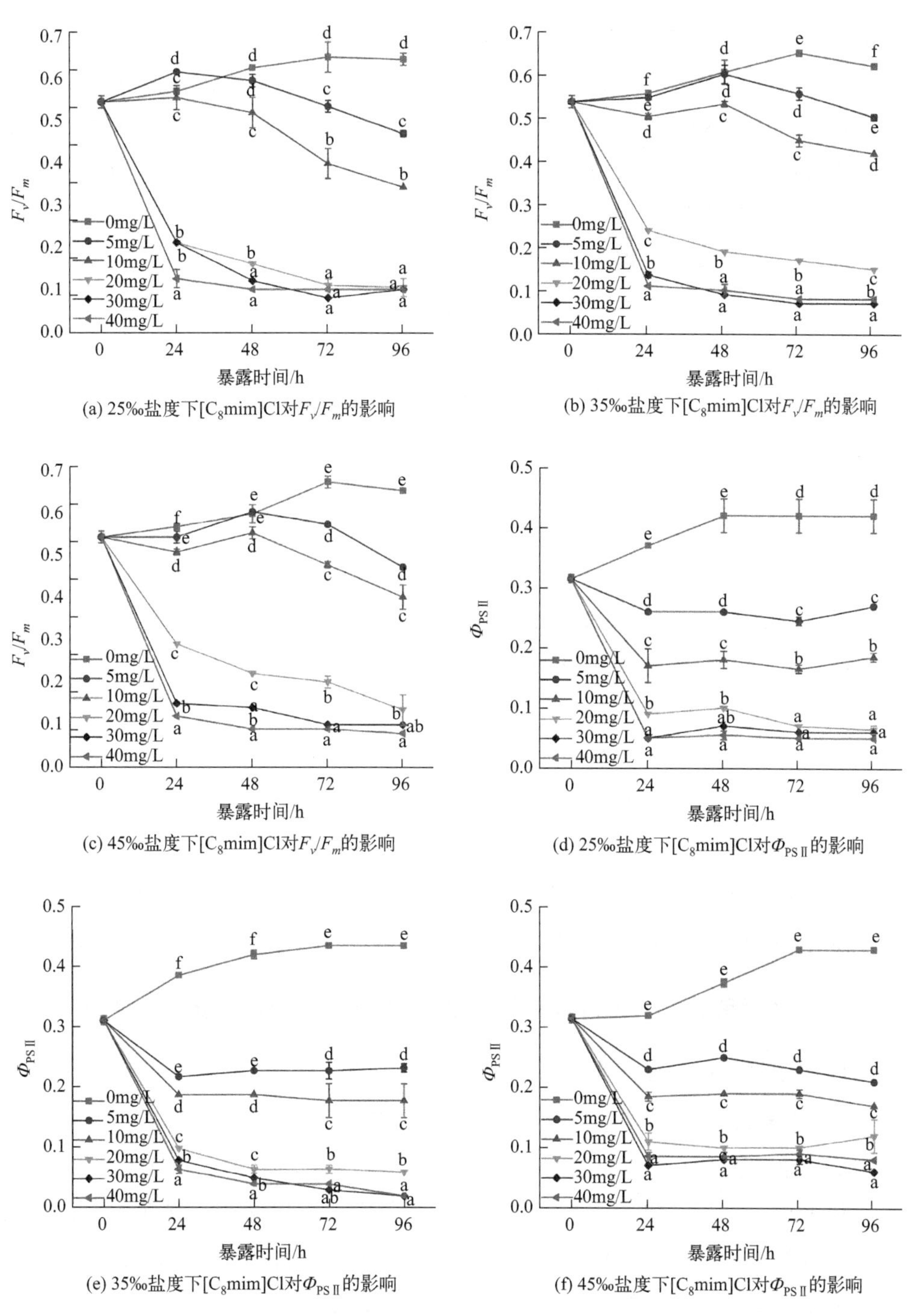

(a) 25‰盐度下[C_8mim]Cl对F_v/F_m的影响

(b) 35‰盐度下[C_8mim]Cl对F_v/F_m的影响

(c) 45‰盐度下[C_8mim]Cl对F_v/F_m的影响

(d) 25‰盐度下[C_8mim]Cl对$\Phi_{PS\,II}$的影响

(e) 35‰盐度下[C_8mim]Cl对$\Phi_{PS\,II}$的影响

(f) 45‰盐度下[C_8mim]Cl对$\Phi_{PS\,II}$的影响

图 7-3　盐度变化下［C_8mim]Cl 对三角褐指藻光合作用（F_v/F_m 和 $\Phi_{PS\,II}$）的影响

在 [C_8mim]Cl 暴露的条件下，F_v/F_m 和 Φ_{PSII} 值始终下降，而与盐度变化无关（图 7-3）。例如，当三角褐指藻暴露于 20mg/L、30mg/L 和 40mg/L [C_8mim]Cl 时，在暴露的前 24h F_v/F_m 值急剧下降，然后在剩余时间逐渐下降。同样，在暴露的前 24h 内观察到 Φ_{PSII} 值也急剧下降，然后随着暴露时间从 24h 增加到 96h，Φ_{PSII} 值逐渐下降或趋于稳定（图 7-3）。例如，当三角褐指藻在 35‰的盐度下暴露于 5mg/L、10mg/L、20mg/L、30mg/L 和 40mg/L [C_8mim]Cl 时，Φ_{PSII} 值在暴露 24h 时仅为对照组的 56.41%、48.72%、25.64%、20.51% 和 16.67%。因此，无论盐度如何变化，当三角褐指藻暴露于 [C_8mim]Cl 时，均可观察到 Φ_{PSII} 值的显著降低。

此外，进一步使用 SPSS 软件中的双向 ANOVA 方法分析了 [C_8mim]Cl 和盐度变化对三角褐指藻 F_v/F_m 和 Φ_{PSII} 的交互影响，结果如表 7-2 所示。当 F_v/F_m 和 Φ_{PSII} 作为描述藻类光合活性的两个参数时，[C_8mim]Cl 和盐度变化对藻类光合作用有显著的交互作用。此外，当 [C_8mim]Cl 浓度小于 30mg/L 时，盐度为 25‰时，F_v/F_m 值低于盐度为 35‰和 45‰时的值，这表明较低的盐度加剧了 [C_8mim]Cl 对该硅藻光合作用的毒性。然而，当三角褐指藻暴露于高浓度的 [C_8mim]Cl 时，在 3 种盐度的试验中，F_v/F_m 值没有显示出显著差异（≥30mg/L），表明 [C_8mim]Cl 浓度对该硅藻光合作用毒性的影响相对于盐度变化而言是主要的。对于 Φ_{PSII}，当 [C_8mim]Cl 浓度高于 5mg/L 时，其值在盐度为 35‰时低于盐度为 25‰和 45‰时的值。研究表明，盐度变化可以缓解 [C_8mim]Cl 对氧化（开放）反应中心比例 PSⅡ的影响，因为盐度变化会导致渗透胁迫的变化，它可以通过影响 PSⅡ的修复速率来调节光化学过程[11]。因此，盐度变化对 [C_8mim]Cl 对该硅藻光合作用的毒性有影响。

三、盐度变化下 [C_8mim] Cl 对三角褐指藻氧化应激水平的影响

1. 可溶性蛋白含量的变化

作为藻细胞的主要成分，当细胞暴露于各种应激源时，可溶性蛋白通常被用作表征代谢可逆和不可逆变化的指标[12]。在本小节中，在三个不同盐度（25‰、35‰和 45‰）下，测定了三角褐指藻在不同 [C_8mim]Cl 浓度下暴露 96h 后的可溶性蛋白含量，如表 7-3 所示。在未添加 [C_8mim]Cl 的情况下，随着盐度从 25‰增加到 45‰，三角褐指藻的可溶性蛋白含量显著降低。具体而言，当该硅藻在盐度为 35‰和 45‰的条件下生长时，相对于 25‰的盐度，可溶性蛋白含量分别减少了 7.96%和 7.35%。此前，有报道称，微藻在不同的胁迫条件下生长

时，会产生更多的功能蛋白，以保护细胞免受周围不利条件的影响[13-15]。因此，当三角褐指藻暴露于不同盐度条件下时，可溶性蛋白含量会随着盐度的变化而发生变化。

表 7-3 三个盐度下暴露于 [C_8mim]Cl 的三角褐指藻的可溶性蛋白和 MDA 含量以及 SOD 和 CAT 活性的变化

盐度 /‰	[C_8mim]Cl 浓度 /(mg/L)	可溶性蛋白含量 /(μg/10^7 细胞)	SOD 活性 /(U/mg 蛋白质)	CAT 活性 /(U/mg 蛋白质)	MDA 含量 /(nmol/10^7 细胞)
25	0	13.07±0.08^d	1.45±0.00^c	0.73±0.00^e	1.67±0.68^a
	5	19.11±0.02^e	1.35±0.00^c	0.99±0.00^f	2.97±0.00^a
	10	19.64±0.13^f	0.73±0.02^b	0.60±0.00^d	15.08±0.93^c
	20	11.67±0.19^c	0.60±0.14^b	0.59±0.00^c	14.17±1.54^c
	30	7.43±0.06^b	0.24±0.00^a	0.38±0.00^b	9.05±0.00^b
	40	3.61±0.06^a	0.24±0.00^a	0.32±0.00^a	9.39±0.00^a
35	0	12.03±0.02^c	1.20±0.00^b	0.65±0.00^c	1.03±0.00^d
	5	12.07±0.03^c	2.51±0.00^e	0.66±0.00^c	1.82±0.00^e
	10	14.07±0.17^d	2.67±0.00^f	0.72±0.00^d	6.71±1.9^f
	20	12.25±0.03^c	1.86±0.00^d	0.44±0.00^b	12.19±0.00^c
	30	7.01±0.19^b	1.56±0.00^c	0.28±0.00^a	13.08±0.00^b
	40	3.61±0.06^a	1.03±0.00^a	0.27±0.00^a	14.08±0.00^a
45	0	12.11±0.02^c	3.69±0.15^d	0.84±0.00^d	0.76±0.12^a
	5	11.82±0.01^c	2.48±0.40^c	0.92±0.00^d	1.23±0.00^a
	10	17.10±0.51^d	1.31±0.07^b	0.66±0.13^c	5.13±0.00^b
	20	11.51±0.03^c	1.20±0.00^b	0.46±0.00^b	10.90±0.00^c
	30	6.42±012^b	0.88±0.00^{ab}	0.31±0.00^a	13.31±0.00^d
	40	3.70±0.03^a	0.49±0.37^a	0.27±0.00^a	15.23±1.44^e

在 [C_8mim]Cl 暴露下，无论盐度如何变化，随着 [C_8mim]Cl 浓度的增加，该硅藻的可溶性蛋白含量先升高后降低（表 7-3）。当该硅藻在 25‰、35‰和45‰的盐度下暴露于 10mg/L [C_8mim]Cl 时，其可溶性蛋白含量达到最大值（分别为 19.64μg/10^7 细胞、14.07μg/10^7 细胞和 17.10μg/10^7 细胞）。此外，测定了 [C_8mim]Cl 和盐度变化对三角褐指藻可溶性蛋白含量的交互作用（表 7-2），数据显示，当该硅藻在三个不同盐度下暴露于不同 [C_8mim]Cl 浓度时，[C_8mim]Cl 与盐度变化对于可溶性蛋白含量有显著的交互作用（25‰、35‰和45‰）。正如前所述，盐度增加会导致该硅藻可溶性蛋白含量减少，而随着

$[C_8mim]Cl$ 浓度的增加，可溶性蛋白含量会先增加后减少。由上述数据可知，三角褐指藻中可溶性蛋白含量同时受 $[C_8mim]Cl$ 浓度和盐度变化的影响。

2. 丙二醛含量的变化

MDA 含量被广泛认为是氧化损伤的指标，因为它是 ROS 产生引起膜脂质过氧化的产物[16]。表 7-3 显示了在三个不同盐度（25‰、35‰和 45‰）下，将三角褐指藻暴露在不同 $[C_8mim]Cl$ 浓度下 96h 后 MDA 含量的变化。可以看出，当 $[C_8mim]Cl$ 浓度为 0mg/L 时，随着盐度从 25‰增加到 45‰，三角褐指藻中的 MDA 含量显著下降，与可溶性蛋白含量的变化呈同步趋势。具体而言，与 25‰盐度相比较，在 35‰和 45‰盐度下三角褐指藻中 MDA 含量分别下降了 38.32%和 54.49%。这些数据表明，当三角褐指藻在 25‰的盐度下生长时，其受到的氧化损伤程度最高。

如表 7-3 所示，在 25‰盐度下，该硅藻中的 MDA 含量先升高，然后随着 $[C_8mim]Cl$ 浓度从 15mg/L 增加到 40mg/L 而降低，当 $[C_8mim]Cl$ 浓度为 10mg/L 时，MDA 含量达到最高值（15.08nmol/10^7 细胞）。表 7-2 分析了 $[C_8mim]Cl$ 与盐度变化之间的交互作用，尽管没有观察到盐度变化对三角褐指藻中 MDA 含量的影响，但 $[C_8mim]Cl$ 对其含量产生了显著影响，当该硅藻在三个不同盐度（25‰、35‰和 45‰）下暴露于不同浓度的 $[C_8mim]Cl$ 时，$[C_8mim]Cl$ 和盐度变化对 MDA 含量有显著的交互作用。根据这些数据，可以得出的结论是，盐度变化会影响环境污染物对生物体的毒性，这应该在未来的研究中加以考虑。

3. 抗氧化酶活性的变化

抗氧化酶，如超氧化物歧化酶（SOD）和过氧化氢酶（CAT），被认为是消除藻细胞中过量活性氧的最基本防御系统[17]。表 7-3 显示了在三个不同盐度（25‰、35‰和 45‰）下，暴露于不同 $[C_8mim]Cl$ 浓度 96h 后，三角褐指藻细胞内 SOD 和 CAT 活性的变化。在没有 $[C_8mim]Cl$ 的情况下，该硅藻的 SOD（3.69U/mg 蛋白质）和 CAT（0.84U/mg 蛋白质）活性在 45‰盐度下达到最高值；盐度为 25‰时分别为 1.45U/mg 蛋白质和 0.73U/mg 蛋白质，盐度为 35‰时为 1.20U/mg 蛋白质和 0.65U/mg 蛋白质。结果表明，盐度变化会影响三角褐指藻细胞内 SOD 和 CAT 的活性。随着 $[C_8mim]Cl$ 浓度的增加，三角褐指藻的 SOD 和 CAT 活性在 35‰盐度下先升高后下降，但在 25‰和 45‰盐度下持续下降（表 7-3）。此外，表 7-2 列出的数据表明，当三角褐指藻在三个不同的盐度

（25‰、35‰和 45‰）下暴露于不同浓度的［C_8mim］Cl 时，［C_8mim］Cl 和盐度变化可能会对抗氧化酶的活性产生显著的交互作用。

第二节　光强变化下［C_8mim］Cl 对三角褐指藻的毒性效应

一、光强变化下［C_8mim］Cl 对三角褐指藻生长的影响

图 7-4 显示了在 50μmol/(m^2·s)、100μmol/(m^2·s) 和 150μmol/(m^2·s) 三个光强下暴露于不同浓度的［C_8mim］Cl 96h 后三角褐指藻的生长曲线。在没有［C_8mim］Cl 的情况下，三角褐指藻在三个光强下的生长曲线相似，表明该硅藻能够适应光强的变化。但与 100μmol/(m^2·s) 的光强相比，该硅藻在 50μmol/(m^2·s) 和 150μmol/(m^2·s) 光强下生长时，其最终细胞密度分别降

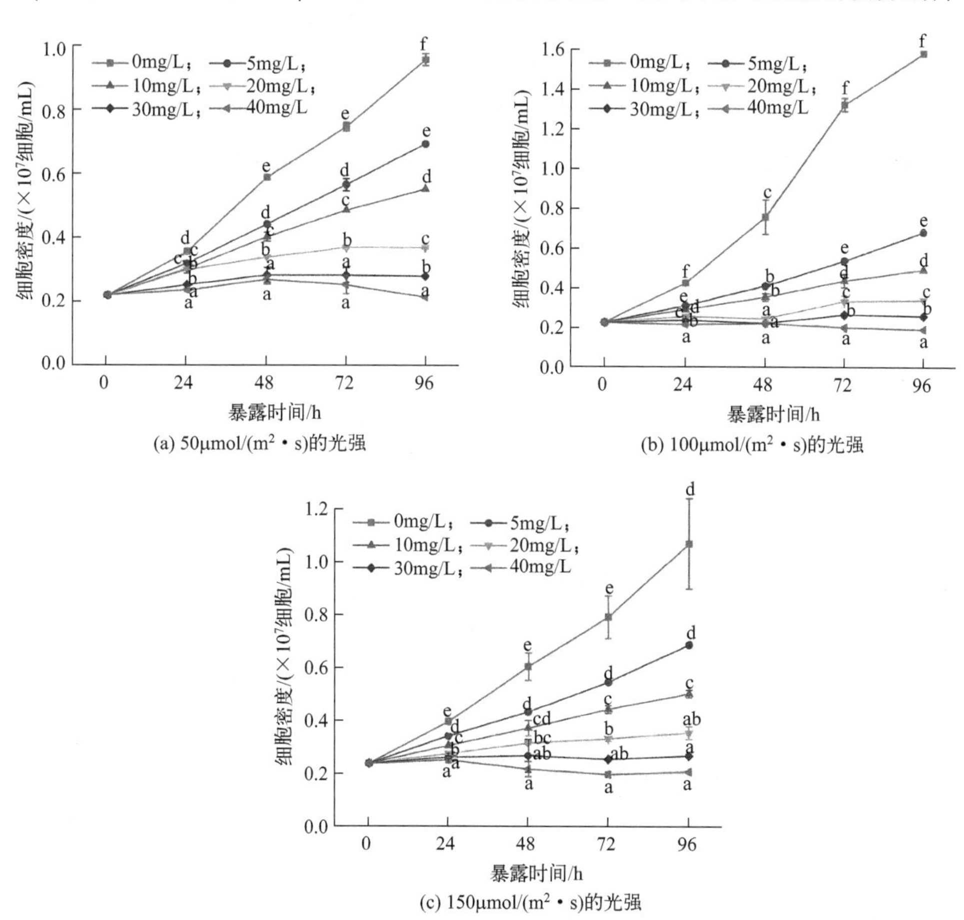

(a) 50μmol/(m^2·s)的光强

(b) 100μmol/(m^2·s)的光强

(c) 150μmol/(m^2·s)的光强

图 7-4　光强变化下［C_8mim］Cl 对三角褐指藻的毒性效应

低了38.87%和32.46%，表明光强变化会影响该硅藻的生长。主成分分析（PCA）表明，细胞密度与PC1呈显著正相关，样品点100-0mg/L[C_8mim]Cl在PC1上的值显著大于样品点50-0mg/L[C_8mim]Cl和150-0mg/L[C_8mim]Cl，表明光照强度增加和降低均会影响藻细胞密度的变化（图7-5）。这一结果可能与过度暴露于光下导致光氧化损伤或光抑制密切相关，从而可导致微藻生长减少[18,19]。

无论光照强度变化如何，[C_8mim]Cl均显著抑制了三角褐指藻的生长（图7-4）。在三个光照强度下，*IR*随着[C_8mim]Cl浓度的增加而增加。例如，当三角褐指藻在100μmol/(m^2·s)下暴露于5mg/L、10mg/L、20mg/L、30mg/L和40mg/L[C_8mim]Cl 96h时，*IR*分别为57.23%、69.19%、79.01%、84.14%和88.41%。PCA分析表明，含有高浓度[C_8mim]Cl的样品点（例如100-40mg/L[C_8mim]Cl）与细胞密度呈显著负相关（图7-5）。此外，当暴露时间从24h增加到96h时，观察到*IR*值显著增加（$p<0.05$）。例如，在50μmol/(m^2·s)下，当三角褐指藻暴露于20mg/L[C_8mim]Cl时，随着暴露时间的增加，*IR*值从16.15%增加到61.83%。这些数据也说明[C_8mim]Cl的暴露浓度和暴露时间是决定其对该硅藻毒性效应的两个重要因素。

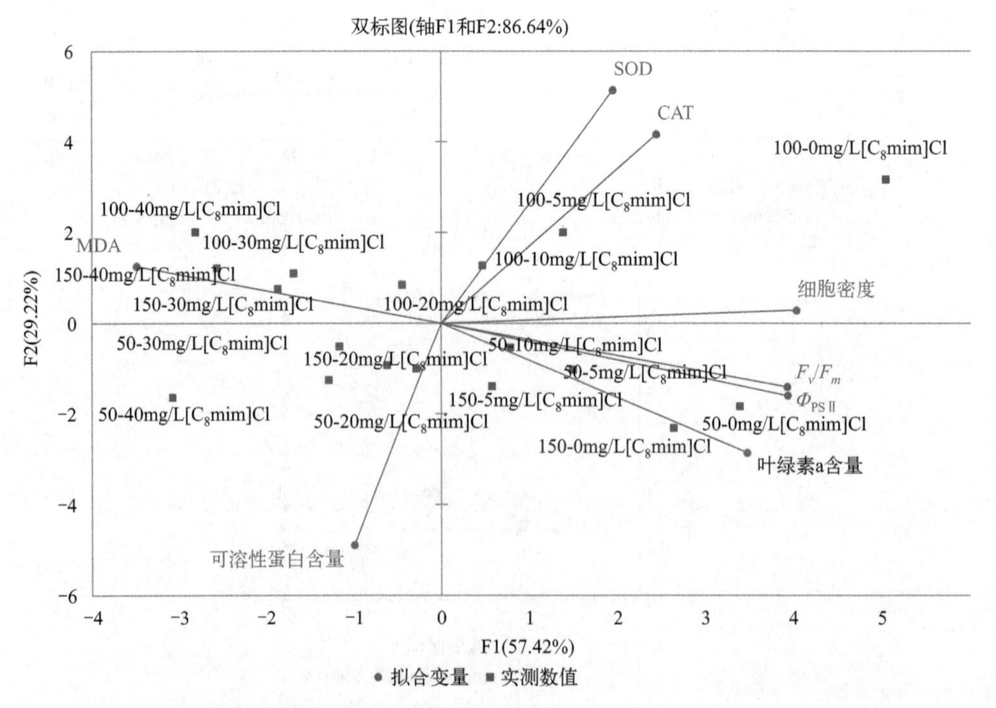

图7-5 不同光强和[C_8mim]Cl组合下三角褐指藻生理生化指标的PCA分析

到目前为止，关于光强变化是否影响 ILs 对初级生产者的毒性尚未得到彻底讨论。本小节计算了不同光强下［C_8mim］Cl 对三角褐指藻的 EC_{50} 值。如表 7-4 所示，在 50μmol/(m^2·s）和 150μmol/(m^2·s）光强下，随着暴露时间从 48h 增加到 96h，EC_{50} 值逐渐降低，表明在这两种光照强度下［C_8mim］Cl 对该硅藻的生长具有时间依赖性毒性作用。但是，在 100μmol/(m^2·s）光强下，72h 的 EC_{50} 值低于 96h 的 EC_{50} 值，表明在 100μmol/(m^2·s）光强下该硅藻的生长在 96h 表现出一定的恢复。此外，当三角褐指藻暴露于［C_8mim］Cl 48h、72h 和 96h 时，光照强度为 100μmol/(m^2·s）时的 EC_{50} 值显著低于 50μmol/(m^2·s）和 150μmol/(m^2·s）时的 EC_{50} 值。例如，当光照强度为 50μmol/(m^2·s）时，48h、72h 和 96h 的 EC_{50} 值分别为 100μmol/(m^2·s）时的 4.39 倍、6.61 倍和 2.63 倍。因此，根据以上结果可以得出结论，光照强度变化可能会影响 ILs 对初级生产者的毒性效应。

表 7-4　光强变化下［C_8mim］Cl 对三角褐指藻的毒性效应（EC_{50} 值）

参数	光强 /[μmol/(m^2·s)]	EC_{50}/(mg/L)		
		48h	72h	96h
IR	50	28.97±0.37[c]	18.30±0.55[c]	9.44±0.15[b]
	100	6.60±0.15[a]	2.77±0.39[a]	3.59±0.14[a]
	150	20.03±3.44[b]	12.53±0.47[b]	8.99±0.34[b]
叶绿素 a 含量	50	55.57±7.93[a]	41.21±3.30[c]	14.97±3.41[ab]
	100	43.01±9.33[a]	26.88±2.43[b]	16.90±1.56[b]
	150	43.24±0.22[a]	7.68±1.56[a]	9.56±0.82[a]
F_v/F_m	50	44.23±15.01[a]	41.65±0.64[b]	27.45±4.15[b]
	100	35.71±4.23[a]	22.72±0.16[a]	14.94±1.80[a]
	150	36.28±0.45[a]	40.22±8.47[b]	23.22±1.57[ab]
Φ_{PSII}	50	10.75±1.28[b]	9.95±0.49[b]	10.68±0.06[b]
	100	5.25±0.54[a]	3.38±0.92[a]	6.24±1.30[a]
	150	5.97±0.55[a]	5.06±0.88[a]	8.23±0.30[ab]

二、光强变化下［C_8mim］Cl 对三角褐指藻光合作用的影响

1. 叶绿素 a 含量的变化

叶绿素 a 是微藻细胞中的一种重要光合色素，其变化能够用于反映微藻生理学和生物化学的相关变化[20]。图 7-6 显示了在三个不同光照强度下暴露于不同

$[C_8mim]Cl$浓度下的三角褐指藻叶绿素 a 含量的变化。在没有 $[C_8mim]Cl$的情况下，该硅藻在低光强下叶绿素 a 含量较高。例如，在 96h 时，与 50μmol/(m^2·s) 光强下相比，在 100μmol/(m^2·s) 和 150μmol/(m^2·s) 的光强下叶绿素 a 含量分别下降了 39.57%和 19.51%（图 7-6)。PCA 分析表明，叶绿素 a 含量与 PC1 呈显著正相关，样品点 50-0mg/L$[C_8mim]Cl$在 PC1 上的值显著大于样品点 100-0mg/L$[C_8mim]Cl$（图 7-5)，表明光照强度增加降低了三角褐指藻的叶绿素 a 含量。

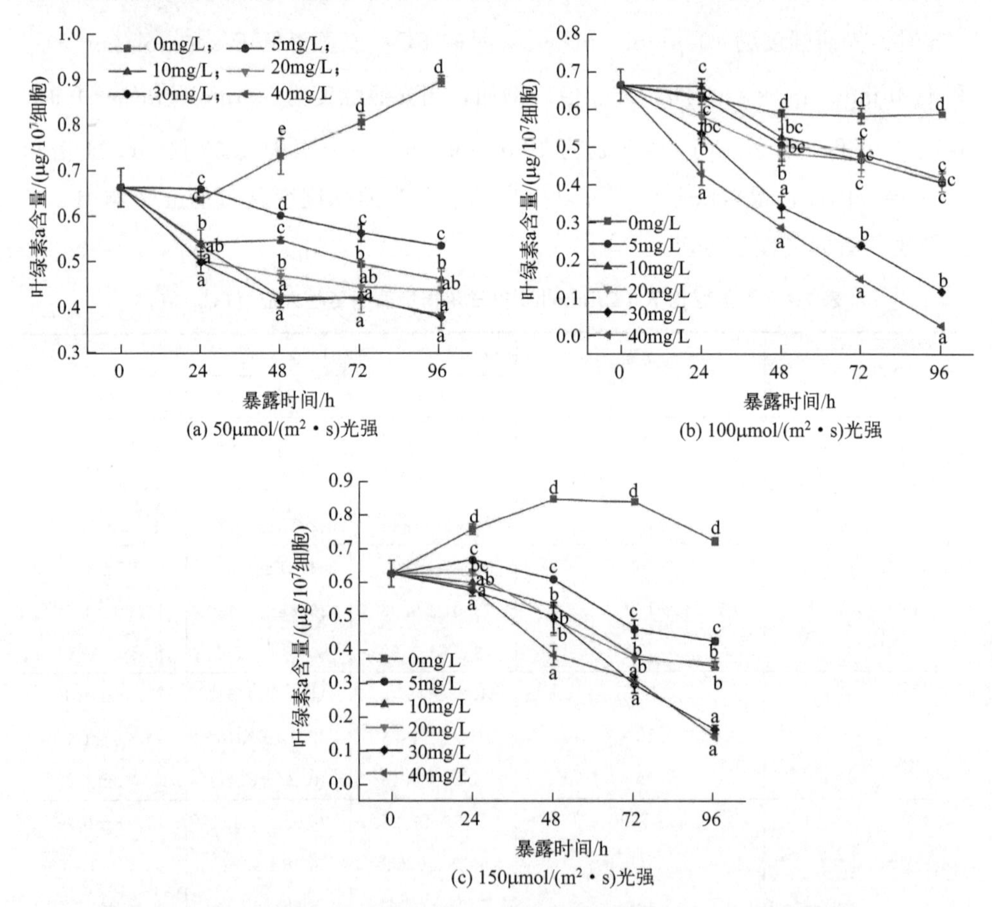

图 7-6　光强变化下 $[C_8mim]Cl$对三角褐指藻细胞内叶绿素 a 含量的影响

无论光照强度变化如何，随着 $[C_8mim]Cl$浓度的增加，三角褐指藻叶绿素 a 含量均显著降低。例如，当该硅藻在 150μmol/(m^2·s) 下暴露于 5mg/L、10mg/L、20mg/L、30mg/L 和 40mg/L $[C_8mim]Cl$ 96h 时，叶绿素 a 含量分别为 0.43μg/10^7 细胞、0.35μg/10^7 细胞、0.36μg/10^7 细胞、0.16μg/10^7 细胞和 0.14μg/10^7 细胞，与对照组相比，降低了 40.99%、51.40%、50.25%、

77.50%和80.63%。在150μmol/(m^2·s)下生长的三角褐指藻叶绿素a含量的EC_{50}值显著低于50μmol/(m^2·s)和100μmol/(m^2·s)时的EC_{50}值(表7-4)。例如，50μmol/(m^2·s)时三角褐指藻叶绿素a含量的48h、72h和96h EC_{50}值分别是150μmol/(m^2·s)时的1.29倍、5.37倍和1.57倍。因此，光强变化能够影响[C_8mim]Cl对三角褐指藻叶绿素a含量的影响。

2. 光合活性的变化

叶绿素荧光技术是一种用于测量植物生理指标的快速无创技术，可以通过测量光系统Ⅱ(PSⅡ)的最大量子产量、电子传输速率和其他光合参数来评估光合系统，以分析环境压力对光合作用的影响[19]。在三个不同的光照强度下，当三角褐指藻暴露于不同浓度的[C_8mim]Cl时，F_v/F_m和Φ_{PSII}值的变化如图7-7所示。当三角褐指藻在没有[C_8mim]Cl的培养液中生长时，在三个光照强度下观察到类似的F_v/F_m和Φ_{PSII}曲线。在没有[C_8mim]Cl的情况下，该硅藻在低光强[50μmol/(m^2·s)]下F_v/F_m和Φ_{PSII}值较高。例如，在96h时，与50μmol/(m^2·s)光强相比，在100μmol/(m^2·s)和150μmol/(m^2·s)的光强下F_v/F_m降低了6.67%和7.41%(图7-6)。PCA分析表明，F_v/F_m和Φ_{PSII}值与PC1呈显著正相关，样品点50-0mg/L[C_8mim]Cl在PC1上的值显著大于样品点100-0mg/L[C_8mim]Cl(图7-5)，表明光照强度增加降低了三角褐指藻的光合活性。因此，可以得出结论，高光强会导致三角褐指藻的F_v/F_m和Φ_{PSII}值降低。

当三角褐指藻暴露于[C_8mim]Cl时，F_v/F_m和Φ_{PSII}值始终下降，而不受光照强度变化的影响(图7-7)。例如，当三角褐指藻在100μmol/(m^2·s)光照强度下暴露于40mg/L [C_8mim]Cl时，F_v/F_m值从0.69下降到0.22。同样，在三个光照强度下，三角褐指藻的Φ_{PSII}值在暴露的96h内逐渐下降。例如，当三角褐指藻在100μmol/(m^2·s)的光照强度下暴露于30mg/L [C_8mim]Cl时，其Φ_{PSII}值96h内分别为0.35、0.19、0.14、0.14和0.13。因此，无论光照强度变化如何，当三角褐指藻暴露于[C_8mim]Cl时，其F_v/F_m和Φ_{PSII}均值显著降低。

计算了不同光强下[C_8mim]Cl对三角褐指藻的F_v/F_m和Φ_{PSII}的EC_{50}值，如表7-4所示，50μmol/(m^2·s)下[C_8mim]Cl对三角褐指藻的F_v/F_m和Φ_{PSII}的EC_{50}值高于100μmol/(m^2·s)和150μmol/(m^2·s)时的EC_{50}值。例如，在96h时，50μmol/(m^2·s)下F_v/F_m的EC_{50}值是100μmol/(m^2·s)时的1.84倍。表明增加光照强度会加剧[C_8mim]Cl对三角褐指藻光合活性的毒性。

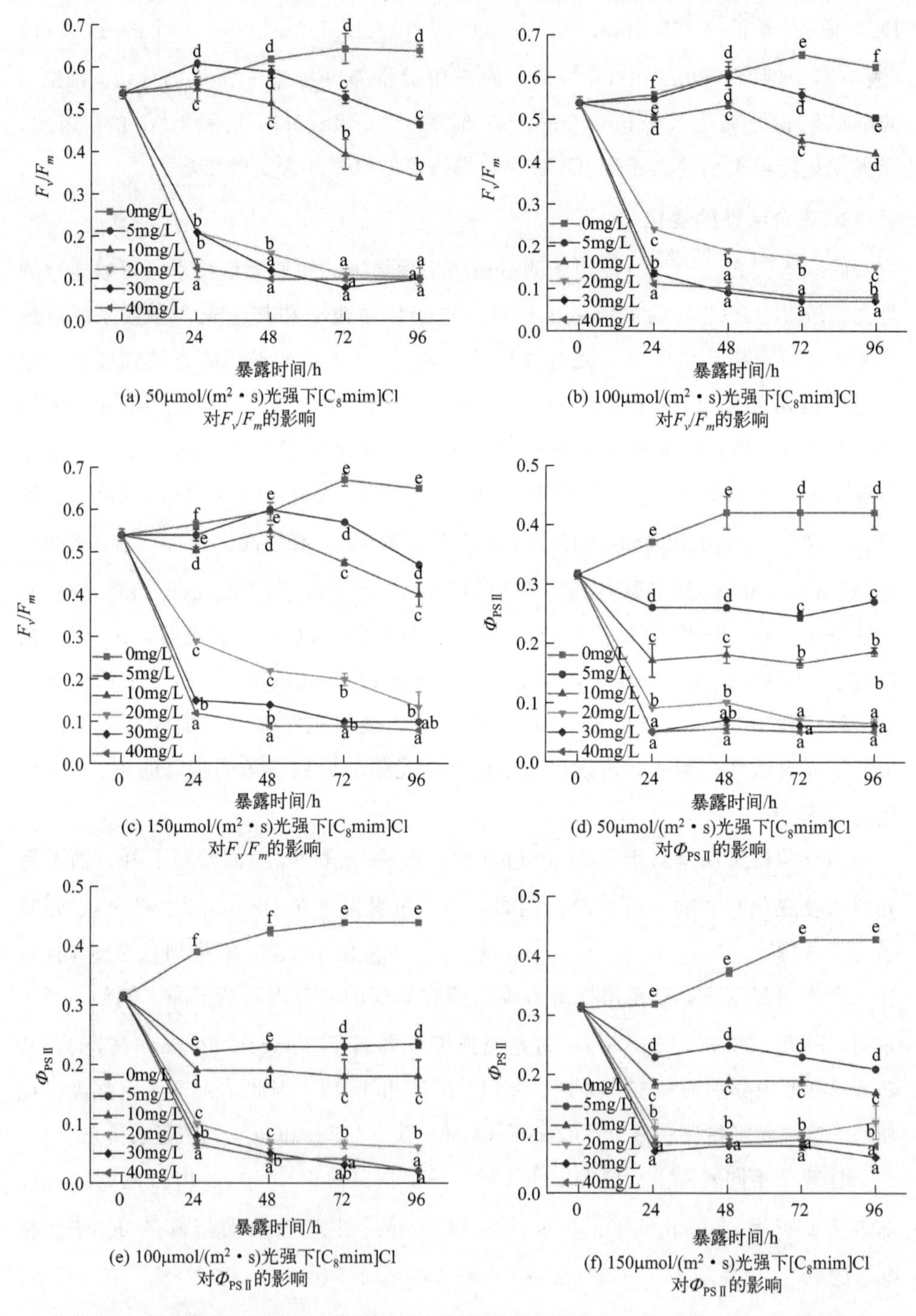

(a) 50μmol/(m²·s)光强下[C_8mim]Cl对F_v/F_m的影响

(b) 100μmol/(m²·s)光强下[C_8mim]Cl对F_v/F_m的影响

(c) 150μmol/(m²·s)光强下[C_8mim]Cl对F_v/F_m的影响

(d) 50μmol/(m²·s)光强下[C_8mim]Cl对$\Phi_{PS II}$的影响

(e) 100μmol/(m²·s)光强下[C_8mim]Cl对$\Phi_{PS II}$的影响

(f) 150μmol/(m²·s)光强下[C_8mim]Cl对$\Phi_{PS II}$的影响

图 7-7　光强变化下［C_8mim］Cl 对三角褐指藻光合作用（F_v/F_m 和 $\Phi_{PS II}$）的影响

三、光强变化下［C_8mim］Cl 对三角褐指藻氧化应激水平的影响

1. 可溶性蛋白含量的变化

可溶性蛋白作为植物代谢中可逆和不可逆变化的重要指标，通过产生防御和保护分子，以及降解一些不利或不必要的蛋白质，产生其他所需的蛋白质，来应对各种环境胁迫[21]。本节中，在三个不同光照强度下，测定了三角褐指藻在不同［C_8mim]Cl 浓度下暴露 96h 后的可溶性蛋白含量。如表 7-5 所示，在没有［C_8mim]Cl 的情况下，随着光照强度从 50μmol/（m^2 · s）增加到 150μmol/（m^2 · s），三角褐指藻的可溶性蛋白含量先降低后升高。具体而言，在 50μmol/（m^2 · s）和 150μmol/（m^2 · s）光照强度下培养时，三角褐指藻细胞中可溶性蛋白含量是在 100μmol/（m^2 · s）光强下培养时的 5. 15 倍和 7. 87 倍。PCA 分析表明，可溶性蛋白含量与 PC1 呈显著负相关，样品点 100-0mg/L[C_8mim]Cl 在 PC1 上的值大于 50-0mg/L[C_8mim]Cl 和 150-0mg/L[C_8mim]Cl，表明在该条件下可溶性蛋白含量达到最小值（图 7-5）。

表 7-5 三个光强下暴露于［C_8mim]Cl 的三角褐指藻可溶性蛋白和 MDA 含量以及 SOD 和 CAT 活性的变化

光照强度/[μmol/（m^2 · s)]	[C_8mim]Cl 浓度/（mg/L）	可溶性蛋白含量/（μg/10^7 细胞）	SOD 活性/（U/mg 蛋白质）	CAT 活性/（U/mg 蛋白质）	MDA 含量/（nmol/10^7 细胞）
50	0	3. 66±0. 33[a]	12. 90±0. 49[e]	3. 41±0. 14[b]	1. 03±0. 01[a]
	5	4. 45±0. 69[ab]	12. 97±0. 07[d]	4. 55±0. 02[c]	2. 05±0. 10[a]
	10	4. 73±0. 32[b]	14. 52±0. 03[d]	6. 47±0. 10[d]	3. 30±0. 08[ab]
	20	5. 27±0. 00[b]	10. 42±0. 23[c]	3. 16±0. 76[b]	6. 96±0. 07[b]
	30	6. 75±0. 02[c]	8. 79±0. 12[b]	2. 13±0. 16[a]	15. 03±2. 53[c]
	40	9. 70±0. 03[d]	5. 96±0. 32[a]	1. 79±0. 13[a]	27. 76±3. 50[d]
100	0	0. 71±0. 13[a]	21. 95±0. 52[a]	6. 06±0. 33[ab]	0. 40±0. 01[d]
	5	1. 65±0. 15[b]	26. 50±0. 14[b]	6. 24±0. 00[ab]	2. 32±0. 02[e]
	10	2. 36±0. 01[c]	29. 31±0. 21[b]	7. 63±1. 29[b]	4. 36±0. 08[f]
	20	1. 87±0. 08[bc]	22. 23±0. 02[a]	6. 67±0. 09[ab]	9. 20±0. 22[c]
	30	0. 97±0. 46[a]	19. 40±1. 96[a]	5. 74±0. 94[a]	15. 61±0. 41[b]
	40	0. 90±0. 09[a]	19. 06±2. 44[a]	5. 11±0. 03[a]	33. 04±2. 08[a]

续表

光照强度/[μmol/(m²·s)]	[C_8mim]Cl浓度/(mg/L)	可溶性蛋白含量/(μg/10^7 细胞)	SOD活性/(U/mg蛋白质)	CAT活性/(U/mg蛋白质)	MDA含量/(nmol/10^7 细胞)
150	0	5.59±0.05[c]	10.45±1.13[a]	0.84±0.00[e]	0.89±0.03[a]
	5	5.24±0.26[bc]	10.48±1.59[a]	0.96±0.05[e]	2.16±0.00[ab]
	10	5.03±0.74[bc]	9.94±0.20[a]	1.24±0.08[d]	4.01±0.16[b]
	20	4.45±0.00[b]	13.18±0.61[ab]	1.43±0.14[c]	8.42±0.36[c]
	30	2.03±0.00[a]	17.55±4.63[bc]	2.91±0.01[b]	14.25±0.14[d]
	40	1.52±0.58[a]	18.79±0.95[c]	4.11±0.03[a]	28.58±2.36[e]

在50μmol/(m²·s)光强下，三角褐指藻的可溶性蛋白含量随着[C_8mim]Cl浓度的增加而增加；在100μmol/(m²·s)光强下，三角褐指藻的可溶性蛋白含量随着[C_8mim]Cl浓度的增加先增加后降低，在10mg/L [C_8mim]Cl暴露下达到最大值2.36μg/10^7细胞；在150μmol/(m²·s)光强下，三角褐指藻的可溶性蛋白含量随着[C_8mim]Cl浓度的增加而逐渐降低（表7-5）。可以得出结论，三角褐指藻中可溶性蛋白含量同时受[C_8mim]Cl浓度和光照强度变化的影响。

2. 丙二醛含量的变化

丙二醛（MDA）是一种有害的脂质过氧化产物，在细胞膜受到活性氧自由基攻击时大量产生。它的积累标志着细胞膜受损的程度。当MDA含量增加到一定程度时，细胞膜系统瘫痪，导致依赖于膜系统的基本代谢活动不能进行[22]。表7-5显示了在三个不同光强下，将三角褐指藻暴露于不同浓度的[C_8mim]Cl 96h后MDA含量的变化。当[C_8mim]Cl为0mg/L时，在光强为100μmol/(m²·s)时，三角褐指藻的MDA含量显著低于50μmol/(m²·s)和150μmol/(m²·s)光强时，与可溶性蛋白含量变化呈同步趋势。具体而言，在50μmol/(m²·s)和150μmol/(m²·s)光照强度下培养时，三角褐指藻细胞中MDA含量是在100μmol/(m²·s)光强下培养时的2.58倍和2.23倍。PCA分析表明，MDA含量与PC1呈显著负相关，在PC1上，样品点100-0mg/L[C_8mim]Cl的值大于50-0mg/L[C_8mim]Cl和150-0mg/L[C_8mim]Cl，表明在该条件下MDA含量达到最小值（图7-5）。

如表7-5所示，无论光照强度如何，该硅藻中的MDA含量随着[C_8mim]

Cl浓度的增加而增加。例如，在50μmol/(m^2·s)光照强度下，三角褐指藻暴露于5mg/L、10mg/L、20mg/L、30mg/L和40mg/L［C_8mim］Cl 96h后，其细胞中MDA含量是对照组（0mg/L［C_8mim］Cl）的1.99倍、3.20倍、6.76倍、14.59倍和26.95倍。此外，PCA分析表明MDA含量与PC1呈显著负相关，样品点50-40mg/L［C_8mim］Cl、100-40mg/L［C_8mim］Cl和150-40mg/L［C_8mim］Cl与PC1也呈显著负相关（图7-5）。在［C_8mim］Cl存在的情况下，100μmol/(m^2·s)光照强度下三角褐指藻的MDA含量显著高于50μmol/(m^2·s)和150μmol/(m^2·s)光强时（表7-5）。例如，与50μmol/(m^2·s)相比，100μmol/(m^2·s)光照强度下三角褐指藻的MDA含量是在50μmol/(m^2·s)光强下培养时的1.13倍、1.32倍、1.32倍、1.04倍和11.97倍。

3. 抗氧化酶活性的变化

为抵御各种非生物因素引起的氧化应激，微藻建立了一个由密切合作的酶组成的抗氧化防御系统，即超氧化物歧化酶（SOD）、过氧化氢酶（CAT）、过氧化物酶（POD）和谷胱甘肽还原酶（GR）。通常，SOD和CAT被认为是两种关键的抗氧化酶，因为它们是对抗ROS的第一道防线[23]。表7-5显示了在三个不同光照强度［50μmol/(m^2·s)、100μmol/(m^2·s)和150μmol/(m^2·s)］下暴露于不同［C_8mim］Cl浓度96h后，三角褐指藻细胞内SOD和CAT活性的变化。在没有［C_8mim］Cl的情况下，该硅藻的SOD和CAT活性在100μmol/(m^2·s)光照强度下最高。例如，与100μmol/(m^2·s)光照强度相比，50μmol/(m^2·s)和150μmol/(m^2·s)光强下三角褐指藻SOD活性分别降低了41.23%和52.39%。PCA分析表明，SOD和CAT活性与PC1呈显著正相关，样品点100-0mg/L［C_8mim］Cl在PC1上的值大于50-0mg/L［C_8mim］Cl和150-0mg/L［C_8mim］Cl，表明在该条件下SOD和CAT活性达到最大值（图7-5）。

如表7-5所示，50μmol/(m^2·s)和100μmol/(m^2·s)光照强度下，三角褐指藻细胞内SOD和CAT活性随着［C_8mim］Cl浓度的增加先升高后降低；150μmol/(m^2·s)光照强度下，三角褐指藻细胞内SOD和CAT活性随着［C_8mim］Cl浓度的增加而逐渐升高。这些数据表明不同光照强度下［C_8mim］Cl对三角褐指藻抗氧化酶活性的影响不同。SOD和CAT活性的增加可以消除过量生成的ROS以保护生物体免受氧化应激的影响[3]，但当应激过量增加时，SOD和CAT活性不再增加。

此外，无论［C_8mim］Cl浓度如何，100μmol/(m^2·s)光照强度下，三角

褐指藻细胞内 SOD 和 CAT 活性均高于 50μmol/(m^2·s) 和 150μmol/(m^2·s) 光强时（表 7-5）。例如，在 15℃培养条件下，当三角褐指藻暴露于 5mg/L、10mg/L、20mg/L、30mg/L 和 40mg/L [C_8mim]Cl 96h 后，其细胞中叶绿素 a 含量分别为 0.30μg/10^7 细胞、0.23μg/10^7 细胞、0.21μg/10^7 细胞、0.16μg/10^7 细胞和 0.09μg/10^7 细胞，与对照组相比，叶绿素 a 含量分别降低了 48.75%、60.61%、64.55%、71.99%和 83.86%。因此，三角褐指藻中抗氧化酶活性同时受 [C_8mim]Cl 浓度和光强变化的影响。

第三节　温度变化下 [C_8mim]Cl 对三角褐指藻的毒性效应

一、温度变化下 [C_8mim] Cl 对三角褐指藻生长的影响

细胞密度通常被用作分析污染物处理中藻类植物毒性的生物学指标[24]。本节研究了 [C_8mim]Cl 在 15℃、20℃和 25℃的不同温度下对三角褐指藻细胞密度的影响（图 7-8）。在没有 [C_8mim]Cl 的情况下，三个温度下三角褐指藻的生长状况相似，该硅藻的最终细胞密度没有显著差异。例如，在 15℃、20℃和 25℃下，三角褐指藻 96h 的细胞密度分别为 0.54×10^7 细胞/mL、0.52×10^7 细胞/mL 和 0.52×10^7 细胞/mL。这些数据表明，该硅藻能够适应温度变化，因为它在 15～25℃的温度范围内生长良好[25]。然而，在其他时间点的三个温度下，三角褐指藻的细胞密度存在显著差异。例如，与 25℃下相比，在 15℃和 20℃下生长 24h，三角褐指藻的细胞密度分别下降了 23.02%和 12.79%。这些数据表明，温度变化可能导致该硅藻的生长发生变化，这可能归因于光合速率的补偿和最大光合能力的变化[26]。

无论温度如何变化，[C_8mim]Cl 都显著抑制了三角褐指藻的生长（图 7-8）。PCA 分析显示（图 7-9），不同浓度的暴露组的样本点之间的距离相对较短，而不同温度的样本点间的距离相对较长，表明 [C_8mim]Cl 的浓度是决定其对三角褐指藻毒性的主要因素。在三个温度下，*IR* 随着 [C_8mim]Cl 浓度的增加而增加。例如，当该硅藻在 15℃下暴露于 5mg/L、10mg/L、20mg/L、30mg/L 和 40mg/L [C_8mim] Cl 96h 时，*IR* 值分别为 19.46%、40.81%、45.20%、58.39%和 68.43%。此外，当暴露时间从 24h 增加到 96h 时，观察到 *IR* 值增加（$p<0.05$）。例如，当三角褐指藻于 15℃下暴露于 20mg/L [C_8mim]Cl

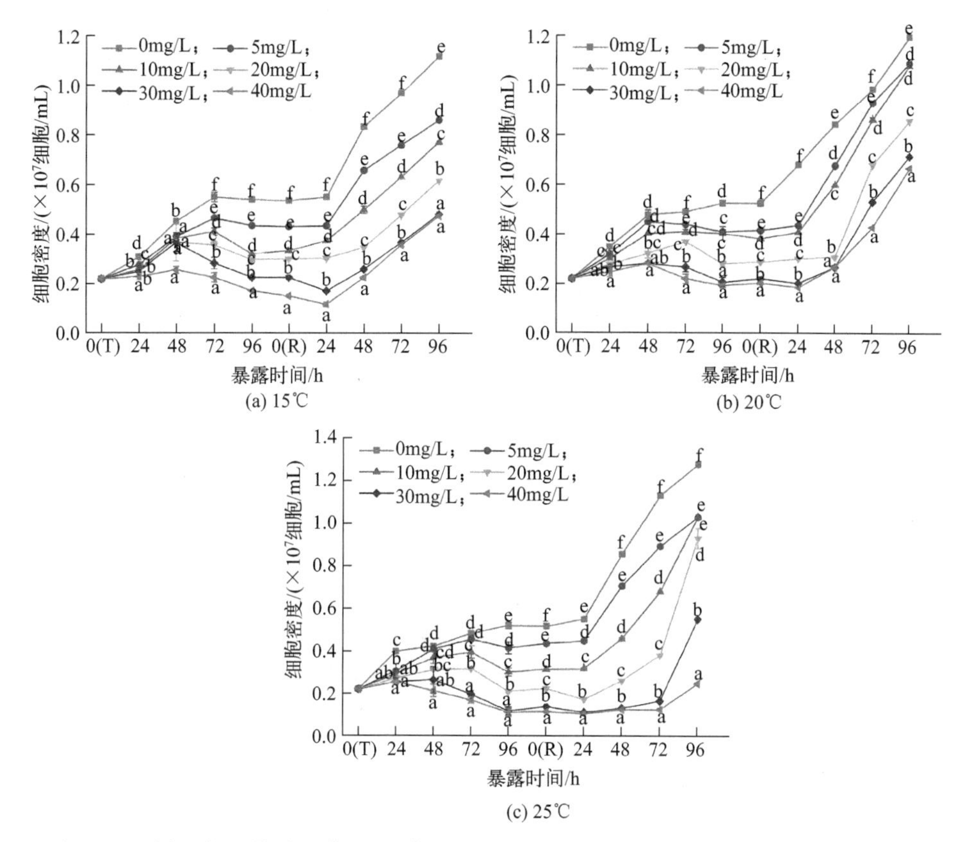

图 7-8 不同温度下暴露于［C_8mim]Cl的三角褐指藻的生长曲线及96h后的恢复曲线

时，随着暴露时间的增加，*IR* 值从17.72％增加到45.20％。因此，可以得出结论，［C_8mim]Cl浓度和暴露时间是决定对该硅藻毒性的两个重要因素，应认真评估。

此外，本节还计算了不同温度下［C_8mim]Cl对三角褐指藻的 EC_{50} 值。如表7-6所示，EC_{50} 值随着暴露时间（48～96h）的增加而降低，表明［C_8mim]Cl对该硅藻的生长具有时间依赖性的毒性作用。当该硅藻暴露于［C_8mim]Cl时，25℃时的 EC_{50} 值显著低于15℃和20℃（$p<0.05$）。例如，当该硅藻在25℃下分别暴露于［C_8mim]Cl 48h、72h和96h时，EC_{50} 值分别为26.45mg/L、16.25mg/L和13.44mg/L，与15℃相比，分别降低了68.04％、48.10％和11.11％。这些数据表明，温度升高会影响［C_8mim]Cl的毒性。根据以往的文献，高温可能会影响环境污染物对水生生物的毒性。因此，可以得出结论，温度升高可能会影响ILs对初级生产者的毒性。

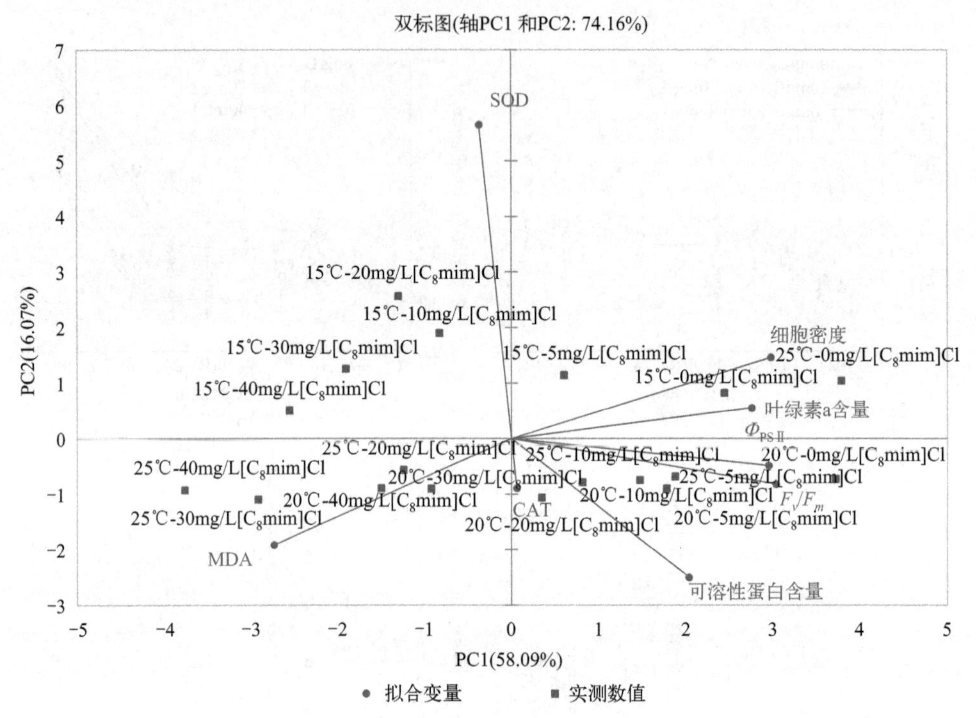

图 7-9 不同温度和 [C_8 mim]Cl 组合下三角褐指藻生理生化指标的 PCA 分析

表 7-6 温度变化下 [C_8 mim]Cl 对三角褐指藻的毒性效应 (EC_{50} 值)

参数	温度/℃	EC_{50}/(mg/L)		
		48h	72h	96h
IR	15	82.75±8.21[a]	31.31±4.63[a]	15.12±0.15[b]
	20	47.33±1.13[b]	42.43±5.23[a]	24.45±0.77[a]
	25	26.45±6.15[c]	16.25±2.08[b]	13.44±0.23[c]
叶绿素 a 含量	15	8.55±0.74[a]	7.04±2.11[a]	5.64±0.00[a]
	20	6.91±1.44[ab]	5.52±0.31[a]	4.78±0.78[a]
	25	4.97±0.22[b]	6.00±0.80[a]	5.39±0.12[a]
F_v/F_m	15	33.99±0.50[c]	26.48±2.57[b]	14.81±0.20[c]
	20	58.35±2.86[a]	49.71±6.47[a]	36.95±0.01[a]
	25	44.12±0.44[b]	32.28±0.76[b]	17.48±0.59[b]
Φ_{PSII}	15	4.01±1.43[b]	3.90±0.19[c]	2.93±1.53[b]
	20	18.46±0.01[a]	17.23±0.03[a]	12.09±4.01[a]
	25	8.24±1.16[c]	8.97±0.04[b]	12.1±0.61[a]

二、温度变化下［C_8mim］Cl对三角褐指藻光合作用的影响

1. 叶绿素a含量的变化

作为光合色素之一，叶绿素a在微藻的光自养生长和繁殖过程中与光合作用中的光收集、能量转移和光能转换密切相关，通常被用作评估藻细胞对环境污染物反应的有效参数[8]。图7-10显示了在三个温度（15℃、20℃和25℃）下，暴露于不同浓度的［C_8mim］Cl后三角褐指藻叶绿素a含量的变化。在没有［C_8mim］Cl的情况下，当在较高温度条件下生长时，观察到叶绿素a的含量较高。例如，与25℃相比，15℃和20℃下的叶绿素a含量分别减少了44.39%和24.19%。因此可以得出结论，温度变化会导致藻细胞中叶绿素a含量的变化。

无论温度如何波动，三角褐指藻的叶绿素a含量都随着［C_8mim］Cl的增加而显著降低（图7-10）。例如，在15℃培养条件下，当三角褐指藻暴露于5mg/L、10mg/L、20mg/L、30mg/L和40mg/L［C_8mim］Cl 96h后，其细胞中叶绿素a

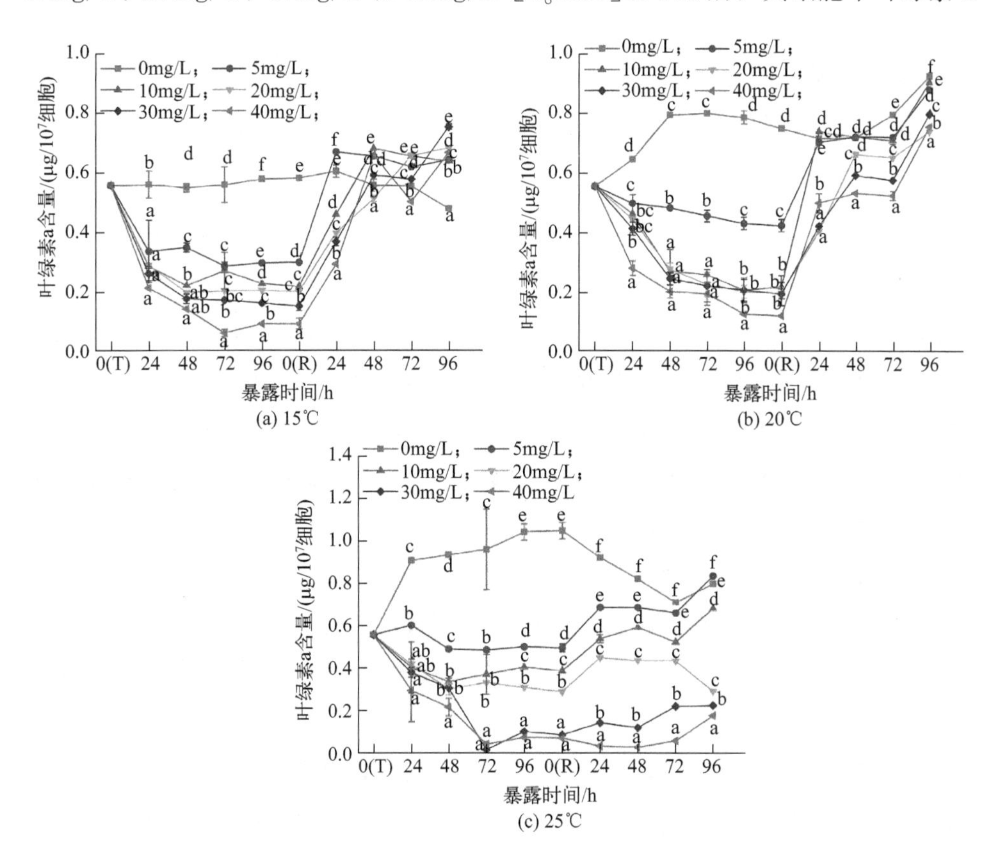

图7-10 三个温度下［C_8mim］Cl对三角褐指藻叶绿素a含量的影响及96h后的恢复曲线

含量分别为 0.30μg/10^7 细胞、0.23μg/10^7 细胞、0.21μg/10^7 细胞、0.16μg/10^7 细胞和 0.09μg/10^7 细胞，与对照组相比，叶绿素 a 含量分别降低了 48.75%、60.61%、64.55%、71.99% 和 83.86%。根据上述数据和讨论，可以推测：[C_8mim]Cl 的暴露会阻碍藻细胞中叶绿素的合成。

本节计算了不同温度下 [C_8mim]Cl 对三角褐指藻的 EC_{50} 值，并在表 7-6 中进行了总结。可以看出，在三个温度下，随着暴露时间从 48h 增加到 96h，三角褐指藻叶绿素 a 含量的 EC_{50} 值降低，表明 [C_8mim]Cl 对三角褐指藻的叶绿素 a 具有时间依赖性毒性作用。此外，与 20℃ 和 25℃ 相比，在 15℃ 下暴露于 [C_8mim]Cl 的三角褐指藻叶绿素 a 含量的 EC_{50} 值增加，但没有显著的统计学差异（$p>0.05$）。例如，在 15℃ 培养条件下，当三角褐指藻暴露于 [C_8mim]Cl 48h、72h 和 96h 时，以其叶绿素 a 含量为指标计算的 EC_{50} 值分别为 8.55mg/L、7.04mg/L 和 5.64mg/L，分别是 20℃ 培养条件下的 1.24 倍、1.28 倍和 1.18 倍。因此，可以得出结论，高温加剧了 [C_8mim]Cl 对该硅藻的叶绿素 a 含量的毒性影响。

2. 光合活性的变化

本章使用了在污染物毒性分析中广泛使用的两个叶绿素荧光参数（F_v/F_m 和 Φ_{PSII}）来评估 [C_8mim]Cl 对三角褐指藻的毒性效应[27]。如图 7-11 所示，在没有 [C_8mim]Cl 的培养基中，三角褐指藻具有良好的光合活性，但在 20℃ 时，三角褐指藻的 F_v/F_m 值高于 15℃ 和 25℃ 时。具体而言，该硅藻在 20℃ 下经过 24h、48h、72h 和 96h 后的 F_v/F_m 值分别是 25℃ 下的 1.1 倍、1.15 倍、1.16 倍和 1.09 倍。此外，PCA 分析显示，F_v/F_m 值与 PC1 呈显著正相关（图 7-9），20℃ 下的 PC1 值大于 15℃ 和 25℃ 时，表明 F_v/F_m 值在 20℃ 时最高。此外，在 25℃ 时，三角褐指藻的 Φ_{PSII} 值高于 15℃ 和 20℃ 时。例如，三角褐指藻在 25℃ 下经过 24h、48h、72h 和 96h 后的 Φ_{PSII} 值分别是 15℃ 下的 1.14 倍、1.15 倍、1.04 倍和 1.31 倍。这些数据表明，温度升高会对 Φ_{PSII} 有影响。

在 [C_8mim]Cl 暴露下，无论温度如何变化，F_v/F_m 和 Φ_{PSII} 值总是下降的（图 7-11）。在 20℃ 培养条件下，当三角褐指藻暴露于 0mg/L、5mg/L、10mg/L、20mg/L、30mg/L 和 40mg/L [C_8mim]Cl 96h 时，F_v/F_m 值分别为 0.68、0.61、0.53、0.41、0.36 和 0.35，与对照组相比，降低了 10.29%、22.06%、39.71%、47.06% 和 48.53%。此外，当该硅藻在 15℃ 下暴露于 0mg/L、5mg/L、10mg/L、20mg/L、30mg/L 和 40mg/L [C_8mim]Cl 96h 时，Φ_{PSII} 值分别为 0.29、

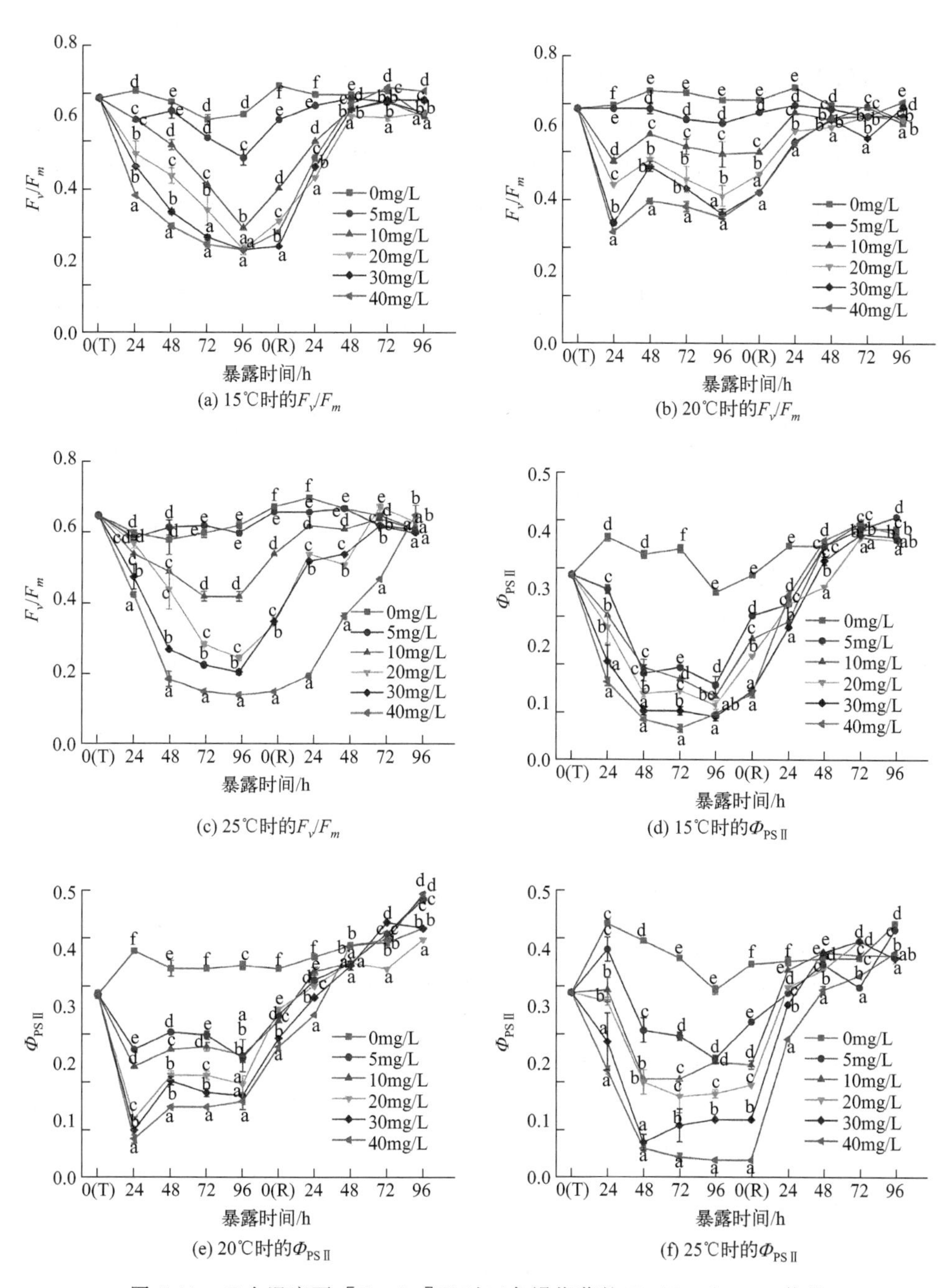

(a) 15℃时的F_v/F_m　(b) 20℃时的F_v/F_m

(c) 25℃时的F_v/F_m　(d) 15℃时的Φ_{PSII}

(e) 20℃时的Φ_{PSII}　(f) 25℃时的Φ_{PSII}

图 7-11　三个温度下［C_8 mim］Cl 对三角褐指藻的 F_v/F_m 和 Φ_{PSII} 值的影响及 96h 后的恢复曲线

0.13、0.11、0.10、0.08 和 0.08，与暴露 96h 的对照相比，Φ_{PSII} 值降低了 55.17%、62.07%、65.52%、72.41%和 72.41%。因此，无论温度变化如何，当三角褐指藻暴露于［C_8mim］Cl 时光合活性显著降低。

此外，与 15℃相比，在 20℃和 25℃下暴露于［C_8mim］Cl 的三角褐指藻的 F_v/F_m 和 Φ_{PSII} 的 EC_{50} 值显著增加（表 7-6）。例如，当该硅藻在 15℃下暴露于［C_8mim］Cl 48h、72h 和 96h 时，该硅藻的 F_v/F_m 的 EC_{50} 值分别为 33.99mg/L、26.48mg/L 和 14.81mg/L，与 20℃相比降低了 41.75%、46.73%和 59.92%。根据先前的研究和以上分析，可以得出结论，温度变化会影响［C_8mim］Cl 对该硅藻光合作用的毒性。

三、温度变化下［C_8mim］Cl 对三角褐指藻氧化应激水平的影响

1. 可溶性蛋白含量的变化

植物中的大多数可溶性蛋白是参与各种代谢的酶，因此可溶性蛋白含量通常被用作表征植物对环境刺激响应的一个重要指标[28]。当三角褐指藻在三个温度（15℃、20℃和 25℃）下暴露于［C_8mim］Cl 96h 时，其可溶性蛋白含量，如表 7-7 所示。在没有［C_8mim］Cl 的情况下，温度的升高和降低会降低该硅藻的可溶性蛋白含量。具体而言，在 20℃下生长的三角褐指藻的可溶性蛋白含量分别是 15℃和 25℃下的 1.89 倍和 1.22 倍。因此，在高温和低温下，当三角褐指藻暴露于［C_8mim］Cl 时，可溶性蛋白含量不同程度地降低。

表 7-7　三个温度下［C_8mim］Cl 对三角褐指藻可溶性蛋白含量，CAT、SOD 活性，以及 MDA 含量的影响

温度/℃	［C_8mim］Cl 浓度/(mg/L)	可溶性蛋白含量/(μg/10^7 细胞)	SOD 活性/(U/mg 蛋白质)	CAT 活性/(U/mg 蛋白质)	MDA 含量/(nmol/10^7 细胞)
15	0	4.59 ± 0.22^{b}	7.19 ± 0.014^{e}	0.23 ± 0.00^{d}	19.19 ± 1.52^{d}
	5	5.82 ± 0.03^{a}	8.42 ± 0.3^{d}	0.24 ± 0.01^{d}	22.14 ± 1.07^{d}
	10	4.77 ± 0.70^{b}	10.30 ± 0.00^{b}	0.43 ± 0.14^{c}	30.63 ± 0.29^{c}
	20	4.19 ± 0.00^{b}	11.70 ± 0.07^{a}	0.52 ± 0.05^{b}	32.33 ± 0.22^{c}
	30	3.11 ± 0.38^{c}	9.21 ± 0.45^{c}	0.75 ± 0.04^{a}	41.82 ± 0.77^{b}
	40	1.85 ± 0.65^{d}	7.64 ± 0.31^{e}	0.23 ± 0.00^{d}	56.88 ± 2.60^{a}
20	0	8.69 ± 0.73^{b}	4.91 ± 0.08^{d}	0.18 ± 0.00^{e}	18.68 ± 0.48^{e}
	5	8.80 ± 1.31^{b}	5.01 ± 0.09^{d}	0.22 ± 0.00^{d}	22.99 ± 0.03^{d}
	10	12.43 ± 0.32^{a}	6.47 ± 0.00^{a}	0.39 ± 0.00^{a}	24.10 ± 0.40^{d}
	20	12.32 ± 0.20^{a}	6.11 ± 0.00^{b}	0.23 ± 0.00^{c}	33.36 ± 0.27^{c}
	30	6.24 ± 0.79^{c}	5.42 ± 0.20^{c}	0.26 ± 0.00^{b}	45.54 ± 1.01^{b}
	40	4.11 ± 1.05^{d}	5.17 ± 0.27^{cd}	0.23 ± 0.00^{c}	52.36 ± 2.24^{a}

续表

温度/℃	[C_8mim]Cl浓度/(mg/L)	可溶性蛋白含量/(μg/10^7细胞)	SOD活性/(U/mg蛋白质)	CAT活性/(U/mg蛋白质)	MDA含量/(nmol/10^7细胞)
25	0	7.13±0.62[c]	8.70±0.08[a]	1.05±0.14[abc]	19.20±0.21[f]
	5	8.96±0.99[b]	6.32±0.74[bc]	1.78±0.29[a]	23.85±0.42[e]
	10	10.59±0.35[a]	6.91±0.05[b]	1.69±0.03[ab]	32.29±0.47[d]
	20	4.64±0.00[d]	6.29±0.00[bc]	1.56±0.65[ab]	48.27±0.70[c]
	30	4.34±0.02[d]	6.13±0.00[bc]	0.96±0.03[bc]	83.72±1.91[b]
	40	2.27±0.00[e]	5.77±0.09[c]	0.65±0.03[c]	88.49±1.04[a]

随着［C_8mim]Cl浓度的增加，该硅藻中可溶性蛋白含量先升高后降低，而与温度变化无关（表7-7）。该硅藻暴露于10mg/L［C_8mim]Cl时，可溶性蛋白含量在15℃、20℃和25℃时，分别为4.77μg/10^7细胞、12.43μg/10^7细胞和10.59μg/10^7细胞。因此，当暴露于不同浓度的［C_8mim]Cl时，三角褐指藻的可溶性蛋白含量发生了显著变化。

此外，与15℃和25℃相比，20℃下暴露于［C_8mim]Cl的三角褐指藻可溶性蛋白含量显著增加（表7-7）。例如，在20℃培养条件下，当三角褐指藻暴露于0mg/L、5mg/L、10mg/L、20mg/L、30mg/L和40mg/L［C_8mim]Cl时，其细胞中可溶性蛋白含量分别为8.69μg/10^7细胞、8.80μg/10^7细胞、12.43μg/10^7细胞、12.32μg/10^7细胞、6.24μg/10^7细胞和4.11μg/10^7细胞，是15℃培养条件下的1.89倍、1.51倍、2.61倍、2.94倍、2.01倍和2.22倍。因此，温度变化可引起可溶性蛋白含量的变化。

2. 丙二醛含量的变化

脂质过氧化是生物体氧化损伤的主要表现之一，MDA是脂质过氧化的最终产物[6]。因此，MDA含量可以作为评估ILs暴露下藻类氧化应激的可靠和敏感指标。如表7-7所示，没有［C_8mim]Cl的情况下，在三个温度下生长的三角褐指藻MDA含量没有显著变化，这表明温度变化对三角褐指藻细胞中MDA的产生没有影响。例如，在15℃、20℃和25℃下，三角褐指藻的MDA含量分别为19.19nmol/10^7细胞、18.68nmol/10^7细胞和19.2nmol/10^7细胞。因此，温度变化可能不会导致藻细胞中MDA含量发生变化。

无论温度变化如何，与未暴露组相比，［C_8mim]Cl暴露后三角褐指藻中的MDA含量显著升高（表7-7）。例如，在20℃下，5mg/L、10mg/L、20mg/L、30mg/L和40mg/L［C_8mim]Cl暴露组的MDA含量是未暴露组的1.23倍、

1.29 倍、1.79 倍、2.44 倍和 2.80 倍，并呈现出剂量-效应关系。

此外，在 25℃下暴露于 [C_8mim]Cl 的三角褐指藻的 MDA 含量显著高于其他两个温度下的 MDA 含量（表 7-7）。例如，在 25℃下暴露于 5mg/L、10mg/L、20mg/L、30mg/L 和 40mg/L [C_8mim]Cl 的三角褐指藻的 MDA 含量分别是 20℃下的 1.04 倍、1.34 倍、1.45 倍、1.84 倍和 1.69 倍。此外，PCA 分析表明，MDA 含量与 PC1 呈显著负相关。样品点（25℃-40mg/L）的 PC1 值最低，表明该硅藻在该条件下受到了最大的氧化损伤（图 7-9）。类似的，温度变化和 [C_8mim]Cl 浓度改变可以引起 MDA 含量的变化。

3. 抗氧化酶活性的变化

环境刺激（如重金属暴露、紫外线辐射和农药暴露）会产生大量活性氧，导致氧化应激。各种抗氧化酶，如 SOD 和 CAT，在消除活性氧和保护藻类免受氧化损伤方面发挥着重要作用[17]。表 7-7 显示了在三个不同温度（15℃、20℃和 25℃）下暴露于不同浓度 [C_8mim]Cl 96h 时，三角褐指藻 SOD 和 CAT 活性的变化。在没有 [C_8mim]Cl 存在的情况下，该硅藻中 SOD（4.91U/mg 蛋白质）和 CAT（0.18U/mg 蛋白质）的活性在 20℃时最低；而在 15℃时为 7.19U/mg 蛋白质和 0.23U/mg 蛋白质，在 25℃时为 8.7U/mg 蛋白质和 1.05U/mg 蛋白质。此外，PCA 分析表明，SOD 活性与 PC2 呈正相关（图 7-9）。20℃时 PC2 值小于 15℃和 25℃时，表明 20℃时 SOD 活性最低。因此，温度变化会影响三角褐指藻 SOD 和 CAT 的活性。

随着 [C_8mim]Cl 浓度的增加，在三个温度下，三角褐指藻中 SOD 和 CAT 的活性先升高后降低（表 7-7）。例如，当该硅藻在 15℃下暴露于 20mg/L [C_8mim]Cl 时，SOD 的活性最高，为 11.7U/mg 蛋白质。因此，结果表明，在 [C_8mim]Cl 暴露下，SOD 和 CAT 的活性会发生变化。此外，与 15℃和 25℃相比，20℃下暴露于 [C_8mim]Cl 的三角褐指藻的 SOD 和 CAT 活性显著降低（表 7-7）。例如，与 25℃相比，该硅藻在 20℃下暴露于 5mg/L、10mg/L、20mg/L、30mg/L 和 40mg/L [C_8mim]Cl 时，SOD 的活性分别为 5.01U/mg 蛋白质、6.47U/mg 蛋白质、6.11U/mg 蛋白质、5.42U/mg 蛋白质和 5.17U/mg 蛋白质，降低了 20.73％、6.37％、2.86％、11.58％和 10.40％。根据以上数据和先前的报告，可以得出结论，[C_8mim]Cl 浓度和温度变化同时影响三角褐指藻中 SOD 和 CAT 的活性。

4. 恢复试验

96h 恢复试验可以提供关于短期污染物暴露的实际后果的更多信息[29]。如

图7-8所示，在96h的毒性试验后，研究了三角褐指藻在不含［C_8mim]Cl的新鲜培养基中进行生长恢复的情况。结果表明，将暴露于［C_8mim]Cl的三角褐指藻置于新鲜培养基48h后，细胞密度开始增加。例如，该硅藻在20℃下暴露于40mg/L［C_8mim]Cl并恢复48h后，细胞密度相对于恢复0h时增加了24.27%。此外，在恢复96h后，暴露于20℃［C_8mim]Cl的三角褐指藻的细胞密度显著高于其他两种温度下的细胞密度。例如，在15℃下暴露于5mg/L、10mg/L、20mg/L、30mg/L和40mg/L［C_8mim]Cl的三角褐指藻解除胁迫96h后，三角褐指藻的细胞密度分别为0.86×10^7细胞/mL、0.77×10^7细胞/mL、0.62×10^7细胞/mL、0.48×10^7细胞/mL和0.47×10^7细胞/mL，相对于20℃，降低了20.85%、28.28%、27.75%、32.34%和28.53%。因此，在最优温度下三角褐指藻的恢复最快。

在本节中，将对照组中三角褐指藻细胞内叶绿素a的含量（0.56～1.05μg/10^7细胞）定义为恢复水平。如图7-10所示，该硅藻的叶绿素a含量在15℃和20℃的恢复期内逐渐达到恢复水平。例如，在15℃下暴露于20mg/L［C_8mim]Cl的三角褐指藻的叶绿素a含量在恢复24h、48h、72h和96h后分别为0.40×10^7细胞/mL、0.51×10^7细胞/mL、0.66×10^7细胞/mL和0.68×10^7细胞/mL，与恢复0h相比增加了50%、60.78%、69.70%和70.59%。然而，暴露于高浓度［C_8mim]Cl的三角褐指藻叶绿素a含量（≥20mg/L）在25℃下不能在96h后恢复到恢复水平。因此，升高的温度可能会破坏三角褐指藻的光保护机制，并导致其叶绿素含量在［C_8mim]Cl和温度的双重压力解除之后无法恢复。

在本节中，将未暴露于［C_8mim]Cl的三角褐指藻的F_v/F_m值（0.59～0.71）和Φ_{PSII}值（0.29～0.44）的范围定义为恢复水平（图7-11）。可以观察到无论温度变化如何，所有暴露组的Φ_{PSII}值在48h后恢复到对照水平。同时，在15℃和20℃下的三角褐指藻的F_v/F_m值在48h后恢复到对照水平，而25℃下的三角褐指藻的F_v/F_m值在96h时恢复到对照水平。因此，当［C_8mim]Cl胁迫解除时，三角褐指藻的F_v/F_m值有可能恢复到初始值，但升高的温度可能会延迟其恢复。

参考文献

［1］ Péqueux A. Osmotic regulation in crustaceans. Journal of Crustacean Biology, 1995, 15: 1-60.
［2］ Mizuno M. Influence of salinity on the growth of marine and estuarine benthic diatoms. The Japanese Journal of Physiology, 1992, 40: 33-37.
［3］ Singh R, Srivastava P K, Singh V P, et al. Light intensity determines the extent of mercury

toxicity in the cyanobacterium *Nostoc muscorum*. Acta Physiologiae Plantarum, 2011, 34 (3): 1119-1131.

[4] Takana H, Hara N, Makino T, et al. Effect of environmental temperature on CO_2 selective absorption characteristics by ionic liquid electrospray in flow system. Journal of Electrostatics, 2021, 114: 103634.

[5] Probert P M, Leitch A C, Dunn M P, et al. Identification of a xenobiotic as a potential environmental trigger in primary biliary cholangitis. Journal of Hepatology, 2018, 69: 1123-1135.

[6] Chen B, Xue C Y, Amoah P K, et al. Impacts of four ionic liquids exposure on a marine diatom *Phaeodactylum tricornutum* at physiological and biochemical levels. Science of the Total Environment, 2019, 665: 492-501.

[7] Kräbs G, B ü chel C. Temperature and salinity tolerances of geographically separated *Phaeodactylum tricornutum* Böhlin strains: maximum quantum yield of primary photochemistry, pigmentation, proline content and growth. Botanica Marina, 2011, 54: 231-241.

[8] Bi Y F, Miao S S, Lu Y C, et al. Phytotoxicity, bioaccumulation and degradation of isoproturon in green algae. Journal of Hazardous Materials, 2012, 243: 242-249.

[9] Tropin I V, Radzinskaya N V, Voskoboinikov G M. The influence of salinity on the rate of dark respiration and structure of the cells of brown algae thalli from the Barents Sea littoral. Biology Bulletin, 2003, 30: 40-47.

[10] Parida A K, Das A B, Mittra B. Effects of NaCl stress on the structure, pigment complex composition, and photosynthetic activity of mangrove *Bruguiera parviflora* chloroplasts. Photosynthetica, 2003, 41: 191-200.

[11] Wu Y, Zhu Y, Xu J. High salinity and UVR synergistically reduce the photosynthetic performance of an intertidal benthic diatom. Marine Environmental Research, 2017, 130: 258-263.

[12] Bajguz A, Piotrowska-Niczyporuk A. Interactive effect of brassinosteroids and cytokinins on growth, chlorophyll, monosaccharide and protein content in the green alga *Chlorella vulgaris* (Trebouxiophyceae). Plant Physiology and Biochemistry, 2014, 80: 176-183.

[13] Al-Enazi N M. Salinization and wastewater effects on the growth and some cell contents of *Scenedesmus bijugatus*. Saudi Journal of Biological Sciences, 2020, 27: 1773-1780.

[14] El-Kassas H Y, El-Sheekh M M. Induction of the synthesis of bioactive compounds of the marine alga *Tetraselmis tetrathele* (West) Butcher grown under salinity stress. Egyptian Journal of Aquatic, 2016, 42: 385-391.

[15] Polle J E W, Calhoun S, McKie-Krisberg Z, et al. Genomic adaptations of the green alga *Dunaliella salina* to life under high salinity. Algal Research, 2020, 50: 101990.

[16] Xia B, Sui Q, Sun X M, et al. Ocean acidification increases the toxic effects of TiO_2 nanoparticles on the marine microalga *Chlorella vulgaris*. Journal of Hazardous Materials, 2018, 346: 1-9.

[17] Li H, Yao J, Duran R, et al. Toxic response of the freshwater green algae *Chlorella pyrenoidosa* to combined effect of flotation reagent butyl xanthate and nickel. Environmental Pollution, 2021, 286: 117285.

[18] Kong F, Ran Z S, Zhang J X, et al. Synergistic effects of temperature and light intensity on growth and physiological performance in *Chaetoceros calcitrans*. Aquaculture Reports, 2021, 21: 100805.

[19] Jin M K, Wang H, Li Z, et al. Physiological responses of *Chlorella pyrenoidosa* to 1-hexyl-3-methyl chloride ionic liquids with different cations. Science of the Total Environment, 2019, 685: 315-323.

[20] Hyka P, Lickova S, Pribyl P, et al. Flow cytometry for the development of biotechnological processes with microalgae. Biotechnology Advances, 2013, 31 (1): 2-16.

[21] Kazemi-Shahandashti S-S, Maali-Amiri R. Global insights of protein responses to cold stress in plants: signaling, defence, and degradation. Journal of Plant Physiology, 2018, 226: 123-135.

[22] Li D P, Wang Y F, Song X S, et al. The inhibitory effects of simulated light sources on the activity of algae cannot be ignored in photocatalytic inhibition. Chemosphere, 2022, 309: 136611.

[23] Wang X F, Miao J J, Pan L Q, et al. Toxicity effects of p-choroaniline on the growth, photosynthesis, respiration capacity and antioxidant enzyme activities of a diatom, *Phaeodactylum tricornutu* . Ecotoxicology and Environmental Safety, 2019, 169: 654-661.

[24] Li Z H, Chen J Z, Chen J, et al. Metabolomic analysis of *Scenedesmus obliquus* reveals new insights into the phytotoxicity of imidazolium nitrate ionic liquids. Science of the Total Environment, 2022: 154070.

[25] Goldman J C. Temperature effects on phytoplankton growth in continous culture. Limnology and Oceanography, 1977, 22 (5): 932-936.

[26] Li W K W, Morris I. Temperature adaptation in *Phaeodactylum tricornutum* Bohlin: photosynthetic rate compensation and capacity. Journal of Experimental Marine Biology And Ecology, 1982, 58: 135-150.

[27] Na J, Kim Y, Song J, et al. Evaluation of the combined effect of elevated temperature and cadmium toxicity on *Daphnia magna* using a simplified DEBtox model. Environmental Pollution, 2021, 291: 118250.

[28] Zhang J G, Luo X G. Bioaccumulation characteristics and acute toxicity of uranium in *Hydrodictyon reticulatum* : an algae with potential for wastewater remediation. Chemosphere, 2022, 289: 133189.

[29] Hickey C W. Microtesting appraisal of ATP and cell recovery toxicity end points after acute exposure of *Selenastrwm capricornwtum* to selected chemicals. Environmental Toxicology, 1991, 6: 383-403.

第八章 防污剂 Irgarol 1051 对三角褐指藻的毒性效应与作用机制

海洋污损会给海洋产业带来危害已成为不争的事实，为了解决海洋污损问题，海洋防污技术不断发展，主要包括物理清除技术、电解防污技术、生物防治技术和防污涂层技术等，其中防污涂层技术是最高效、经济和常用的防治手段。海洋防污最早可追溯到以铜钉固定在船体表面的铅涂层[1]，但是随着化学工业的发展，防污涂料（如油脂、焦油）迅猛发展，19 世纪中期出现了真正的防污剂这一概念。防污剂是一种用于防止污损生物附着或积聚在海洋设施、船舶、海洋工程等表面的化学物质或涂层，可以减少生物附着、沉积物和其他污染物的黏附，从而可减少清洗和维护成本，延长设施的使用寿命，并且有助于保护海洋生态系统免受附着生物的影响[2]。在众多防污剂中，Irgarol 1051 是一种三嗪类有机除草剂，常与氧化亚铜一起形成复合防污剂，实现对海洋污损生物的防除。

三角褐指藻是一种海洋硅藻，属于羽纹纲褐指藻目，具有似卵的椭圆形、似舟状的梭形和三角形这三种不同的细胞形态，而且这三种形态可以在不同的环境、不同的条件下进行相互转变。一般而言，在正常的 f/2 培养液中培养，三角褐指藻大多数都是三角形形态，偶尔会有梭形。正常椭圆形细胞长大约 10μm，宽 5μm；正常的梭形细胞长 25μm 左右，两角末端较圆滑；正常三角形细胞长度约为 15μm。三角褐指藻细胞中心部分都有一个细胞核，而且含有黄褐色的色素体。此外，三角褐指藻对环境的要求不高，具有广适性，能够在盐浓度很广的范围内生存；一般在室温条件下都能生存，而且对酸碱度的要求也很低，一般中性左右都能生存。作为硅藻生物学研究的模式种，三角褐指藻具有生长周期短、显著性状易遗传转化等优点，且其全基因组测序工作已于 2008 年全部完成，而且网上还有可用于分子生物学研究的 10 万多条表达序列标签（EST），这为研究环

境压力胁迫下三角褐指藻生长、生态、生理等方面的表现和变化提供了分子调控机制的有力工具[3]。

本章首先简要介绍 Irgarol 1051 的主要理化特性，并对其在环境中的分布、迁移、转化及生态效应进行综述；然后，以三角褐指藻为研究对象，研究 Irgarol 1051 对其毒性效应与作用机制，包括在 Irgarol 1051 暴露下，三角褐指藻细胞中叶绿素 a 含量、可溶性蛋白含量、可溶性多糖含量、SOD 活性、POD 活性和 MDA 含量的变化，以及 Irgarol 1051 对三角褐指藻呼吸作用及光合作用的影响；最后，通过 RNA-seq 技术分析 Irgarol 1051 暴露下三角褐指藻基因的差异表达情况，通过序列比对和生物信息学分析获得差异表达基因，并利用 GO 分析这些差异表达基因主要参与的细胞代谢、生物调控、基因表达、压力应答等过程，为从分子水平上明确藻类对防污剂 Irgarol 1051 暴露的响应机制提供参考。

第一节　Irgarol 1051 在水环境中的生态效应

一、 Irgarol 1051 及其在环境中的分布

1. Irgarol 1051 及其主要理化特性

Irgarol 1051（2-叔丁氨基-4-环丙氨基-6-甲硫基-*S*-三嗪）是一种三嗪类有机除草剂，其化学结构如图 8-1 所示。作为光合系统Ⅱ（Photosystem Ⅱ，PSⅡ）的抑制剂，Irgarol 1051 可有效抑制海洋附着藻类的生长，常与氧化亚铜一起形成复合防污剂，实现对海洋污损生物的防除。近年来，由于有机锡类防污剂被全面禁用，Irgarol 1051 结合铜化合物的新型防污剂已成为海洋防污涂料市场的主要产品之一[4,5]。虽然 Irgarol 1051 的水溶解度仅为 7mg/L，但由于分子量小，使其极易分散、溶解到水环境中，并在海洋生物中有累积的趋向。因此，Irgarol 1051 已成为目前使用最多的防污剂，也是环境中最容易检测到的，半衰期较长的防污剂之一[6]。

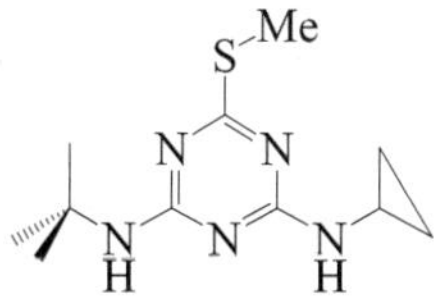

图 8-1　Irgarol 1051 的化学结构式

（CAS—28159-98-0；EINECS—248-872-3；分子式—$C_{11}H_{19}N_5S$；分子量—253.37）

2. Irgarol 1051 在环境中的分布

在海洋防污过程中，Irgarol 1051 以 2.5～16μg/(cm^2 · d) 的速率被释放到周围水体中，这是其进入水环境的主要途径。1993 年，Readman 等[7] 首次提出 Irgarol 1051 为水体环境污染物，并在法国里维耶拉港码头的海水中检测到了 Irgarol 1051，其浓度为 0.11～1.70μg/L。随后，有关 Irgarol 1051 在环境中分布的报道大量出现，涉及欧洲、北美、东亚、东南亚、澳大利亚等地区和国家。在欧洲，地中海和英国沿海地区的 Irgarol 1051 污染较为严重，分别达到了 0.64μg/L 和 0.20～1.42μg/L。Gardinali 等[8,9] 证实了 Irgarol 1051 普遍存在于美国佛罗里达群岛，其浓度高达 0.18μg/L。在亚洲，Okamura 等[10] 在日本南部海域的不同地点均检测到了 Irgarol 1051，最高浓度为 0.26μg/L；而且在新加坡沿海水域发现了最高浓度的 Irgarol 1051，达到 4.2μg/L[11]。同时，在内河流域也检测到了 Irgarol 1051，最高检测浓度为 2.43μg/L[12]。根据美国环境保护署（Environmental Protection Agency，EPA）的预测报告，Irgarol 1051 的未来环境浓度可能达到 5.59μg/L。而由于 Irgarol 1051 对固体颗粒具有较低的结合能力（$\lg K_{oc}=3.0$，$\lg K_{ow}=3.9$），导致其在沉积物中的含量很低，有关其在沉积物中的分布情况只有少量报道，最高浓度出现在英国奥威尔河口区，浓度为 10～1011ng/g[13]。因此，可以推测 Irgarol 1051 在全球水环境中均有分布，研究其对水生生态系统的影响已迫在眉睫。

二、 Irgarol 1051 在环境中的迁移与转化

在水环境中，吸附作用可降低水中 Irgarol 1051 的浓度和毒性，也是沉积物中积累 Irgarol 1051 的主要途径。然而许多研究发现，Irgarol 1051 主要溶解在海水中，沉积物中的含量很低。根据麦凯逸度模型，估计 95％的 Irgarol 1051 存在于海水中，只有 4.4％进入到沉积物中。此外，Irgarol 1051 的挥发量微小，且降解速率非常缓慢，在自然海水中很难被生物降解，它的半衰期在 100～350d 之间；在沉积物中，Irgarol 1051 更不易被降解，即使在有氧条件下降解速率也很低，厌氧环境下则更缓慢。Okamura 等[14] 研究发现 Irgarol 1051 在纯水、河水、海水以及 pH 值为 5、7、9 的溶液中，于 50℃的条件下 1 周内未发生降解，并认为 Irgarol 1051 不易被水解。但 Liu 等[15] 发现当以 $HgCl_2$ 为催化剂时，Irgarol 1051 可被水解为 M1/GS26575（2-叔丁氨基-4-氨基-6-甲硫基-S-三嗪）。Lam 等[16] 认为 Irgarol 1051 的主要降解途径是通过开环和去甲基化作用进行

的，可形成相对稳定的降解产物 M1/GS26575；次要降解途径则是通过氧化和砜基团裂解进行的，但在环境中尚未检测到次要途径的降解产物（图 8-2）。此外，Lam 等[17] 在 $HgCl_2$ 为催化剂的条件下，发现了 Irgarol 1051 的其他水解产物 M2（3-［2-叔丁氨基-4-氨基-6-甲硫基-S-三嗪］丙醛）和 M3（N,N'-二叔丁基-2,4-二氨基-6-甲硫基-S-三嗪）。但在自然环境中，M2 和 M3 并不是通过上述 2 种途径降解生成的，而是由其他未知途径产生的，说明 Irgarol 1051 在水环境中的降解过程非常复杂，所产生的降解产物也丰富多样。此外，在海水和沉积物中，Irgarol 1051 的主要降解产物 M1 非常稳定，其半衰期分别达到了 200d 和 260d，似乎比 Irgarol 1051 更稳定。然而，Thomas 等[18] 检测到海水中 M1 的浓度远低于 Irgarol 1051，这可能是由于 Irgarol 1051 的降解相对更慢，导致 M1 的降解速率要高于其生成速率。总之，研究 Irgarol 1051 在环境中迁移、转化的机制及其降解产物将是未来研究的热点之一。

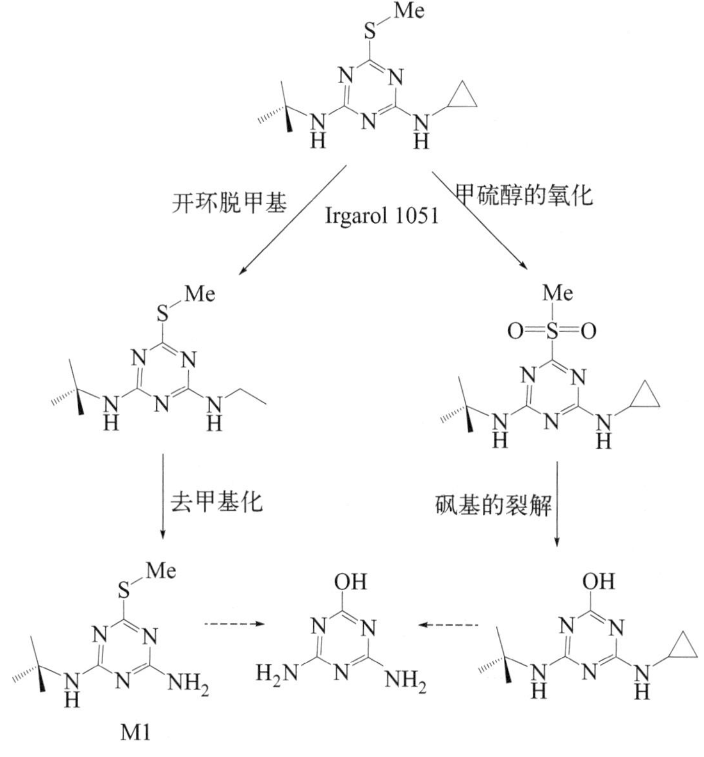

图 8-2　Irgarol 1051 在自然水体中可能的降解途径

三、 Irgarol 1051 对水生生态系统的影响

目前，国内外有关 Irgarol 1051 对水生生态系统影响的研究主要集中在它对

海洋植物和动物等的生长抑制效应上。研究显示，Irgarol 1051 可抑制水生植物 PSⅡ中电子的传递，阻断光合作用，进而影响水生植物生存和生长；低浓度 Irgarol 1051 可通过抑制电子传递影响珊瑚生长，进而破坏海岸生态系统健康。而有关 Irgarol 1051 对水生动物产生毒性效应的机理尚未见到报道，对高等动物影响的相关研究则更少。目前部分研究已经开始关注淡水中的 Irgarol 1051，因为它在淡水生态系统中同样会对非目标水生植物造成毒性效应。表 8-1 总结了有关 Irgarol 1051 对水生生物影响的部分研究工作，从中可以看出，Irgarol 1051 对水生生态系统影响的有关研究主要集中于其对海洋植物和动物的生长抑制效应上，且发现其对海洋植物的毒性效应远高于海洋动物，现已对其影响水生植物的毒性效应机理较为清晰，主要有 3 种途径：①与 PSⅡ中的 D1 蛋白结合，干扰 PSⅡ的电子传递，从而降低 ATP、NADPH 等的产量；②促使细胞体内积累活性氧，增加对 PSⅡ的氧化应激压力；③阻碍 D1 蛋白的周转。因此，未来应加强对 Irgarol 1051 影响水生动物的相关机理进行研究，以逐步揭示其对水生生态系统的影响机制。

表 8-1　Irgarol 1051 对水生生物的生长抑制效应

物种	种属	时间	指标	剂量/(μg/L)
海草	大叶藻(*Zostera marina*)	10d	EC_{50}	1.1
褐藻	墨角藻(*Hormosira banksii*)	6h	EC_{50}(PSⅡ)	0.17
绿藻	杜氏盐藻(*Dunaliella tertiotecta*)	96h	EC_{50}	1.1
	四爿藻(*Tetraselmis* sp.)	72h	EC_{50}(PSⅡ)	0.230
		72h	EC_{50}(GR)	0.116
	一种绿藻(*Chlorophytes*)	135d	EC_{50}	0.34
硅藻	钳状舟形藻(*Navicula forcipata*)	96h	EC_{50}	0.6
	中肋骨条藻(*Skeletonema costatum*)	96h	EC_{50}	0.41
	假微型海链藻(*Thalassiosira pseudonana*)	96h	EC_{50}	0.29
	窗纹藻(*Epithemia adnata*)	58d	EC_{50}	0.09
	中肋骨条藻(*Skeletonema costatum*)	96h	EC_{50}	0.57
	假微型海链藻(*Thalassiosira pseudonana*)	96h	EC_{50}	0.38
	威氏海链藻(*Thalassiosira weissflogii*)	72h	EC_{50}(PSⅡ)	0.327
		72h	EC_{50}(GR)	0.303
蓝藻	小型色球藻(*Chroococcus minor*)	7d	EC_{50}	5.7
	聚球藻(*Synechococcus* sp.)	96h	EC_{50}	23
	极大节旋藻(*Arthrospira maxima*)	1h	EC_{50}	12.72
	聚球藻 7942(*Synechococcus* sp.,PCC7942)	96h	EC_{50}	7.09

续表

物种	种属		时间	指标	剂量/(μg/L)
针胞藻	针胞藻(*Fibrocapsa japonica*)		72h	EC_{50}(PSⅡ)	0.110
			72h	EC_{50}(GR)	0.618
浮游植物	海洋颗石藻(*Emiliania huxleyi*)		72h	EC_{50}(PSⅡ)	0.604
			72h	EC_{50}(GR)	0.406
浮游动物	一种剑蚤(*Cyclopoid copepodits*)		78d	EC_{50}	0.09
	草绿刺剑水蚤(*Megacyclops viridis*)		92d	EC_{50}	0.33
	枝角类甲壳动物(*Cladocerans*)		148d	EC_{50}	1.21
	介形类(*Ostracods*)		148d	EC_{50}	0.11
环节动物	华美盘管虫(*Hydroides elegans*)幼虫		48h	LC_{50}	2600
甲壳类动物	纹藤壶(*Balanus amphitrite*)幼虫		24h	LC_{50}	2200
	日本虎斑猛水蚤(*Tigriopus japonicus*)成体		96h	LC_{50}	2400
尾索动物	玻璃海鞘(*Ciona intestinalis*)	胚胎	48h	EC_{50}	6486
		幼虫	48h	EC_{50}	2115
棘皮动物	球海胆(*Paracentrotus lividus*)	胚胎	48h	EC_{50}	4021
		幼虫	48h	EC_{50}	6032
腔肠动物	隆起鹿角珊瑚(*Acropora tumida*)幼虫		24h	LC_{10}	440
鱼类	黑点青鳉(*Oryzias melastigma*)幼体		96h	LC_{50}	1000

注：EC_{50}—半数最大效应浓度；EC_{50}(PSⅡ)—Irgarol 1051 引起生物体光合效率降低 50%的最大效应浓度；EC_{50}(GR)—生长速率降低 50%时的最大效应浓度；LC_{50}—致死率为 50%时 Irgarol 1051 的浓度；LC_{10}—致死率为 10%时 Irgarol 1051 的浓度。

此外，研究发现：作为环境污染物，Irgarol 1051 在对水生生态系统产生毒性效应的同时，还可通过诱导生物耐受来改变环境生物群落的组成与丰度。2002 年，Nyström 等[19] 在研究 Irgarol 1051 对浮游植物和大型海藻的毒性效应时，首次发现 Irgarol 1051 在环境中的浓度为 126～253ng/L 时，即可作为选择压力诱导浮游植物和大型海藻产生耐受。随后，Bérard 等[20] 和 Dorigo 等[21] 也报道了 Irgarol 1051 可诱导生物耐受，并指出 Irgarol 1051 作为环境选择压力，不仅对环境生物具有毒性效应，还可改变环境生物群落的组成及丰度等，提出应通过加强实验研究来解析 Irgarol 1051 诱导生物耐受的机制。Blanck 等[22] 利用污染物诱导群落耐受（pollution induced community tolerance，PICT）的方法研究了附着生物群落对 Irgarol 1051 耐受能力的变化，结果表明在 Irgarol 1051 诱导下耐受型生物明显增加，而敏感型生物则减少。Eriksson 等[23] 研究了 Irgarol 1051 诱导下海洋附着群落的 *psbA* 基因序列、种群丰度及污染物诱导的群落耐受，结果发现在 Irgarol 1051 诱导下，海洋附着生物群落的种群组成及丰度发生了改变，其中舟形藻（*Navicula* sp.）的丰度由 0.1%增加到 4%，说明舟形藻对 Irgarol 1051 具有一定的耐受能力；而且群落 *psbA* 基因的组成及多样性均随 Irgarol 1051 浓度的升高发生显著变化；调节 D1 蛋白降解速率的非保守氨基酸也发生了改变，并推测 Irgarol 1051 诱导的群落耐受可能是由于 D1 蛋白周转率的提高，而非是单个氨基酸的突变或替代引起的。Wendt 等[24] 研究了 Irgarol 1051 对孔石莼（*Ulva lactuca* L.）游动孢子附着和生长发育的影响，研究发现即使 Irgarol 1051 的浓度高达 507g/L，游动孢子的附着和生长也未受到影响，说明孔石莼游动孢子对 Irgarol 1051 具有较强的耐受能力，并推测这种耐受能力可能是由于以谷胱甘肽 S-转移酶为主的酶促解毒体系引起的。综上所述，Irgarol 1051 诱导生物耐受的机理可能是：①类似于陆地植物，PSⅡ反应中心 D1 蛋白发生突变（Ser_{264} 变成 Gly）；②藻细胞中存在以谷胱甘肽 S-转移酶为活性酶的酶促解毒体系，可通过脱烷基作用和羟基化作用将 Irgarol 1051 降解为无毒化合物；③藻细胞中 D1 蛋白周转率的提高。但目前对 Irgarol 1051 诱导生物耐受的机理，尤其是分子机理，没有相关报道，需通过进一步研究来解析 Irgarol 1051 诱导生物耐受的机理。

第二节　Irgarol 1051 对三角褐指藻的毒性效应

一、Irgarol 1051 对三角褐指藻生长的影响

不同浓度的 Irgarol 1051 均对三角褐指藻的生长产生强烈的抑制作用（图 8-3），特别是在暴露 48h 后。与对照组相比，暴露组前 24h 内生长受到轻微抑制；在 48h 后，Irgarol 1051 暴露对三角褐指藻的生长抑制作用更加明显。在 96h 的暴露实验中，Irgarol 1051 浓度为 1μg/L、3μg/L、6μg/L、9μg/L 和 12μg/L 时，藻细胞生长的抑制率分别为 26.7%、30.3%、31.9%、37.1%和 69.2%。Hartmann[25] 也报道了类似的实验结果，并推测引起植物生长抑制的原因可能是防污剂诱导了细胞中 ROS 的累积，破坏了 ROS 的平衡，并使细胞成分如蛋白质、DNA、色素等发生降解或失活[26]，同时阻断了光合作用中电子链的传递，进而阻止了细胞的生长[27]。

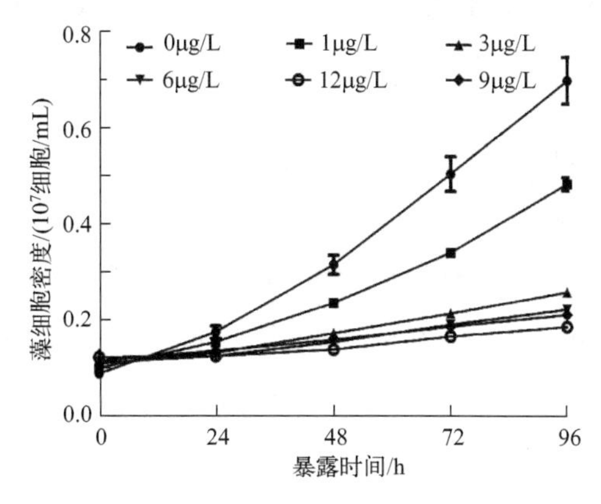

图 8-3 Irgarol 1051 对三角褐指藻生长的影响

二、 Irgarol 1051 对叶绿素 a 含量的影响

叶绿素是藻细胞进行光合作用的主要色素，它的降解或减少将会直接影响光合作用的效率。换句话讲，叶绿素的含量直接决定了植物的稳态生长[28]。如图 8-4 所示，在防污剂 Irgarol 1051 浓度为 0～3μg/L 的暴露组中，三角褐指藻的叶绿素 a 含量随着 Irgarol 1051 浓度的增加而增加，这表明低浓度 Irgarol 1051 促进了三角褐指藻叶绿素 a 的合成。有文献报道硅藻在防污剂暴露下，叶绿素 a 的含量高于对照组[29]，是因为低浓度防污剂使细胞受到损伤，其通过叶绿素含量增加来促进光合作用提供能量，进行自我修复。然而，6μg/L、9μg/L 和 12μg/L Irgarol 1051 暴露组中三角褐指藻的叶绿素 a 含量稍微下降，说明 Irgarol 1051 对三角褐指藻光合作用产生了一定的抑制作用，是其产生毒性效应的原因之一[30]。

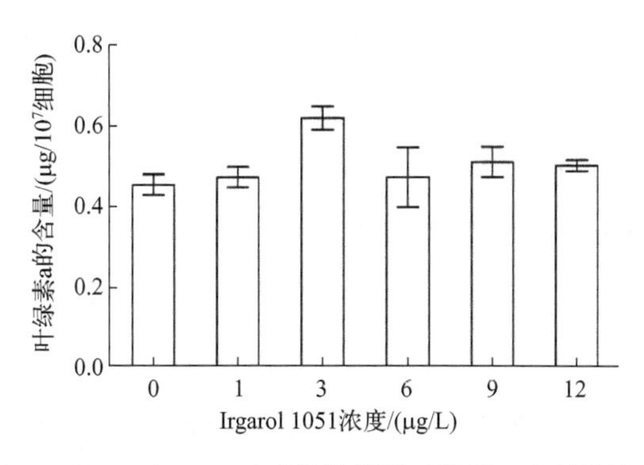

图 8-4 Irgarol 1051 对三角褐指藻叶绿素 a 含量的影响

三、 Irgarol 1051 对可溶性蛋白和多糖含量的影响

可溶性蛋白含量可作为一个重要指标来监测细胞内新陈代谢中各种可逆或是不可逆的改变[31]。蛋白质是藻细胞正常新陈代谢所必需的物质，其含量的多少可以表征藻的生长情况。在图 8-5 中可以看出，在不同浓度 Irgarol 1051 的暴露组中，可溶性蛋白的含量先有一个上升而后明显下降。在 Irgarol 1051 浓度为 0μg/L、0.1μg/L、3μg/L、6μg/L、9μg/L 和 12μg/L 的暴露组中，三角褐指藻的可溶性蛋白含量分别为 14.87μg/10^7 细胞、23.98μg/10^7 细胞、15.98μg/10^7 细胞、16.39μg/10^7 细胞、12.12μg/10^7 细胞和 4.51μg/10^7 细胞。可溶性蛋白含量先上升后下降，上升是为了抵御胁迫[32]，下降是因为细胞内产生了大量的 ROS，ROS 会破坏蛋白质结构，使细胞内的蛋白质降解，从而使得可溶性蛋白含量降低。

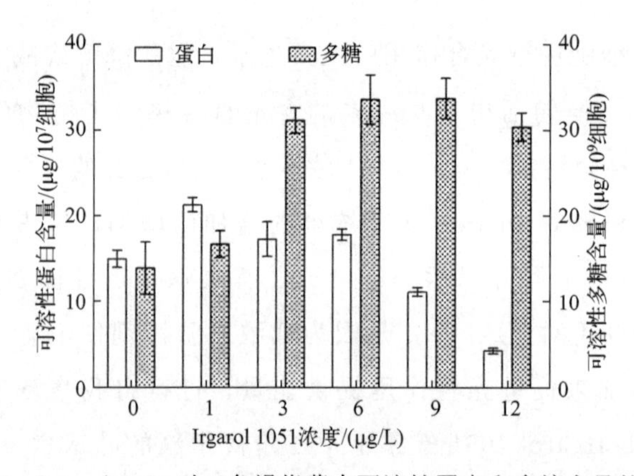

图 8-5　Irgarol 1051 对三角褐指藻中可溶性蛋白和多糖含量的影响

可溶性多糖，特别是蔗糖、葡萄糖和果糖，在细胞或是整个有机体水平，在细胞结构和新陈代谢中都扮演着重要的角色。可溶性多糖可以参与到一系列的生理生化反应中，以调节渗透性的方式来帮助植物抵抗胁迫[33]。图 8-5 显示了防污剂 Irgarol 1051 对三角褐指藻中可溶性蛋白和多糖含量的影响。由图可知，随着 Irgarol 1051 浓度的增加，三角褐指藻中可溶性多糖的浓度也随之增加。El-Sheekh 等[34] 的研究结果表明：在微囊毒素暴露下，铜绿微囊藻（*Microcystis aeruginosa*）细胞中多糖含量明显升高，这表明藻体中的多糖可能参与了保护藻细胞对抗环境胁迫。这与本节的研究结果类似。此外，也曾有报道表明可溶性多糖在保护植物抵抗氧化胁迫和清除自由基方面有重要作用[35]。

四、 Irgarol 1051 对三角褐指藻中 MDA、 SOD 和 POD 的影响

丙二醛是藻细胞体内一些脂质物质由于过氧化反应产生的某些产物分解后的最终产物，一般是膜上多不饱和脂肪酸受自由基攻击后所产生的脂质过氧化的代谢产物，可作为细胞膜脂质过氧化程度的评价指标。如图 8-6 所示，与对照组相比，随着 Irgarol 1051 浓度的升高，三角褐指藻细胞中 MDA 的含量逐渐增加。Hourmant 等[36] 研究了不同浓度的灭草松（一种类似于 Irgarol 的除草剂）和不同暴露时间内角毛藻（*Chaetoceros gracilis*）中 MDA 含量的变化，结果发现在灭草松的浓度为 0.05mg/L 培养 2d 后，MDA 的含量有明显的增加。这与本节研究结果相似。然而在 Cima 等[37] 的实验中发现一种深紫皮革珊瑚被暴露在浓度为 0.1mg/L 防污剂（Sea-Nine211^{TM}）中 72h 后，MDA 的含量并没有明显的增加。这可能是因为珊瑚属于动物，与藻类的耐受机制不同。

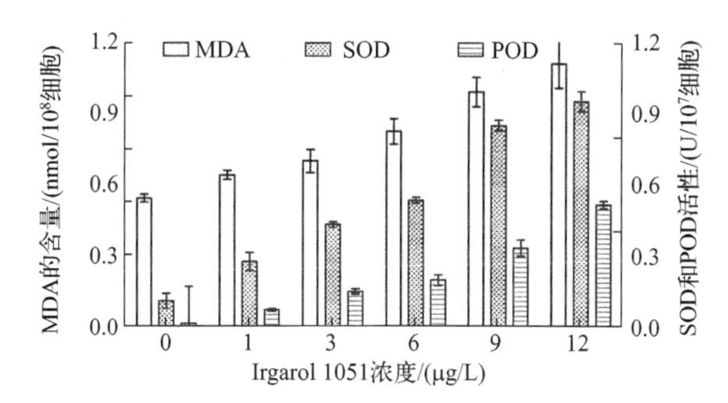

图 8-6 Irgarol 1051 对三角褐指藻中 MDA 含量以及 SOD 和 POD 活性的影响

当藻细胞受到环境胁迫后，SOD 是抗氧化防御系统中抵御环境胁迫的第一个酶，它能将超氧阴离子转化成 H_2O_2 和 O_2，其含量变化可反映藻细胞清除超氧阴离子的能力。早就有很多文献报道了环境污染物对藻体中 SOD 的影响。如很多文献报道过在防污剂的短期暴露后，藻细胞内 SOD 活性有所增加。本节的研究结果与文献报道的基本一致，在不同浓度 Irgarol 1051 暴露 96h 后，三角褐指藻的 SOD 活性有显著的增加（图 8-6），说明 Irgarol 1051 具有较强的毒性并可引起藻体内过氧化反应损伤，ROS 的累积可进一步导致 SOD 的大量合成和活性的提升，以进行藻体自我调节。

过氧化物酶（POD）大量存在于植物体内，是最活跃的酶之一，它与光合作用、呼吸作用以及氧化作用都有密切的关联。从图 8-6 中可以看出当 Irgarol 1051 的浓度从 0μg/L、1μg/L、3μg/L、6μg/L、9μg/L 和 12μg/L 时，藻细胞中 POD 的活性分别为 0.051U/10^7 细胞、0.088U/10^7 细胞、0.15U/10^7 细胞、

0.24U/10^7 细胞、0.329U/10^7 细胞和 0.562U/10^7 细胞，呈现出浓度依赖性效应。POD 和 SOD 作为两个关键的抗氧化防御酶，它们活性的变化是一个重要的生化指标，可用于衡量氧化胁迫。在暴露培养 96h 后，SOD 活性值比 POD 更高，这可能是因为 SOD 的合成和防御功能都先于 POD。藻体内这些酶活性的明显提高是由于过多的胞内活性氧自由基引起的应激反应。

第三节 Irgarol 1051 对三角褐指藻光合作用和呼吸作用的效应

一、Irgarol 1051 在水环境中的降解规律

Irgarol 1051 作为近年应用最频繁，并能在近海岸的水域中直接检测到的一类新污染物，由于其半衰期时间较长、理化性质稳定，能够持续存在于水环境中[38]。本节模拟原位水环境，通过安捷伦的四元液相检测 Irgarol 1051 在海水环境中的迁移和分解情况，研究发现：在 0～24h 内，出峰面积下降，表明 Irgarol 1051 在 24h 内稍有降解（图 8-7），降解量占总量 12.5%；在 24～96h 内，峰面积处于一个稳定值，说明 Irgarol 1051 在 96h 内几乎不降解，这与 Katsumata 的研究结论一致[39]。

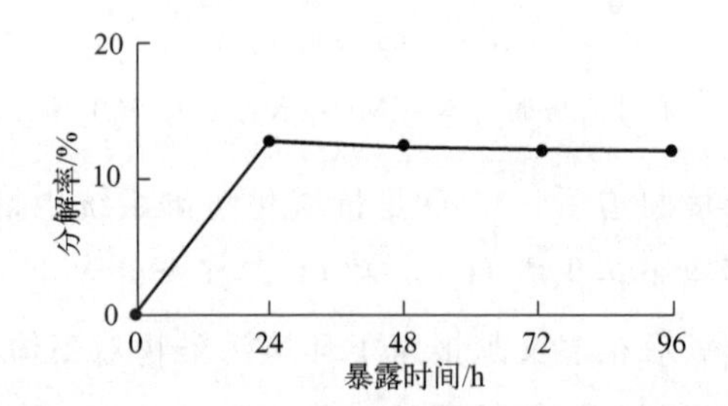

图 8-7 Irgarol 1051 在水环境中随时间变化降解情况

二、Irgarol 1051 对三角褐指藻中叶绿素荧光值的影响

1. 最大光合化学效率（F_v/F_m）

大多数植物或微藻（包括海洋微藻）的 F_v/F_m 值一般为 0.80 左右，但是在实际操作中，由于细胞结构的不同，F_v/F_m 的值会在一个范围内上下波动[40]。Irgarol 1051 对三角褐指藻 F_v/F_m 的影响如图 8-8 所示。与对照组相比，暴露 24h 后三角褐指藻的 F_v/F_m 值明显受到了不同浓度的 Irgarol 1051 的影响。

而且在 12μg/L Irgarol 1051 暴露 96h 后，F_v/F_m 值受到了最大抑制。Irgarol 1051 暴露下，三角褐指藻的 F_v/F_m 值明显下降，这说明 PSⅡ中潜在的最大光合化学效率值是下降的，这可能是因为 PSⅡ的完整性受到了 Irgarol 1051 破坏，使其光合作用受到抑制。

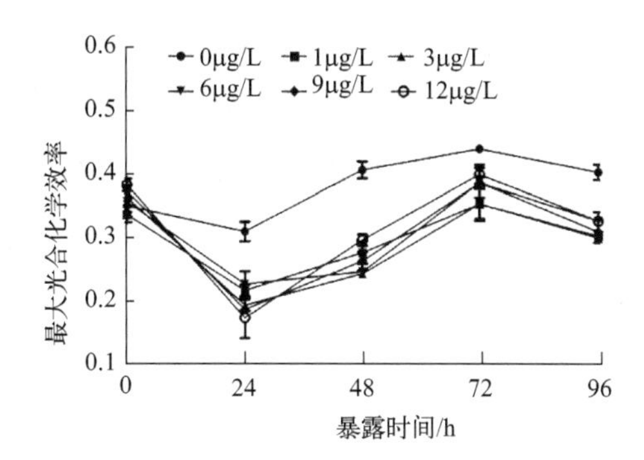

图 8-8　Irgarol 1051 对三角褐指藻最大光合化学效率的影响

2. 实际光化学效率（$\Phi_{PSⅡ}$）

$\Phi_{PSⅡ}$ 是研究叶绿素荧光值的重要指标之一[41]。暴露 24h 内，$\Phi_{PSⅡ}$ 值随 Irgarol 1051 浓度的升高有一个明显的急剧下降趋势，表明暴露组中几乎没有藻细胞能正常地进行光合作用。而在 Irgarol 1051 高浓度暴露组中，$\Phi_{PSⅡ}$ 值达到了最大抑制率（93.3%）（图 8-9）。值得关注的是藻类的光合作用在低浓度 Irgarol 1051 作用下就受到明显的抑制，这可能是因为 Irgarol 1051 结合 PSⅡ次级电子受体 QB 的载体蛋白（D1 亚基），从而阻断电子从 QA 向 QB 的传递。三角褐指藻的 $\Phi_{PSⅡ}$ 值受 Irgarol 1051 作用呈下降趋势这一结果与其他防污剂一致[42]，说明 Irgarol 1051 可能就是通过阻断 PSⅡ中希尔反应的电子传递来抑制光合作用的。许多不同种类微藻 $\Phi_{PSⅡ}$ 值都有类似的明显变化[43]，这也说明了 $\Phi_{PSⅡ}$ 值可

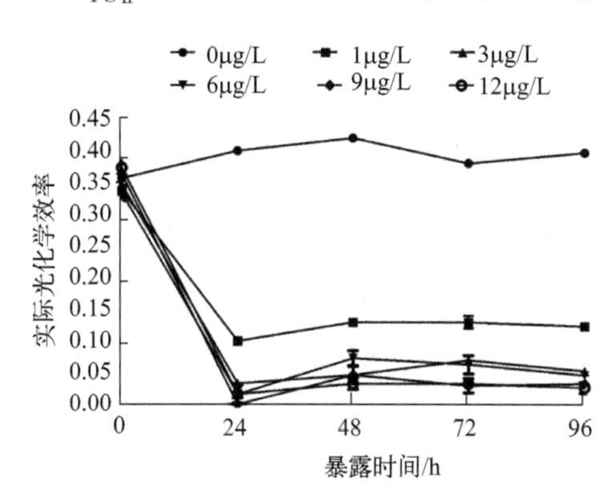

图 8-9　Irgarol 1051 对三角褐指藻实际光化学效率的影响

作为一个可靠的指标用来评估 PSⅡ受抑制的情况。

3. 相对电子传递速率（*rETR*）

相对电子传递速率（relative electron transport rate，*rETR*）也常作为指示值来监测污染物对藻类的胁迫，因为它可以提供光合作用中 PSⅡ的电子链上电子传递速率的数据[42]。从图 8-10 中可以看出 *rETR* 值在对照组与 Irgarol 1051 暴露组间差异明显。在 Irgarol 1051 短时间的暴露下 *rETR* 值就有骤降，且 *rETR* 值随 Irgarol 1051 浓度的升高而降低，这意味着 Irgarol 1051 对光合作用有着强大的抑制作用，这可能是因为它能置换电子传递链上第二受体醌的结合位点[44]。多数的光能被叶绿体吸收用来进行光合作用，另外一些多余的能量将会以热量的形式消散或是转化成叶绿素荧光，这三个反应均分所有光能。$\Phi_{PSⅡ}$ 值和 *rETR* 值在 Irgarol 1051 的暴露下都有所下降，这表明三种反应的平衡已经被打破，导致光合作用的效率降低，同时热能的损失增加[45]。

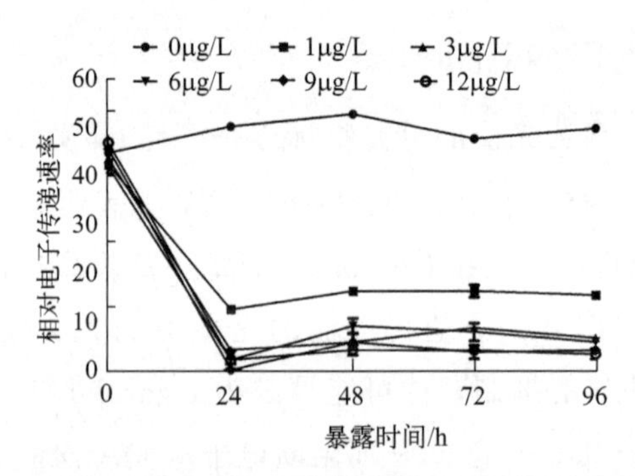

图 8-10　Irgarol 1051 对三角褐指藻相对电子传递速率的影响

三、 Irgarol 1051 对三角褐指藻中放氧速率的影响

图 8-11 表示的是三角褐指藻在不同浓度 Irgarol 1051 暴露下暗呼吸速率的变化趋势。由图可以看出对照组的暗呼吸速率比较稳定，保持在 2.6～2.8nmol/10^7 细胞的区间内，而添加 Irgarol 1051 的暴露组则在暴露 48h 后有一个明显的下降趋势，并在实验结束的 96h 时仍保持了下降的趋势。值得一提的是，不论 Irgarol 1051 的浓度是高还是低，当暴露到 72h 后，暗呼吸放氧速率的值都处于相似值的低水平，在 0.1～0.4nmol/10^7 细胞之间，这表明低浓度的 Irgarol 1051 对三角褐指藻的暗呼吸放氧速率就有强有力的抑制作用，甚至可能产生破坏作用，所以才导致不管 Irgarol 1051 是低浓度还是高浓度，三角褐指藻的暗呼吸放氧速率都在同一低速率水平值。事实上，叶绿体的电子传递链上的第二受体 QB

与辅酶 Q 在结构上有类似的部分，这意味着 Irgarol 1051 也能在呼吸链上阻断辅酶 Q 上的结合点。在一些其他的实验研究上也发现，Irgarol 1051 还能够通过打开线粒体上的小气孔来抑制 ATP 的生物合成，并且当 Irgarol 1051 的浓度达到 200μmol/L 时能够使线粒体中的呼吸作用停止。在呼吸链的复合物Ⅰ上，O_2 的产生机制为：当 $NADH/NAD^+$ 的转化速率较高时，会导致复合物Ⅰ上黄素单核苷酸的位点减少，但是当辅酶 Q 中的电子增多发生偶合时就会导致逆向电子传递的发生；在呼吸链的复合物Ⅲ上，将辅酶 Q 的电子传递到细胞色素酶上，而且它会瞬时作用在辅酶 Q 上的 Q_i 和 Q_o 位点，当 Q_i 位点被抑制时，复合物Ⅲ会用一个半醌绑定 Q_o 位点产生大量 O_2。所以 72～96h 的呼吸作用速率有所缓和，还可能是因为 Irgarol 1051 虽然阻断了呼吸链上复合物Ⅰ的氧分子的生产，但是三角褐指藻的应激反应使呼吸链上复合物Ⅲ短时产生氧气，以缓解呼吸速率的继续下降。但是如图 8-11 所示 96h 呼吸速率已接近 0，一个可能的直接原因是 Irgarol 1051 使大部分藻细胞死亡，剩下的少量藻细胞发生了上述应激反应。

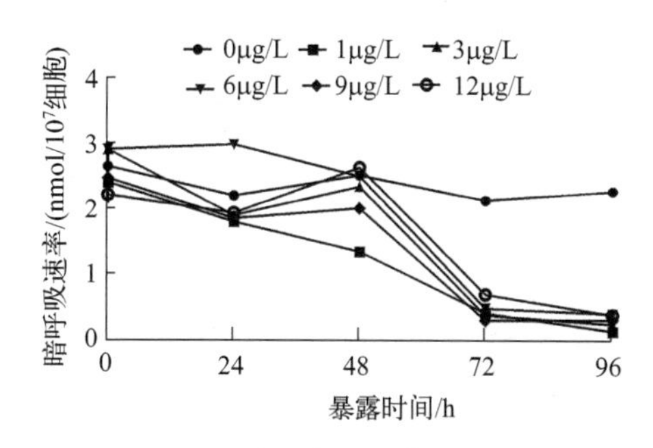

图 8-11　Irgarol 1051 对三角褐指藻的暗呼吸速率的影响

Irgarol 1051 对三角褐指藻的表观光合速率的影响在 0～48h 时都属于相对平稳的状态（图 8-12），特别是在 0～24h 的时候，到了 48h 时，表观光合速率稍微有所下降，可能是因为 PSⅡ正受到 Irgarol 1051 的胁迫，使其对 CO_2 同化过程中激发能的利用大幅度降低，从而导致大量的激发能累积，进一步减缓光合作用中各个生理代谢过程，最终导致放氧速率稍有下降[46]。但是到 72h 后，表观光合速率有一个明显的上升趋势并在 96h 时恢复平稳。这可能是因为三角褐指藻线粒体中的呼吸作用先受到 Irgarol 1051 的胁迫，不能正常进行呼吸作用，而叶绿体还处于正常状态，能够使暂时还没有被损伤致死的细胞叶绿体正常产氧供能。这一假设与上述的暗呼吸速率的结论是一致的。

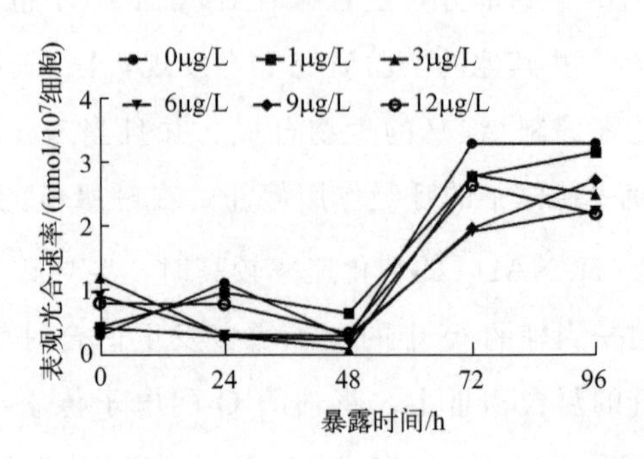

图 8-12　Irgarol 1051 对三角褐指藻表观光合速率的影响

第四节　Irgarol 1051 暴露下三角褐指藻中差异表达基因的筛选

一、三角褐指藻转录组数据的处理与生物学分析

1. 转录组数据库的建立

使用 RNA-seq 测序技术对 Irgarol 1051 暴露下三角褐指藻的 6 个样品进行测序，平均产生了 23747536 条原始序列（reads），去除低质量序列后，剩余的干净序列（clean reads）平均数量为 23689224。过滤后的数据使用 HISAT[47] 和 Bowtie2 工具与参考序列进行比对。同时，从多个方面对测序结果进行评估，具体评估结果如表 8-2 所示。

表 8-2　评估结果

样品	总序列数	干净数据率/%	总映射读数/%	干净序列 Q20/% ≥90	干净序列数 ≥20 (M)	基因唯一映射比率/% ≥80	基因组作图比率/% ≥50
C96	24102450	99.85	85.10	97.7(Y)	24.10(Y)	96.59(Y)	85.1(Y)
T12	24071836	99.72	95.05	96.9(Y)	24.07(Y)	95.48(Y)	95.05(Y)
T24	24071242	99.72	95.21	97.0(Y)	24.07(Y)	95.61(Y)	95.21(Y)
T48	24065114	99.70	94.68	96.8(Y)	24.07(Y)	94.47(Y)	94.68(Y)
T72	24079622	99.76	95.61	97.0(Y)	24.08(Y)	95.74(Y)	95.61(Y)
T96	21745085	99.75	95.58	97.1(Y)	21.75(Y)	95.98(Y)	95.58(Y)

注：Y—此样品通过此项质控。

2. RNA-seq 相关性检验

使用比对软件 Bowtie2，将干净序列比对至参考基因组。就普通的大部分实验而言，一般比对率越高就表明这个测序的样品与提供的参考样品物的亲缘性越高。但如果对比度不高不一定就代表测序样品与参考样品的亲缘性不高，还有很大的原因是送的测序样品不纯或者是被大程度地污染了。对于多个样品的分析，一般会借用基因定量的实验结果，做较多的表达水平方面的实验，希望能得到一个大范围、深层次的数据库。

（1）样品间的相关性　高通量测序必须遵从生物学重复性，因为生物学重复性是生物学实验的必要基础[48]。如果得出的两个样品间的相关系数越接近 1，那么就表明这两个样品之间相似性越强。FPKM（Fragments Per Kilobase of transcript per Million mapped reads）是一种常用的标准化表达量计算方法，主要用于高通量测序（如 RNA-seq）数据的表达水平量化。根据 FPKM 定量结果，本章计算出所有样品指定的两两之间的相关性，并对相关性绘制热图，如图 8-13 所示。同时，利用离差平方和算法计算样品间的距离，再利用欧氏距离算法来计算各个样品基因间表达量的距离。之后利用基因间表达差异距离大小来

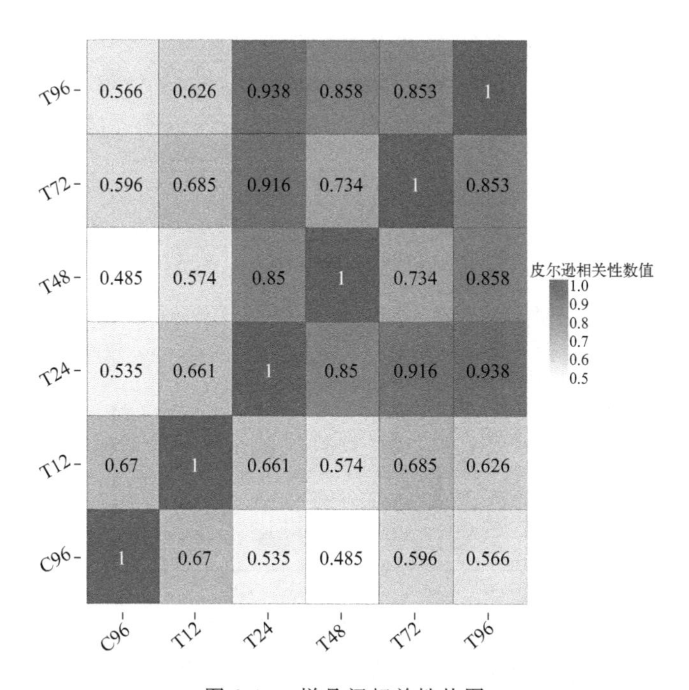

图 8-13　样品间相关性热图

右方的渐变图例表明，相关性值越小越接近白色，相关性值越大（越接近于 1）则越接近蓝色

建立聚类图，因为聚类图能较为直观地反映出两个样品之间的基因表达的差异关系、距离关系等，结果如图 8-14 所示。

（2）基因条件特异表达　一般对测得的差异基因进一步分析，很有可能会获得一些正在差异变化的基因，这些正在进行的差异变化往往是由于条件的变化而产生的，而条件特异表达分析可用于鉴定在某些特定条件下才表达的基因，并可以辅助 RNA 层次的生物标志物（biomarker）开发[49,50]，对各方案做出统计，如图 8-15 所示。

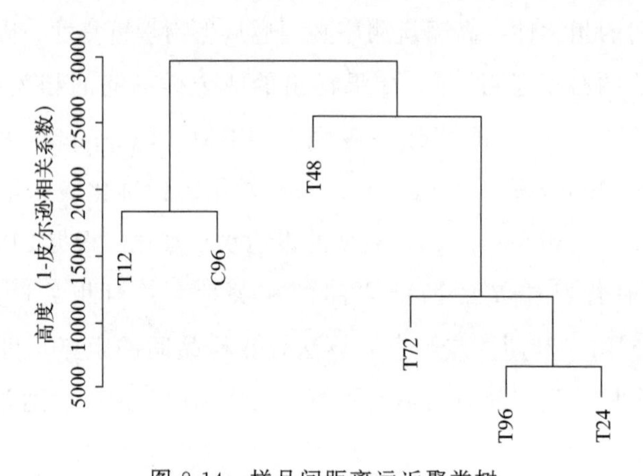

图 8-14　样品间距离远近聚类树

图中纵坐标表示聚类树中的高度，高度接近的样品容易聚在一起

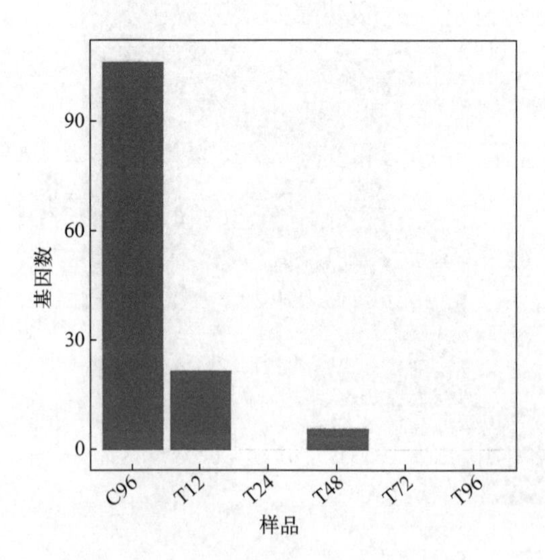

图 8-15　条件特异表达基因个数统计

横坐标是样品名，纵坐标是鉴定到的条件特异表达基因个数。做此项分析，每个方案至少 5 个样品

二、差异基因分析

差异基因分析就是在发现生理生化层面变化的基础上将不同胁迫下的基因表达数据同对照组做统计分析，以筛选出具有显著表达变化的基因，并获得更多的、更深层次的差异表达基因和其功能。由于文库中包含的基因数量极其庞大，单个差异表达基因的表达量通常仅占文库总表达量的一小部分。因此，假设我们观察到的差异表达基因 A 在文库中的序列数为 x，在这种情况下，x 的分布遵循泊松分布：

$$p(x)=\frac{e^{-\lambda}\lambda^{x}}{x!}(\lambda \text{ 是指基因真实的转录值})$$

因为把样本一中唯一比对到基因 A 的总序列数设为 x，把样本二中唯一比对到基因 A 的总序列数设为 y，然后再把样本一中唯一比对到基因组的总序列数指定为 N_1，把样本二中唯一比对到基因组的总序列数指定为 N_2；所以最后基因 A 在两样本中表达量相等的概率可由以下公式计算：

$$2\sum_{i=0}^{i=y}p(i \mid x) \text{ 或 } 2\times\left[1-\sum_{i=0}^{i=y}p(i \mid x)\right] \text{ 如果} \sum_{i=0}^{i=y}p(i \mid x)>0.5$$

$$p(y \mid x)=\left(\frac{N_2}{N_1}\right)^{y}\frac{(x+y)!}{x!\ y!\left(1+\frac{N_2}{N_1}\right)^{x+y+y}}$$

在此之后，研究对差异检验的 p 值做多重假设检验校正，通过控制假发现率（false discovery rate，FDR）来决定 p 值的阈值。

图 8-16 展示了不同的基因表达水平在 T96 组和 C96 组之间的关系。可以看出，T96 组与 C96 组相比，上调表达的基因数高于下调基因数。该图表明了基

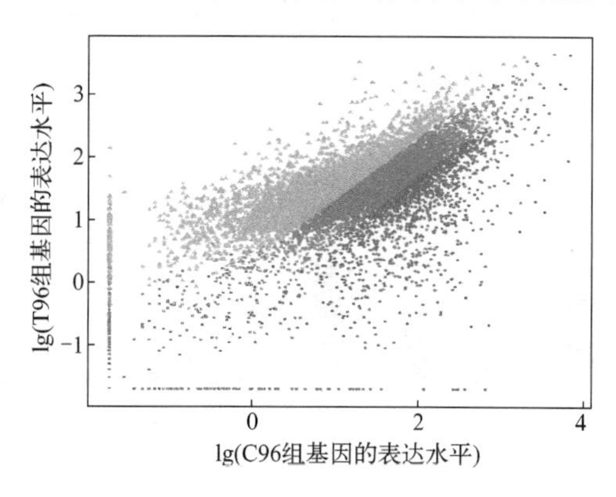

图 8-16　差异对中所有表达基因散点图

X、Y 坐标轴都取基因表达量的对数值，橙色表示上调基因，蓝色表示下调基因，褐色则是非显著差异基因

因之间的相互作用和调控关系。

图 8-17 展示了主成分分析的结果，用于比较两组基因表达数据。FDR 值是用于衡量实验结果与预期结果之间偏差的统计指标。因此，高 FDR 值表示实验结果与预期结果之间存在较大的偏差，而低 FDR 值表示实验结果与预期结果之间存在较小的偏差。图 8-17 表明 C96 组和 T96 组基因表达水平存在显著的差异，展示了基因表达差异的定量分析结果，这有助于理解基因表达水平和 FDR 值之间的关系。

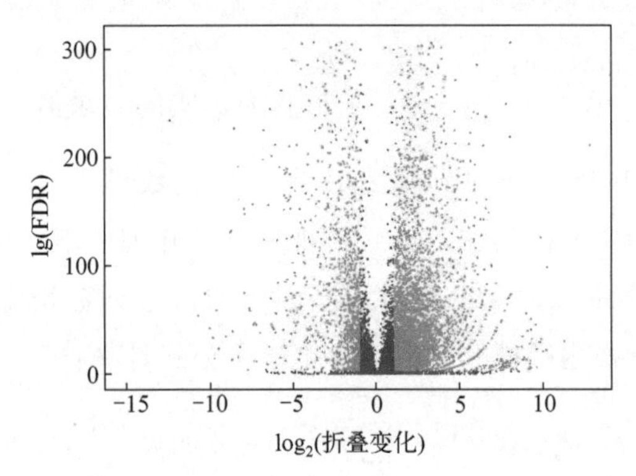

图 8-17　差异对中所有表达基因火山图

X、*Y* 坐标轴都取筛选条件值的对数形式，图中每个点代表一个差异表达基因。

黑色代表非显著基因，红色代表显著差异基因

图 8-18 所示为基因表达数据的直方图。根据表达的变化，基因被分为两类：上调和下调。整体看上去本研究中上调的基因表达水平高于下调的基因。当藻体暴露于 Irgarol 1051 最高浓度下时，不同的暴露时间其基因差异表达都存在，该图可用于清楚地分析和比较在不同时间对比下的基因差异表达变化。

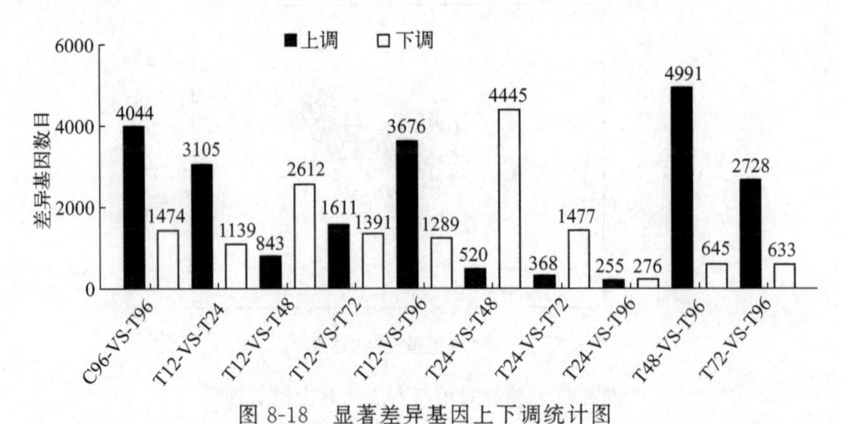

图 8-18　显著差异基因上下调统计图

横坐标表示选种实验组差异对，纵坐标表示差异基因数目

三、差异基因聚类分析

如果某些基因的表达模式是雷同的，那么很有可能这些基因的功能也具有相关性[51]。利用 Cluster 软件，以欧氏距离为矩阵计算公式，同时进行分层聚类，分析差异表达基因和差异对方案，得到的聚类结果如图 8-19 所示。只要方案中涉及的所有差异对都鉴定到此基因，且此基因在至少一个差异对中是显著差异表达，便会拿来构建此聚类图。图 8-19 中右上方的渐变图例，代表经过对数转换的差异倍数值 $\log_2$(FC)（FC 是通过比较两个或多个样本条件下某个基因或代谢物表达量的平均值来获得的）。每列代表一个差异对，每行代表一个差异基因，不同表达变化类型的差异基因用不同颜色表示，红色表示表达上调，蓝色表示表达下调。上下调程度随颜色加深而加大。

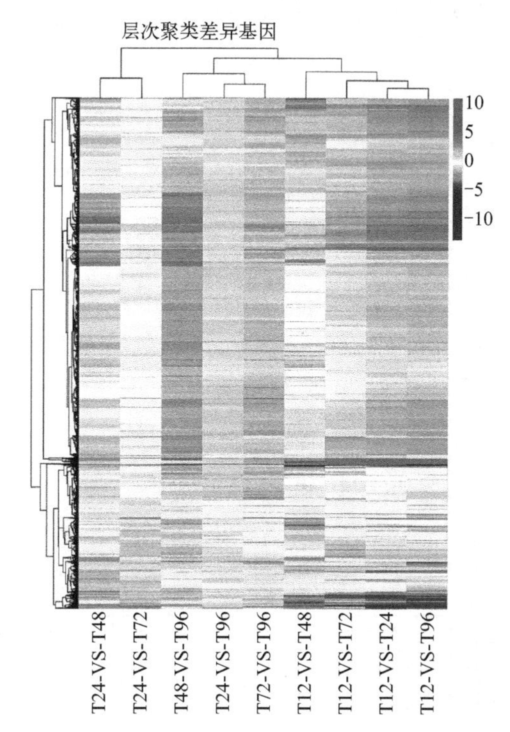

图 8-19　不同暴露时间对比的差异基因并焦聚类图

四、差异基因的 GO 功能显著性富集分析

GO（gene ontology）功能显著性富集分析给出与基因集背景相比，在差异表达基因中显著富集的 GO 功能条目，从而给出差异表达基因与哪些生物学功能

显著相关。本节对筛选出的差异基因做GO富集分析，得到每个差异基因的GO注释后，进一步用WEGO软件对差异基因做GO功能分类统计。图8-20为T96与C96差异基因的GO功能注释分类统计图。从上到下，这些过程被分为三个类别：一是生物过程，二是细胞组分，三是分子功能。每个类别下有不同的子类别，如生物过程子类别包括代谢过程、细胞通讯、信号转导等；细胞组分子类别包括细胞膜、细胞器、细胞骨架等；分子功能子类别包括酶活性、转录因子活性、受体结合等。

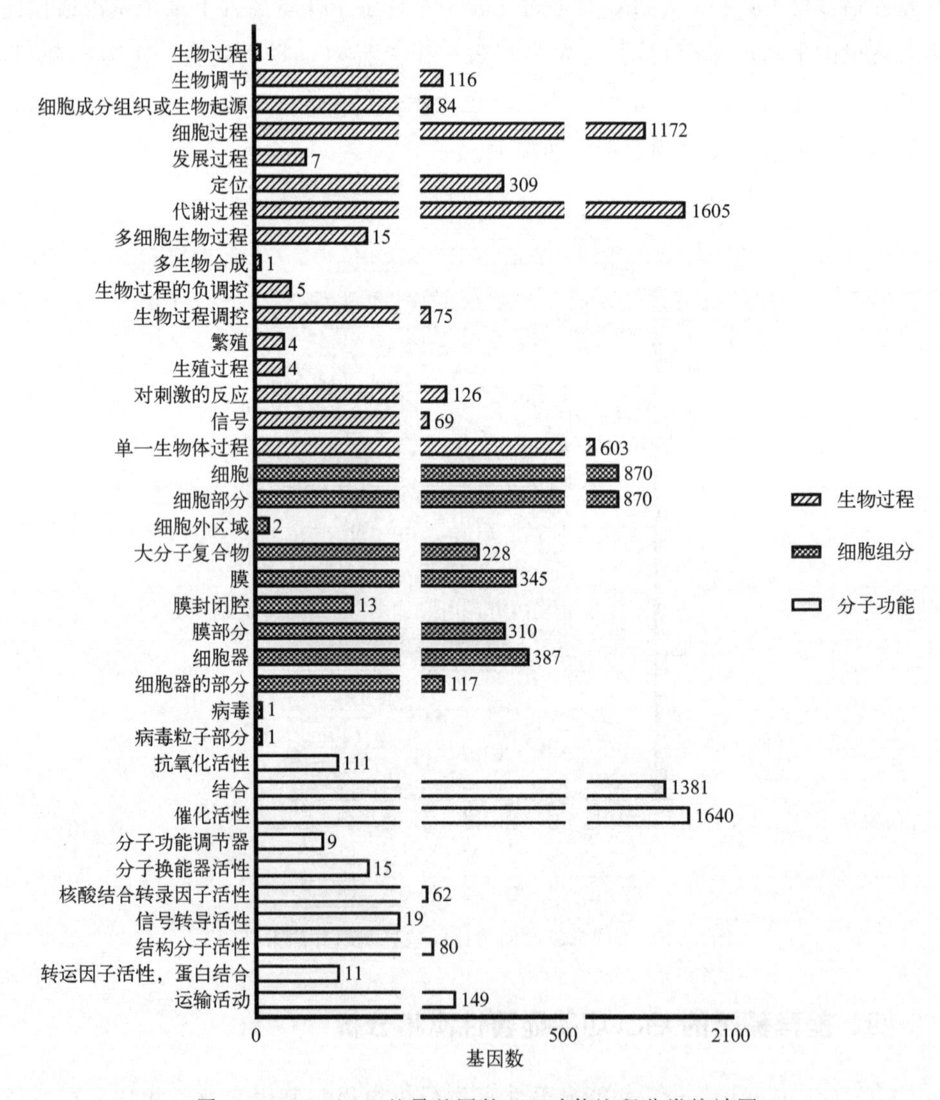

图8-20 T96/C96差异基因的GO功能注释分类统计图

图中纵坐标表示GO功能类别，横坐标为差异基因个数

五、生物代谢途径分析

Pathway 分析是对生物代谢途径的一种分析，是一种显著性差异基因的公共数据库，能够帮助了解藻细胞体内基因的生物代谢途径。KEGG 是一个差异表达基因中显著性富集的公共数据库，一般都在 KEGG 中找差异表达显著的基因[52]。图 8-21 是 T96/C96 差异基因的 KEGG 通路注释分类统计图，主要通路包括环境信息处理、遗传信息处理和新陈代谢方面的。

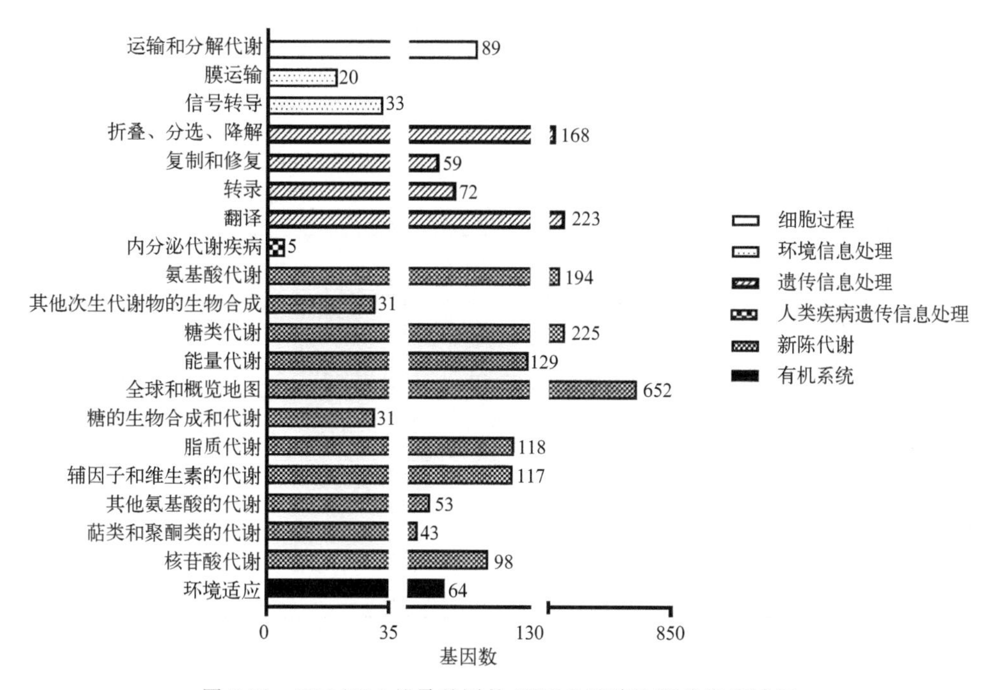

图 8-21　T96/C96 差异基因的 KEGG 通路注释分类统计图

本节主要是对相关表达有差异的基因进行筛选，主要是针对控制藻细胞分裂、生长相关的基因，给藻细胞提供能量，与光合作用相关的基因，以及当藻体受到胁迫时能应激的表达差异基因。本节发现在防污剂 Irgarol 1051 暴露前后，许多与生长、生物调控以及应激相关的基因表达发生显著变化。这些差异表达基因有表皮生长因子受体底物 15、参与染色体分裂的 ATP 结合蛋白、3 号染色体预测蛋白，它们的表达均有所下调，这与前文中提到的防污剂 Irgarol 1051 暴露有可能打破三角褐指藻细胞内稳态平衡，导致藻体生长缓慢或抑制其生长的现象一致。在 Irgarol 1051 暴露下，三角褐指藻中叶绿体的嵴或是细胞器膜结构受到破坏，导致藻细胞光合作用产生的氧气量下降。对于这一现象的解释可能是因为与光合作用中生化反应、叶绿体膜的完整性或是叶绿素生成途径都有关系。而转

录组测序结果显示，许多差异表达基因都与藻体光合作用以及叶绿素代谢有关，包括叶绿素分解代谢物还原酶、叶绿素酸酯还原酶、光合作用结合蛋白酶基因的表达都有差异。正常情况下，当藻体受到环境胁迫以后都会启动自身的防御反应以减轻环境胁迫带来的影响。本节的转录组测序结果中同样检测到了上述应激中某些基因表达的显著变化，特别筛选了能在三角褐指藻体内清除环境胁迫产生的大量累积的活性氧自由基的抗坏血酸过氧化酶、超氧化物歧化酶、长链乙醇氧化酶、钙依赖性蛋白激酶相关基因，如表 8-3 所示。

表 8-3　相关基因表达情况

基因	KEGG 中正交同源基因簇的功能分类描述	T96 VS C96
与植物生长相关基因	表皮生长因子受体底物 15(7202352)	下调
	参与染色体分裂的 ATP 结合蛋白(7195876)	下调
	3 号染色体预测蛋白(7203867)	下调
光合作用及叶绿素相关基因	红素氯化物还原酶(7195048)	上调
	磷酸三碳糖转运蛋白(7196130)	上调
	叶绿体前体(7196960)	下调
	原叶绿素酸酯还原酶(7196764)	上调
	叶绿素结合蛋白(7196067)	上调
植物抗逆反应及基因沉默相关基因	超氧化物歧化酶(7196432)	上调
	抗坏血酸过氧化酶(7202539)	上调
	长链乙醇氧化酶(7203331)	上调
	钙依赖性蛋白激酶(7199704)	上调

参考文献

[1] 邓祥元，成婕，高坤，等．防污剂 Irgarol 1051 在水环境中的生态效应．环境化学，2015，34: 1735-1740.

[2] Perina F C, de Souza Abessa D M, Pinho G L L, et al. Toxicity of antifouling biocides on planktonic and benthic neotropical species. Environmental Science and Pollution Research, 2023, 30: 61888-61903.

[3] Deng X, Gao K, Sun J. Physiological and biochemical responses of *Synechococcus* sp. PCC7942 to Irgarol 1051 and diuron. Aquatic Toxicology, 2012, 122/123: 113-119.

[4] Ali H R, Ariffin M M, Omar T F T, et al. Antifouling paint biocides (Irgarol 1051 and diuron) in the selected ports of Peninsular Malaysia: occurrence, seasonal variation, and ecological risk assessment. Environmental Science and Pollution Research, 2021, 28: 52247-52257.

[5] Abreu F E L, da Silva J N L, Castro Í B, et al. Are antifouling residues a matter of concern in the largest South American port? Journal of Hazardous Materials, 2020, 398: 122937.

[6] Thomas K V, Brooks S. The environmental fate and effects of antifouling paint biocides. Biofouling,

2010, 26: 73-88.

[7] Readman J W, Liong L W K, Grondin D, et al. Coastal waters contamination from a triazine herbicide used in antifouling paints. Environmental Science and Technology, 1993, 27: 1940-1942.

[8] Gardinali P R, Plasencia M, Mack S, et al. Occurrence of Irgarol 1051 in coastal waters from Biscayne bay, Florida, USA. Marine Pollution Bulletin, 2002, 44: 781-788.

[9] Gardinali P R, Plasencia M D, Maxey C. Occurrence and transport of Irgarol 1051 and its major metabolite in coastal water from South Florida. Marine Pollution Bulletin, 2004, 49: 1072-1083.

[10] Okamura H, Aoyama I, Ono Y, et al. Antifouling herbicides in the coastal waters of western Japan. Marine Pollution Bulletin, 2003, 47: 59-67.

[11] Basheer C, Tan K S, Lee H K. Organotin and Irgarol 1051 contamination in Singapore coastal waters. Marine Pollution Bulletin, 2002, 44: 697-703.

[12] Lambert S J, Thomas K V, Davy A J. Assessment of the risk posed by the antifouling booster biocides Irgarol 1051 and diuron to freshwater macrophytes. Chemosphere, 2006, 63: 734.

[13] Boxall A B A. Environmental risk assessment of antifouling biocides. Chimica Oggi, 2004, 22: 46-48.

[14] Okamura H, Aoyama I, Liu D, et al. Photodegradation of Irgarol 1051 in water. Journal of Environmental Science and Health, Part B-Pesticides, Food Contaminants, and Agricultural Wastes, 1999, 34: 225-238.

[15] Liu D, Pacepavicius G J, Maguire R J, et al. Mercuric chloride-catalyzed hydrolysis of the new antifouling compound Irgarol 1051. Water Research, 1999, 33: 155-163.

[16] Lam K H, Lei N Y, Tsang V W, et al. A mechanistic study on the photodegradation of Irgarol-1051 in natural seawater. Marine Pollution Bulletin, 2009, 58: 272-279.

[17] Lam K H, Lam M H W, Lam P K S, et al. Identification and characterization of a new degradation product of Irgarol-1051 in mercuric chloride-catalyzed hydrolysis reaction and in coastal waters. Marine Pollution Bulletin, 2004, 49: 361-367.

[18] Thomas K V, McHugh M, Waldock M. Antifouling paint booster biocides in UK coastal waters: inputs, occurrence and environmental fate. Science of the Total Environment, 2002, 293: 117-127.

[19] Nyström B, Becker-van Slooten K, Bérard A, et al. Toxic effects of Irgarol 1051 on phytoplankton and macrophytes in Lake Geneva. Water Research, 2002, 36: 2020-2028.

[20] Bérard A, Dorigo U, Mercier I, et al. Comparison of the ecotoxicological impact of the triazines Irgarol 1051 and atrazine on microalgal cultures and natural microalgal communities in Lake Geneva. Chemosphere, 2003, 53: 935-944.

[21] Dorigo U, Bourrain X, Bérard A, et al. Seasonal changes in the sensitivity of river microalgae to atrazine and isoproturon along a contamination gradient. Science of the Total Environment, 2004, 318: 101-114.

[22] Blanck H, Eriksson K M, Grönvall F, et al. A retrospective analysis of contamination and periphyton PICT patterns for the antifoulant Irgarol 1051, around a small marina on the Swedish west coast. Marine Pollution Bulletin, 2009, 58: 230-237.

[23] Eriksson K M, Clarke A K, Franzen L G, et al. Community-level analysis of *psbA* gene sequences and Irgarol tolerance in marine periphyton. Applied and Environmental Microbiolo-

gy, 2009, 75: 897-906.

[24] Wendt I, Arrhenius A, Backhaus T, et al. Extreme Irgarol tolerance in an *Ulva lactuca* L. population on the Swedish west coast. Marine Pollution Bulletin, 2013, 76: 360-364.

[25] Hartmann N B, Von der Kammer F, Hofmann T, et al. Algal testing of titanium dioxide nanoparticles: Testing considerations, inhibitory effects and modification of cadmium bioavailability. Toxicology, 2010, 269: 190-197.

[26] Miyake C. Molecular mechanism of oxidation of P700 and suppression of ROS production in photosystem I in response to electron-sink limitations in C3 plants. Antioxidants, 2020, 9: 230.

[27] Islam M A, Lopes I, Domingues I, et al. Behavioural, developmental and biochemical effects in zebrafish caused by ibuprofen, irgarol and terbuthylazine. Chemosphere, 2023, 344: 140373.

[28] Li F, Liang Z, Zheng X, et al. Toxicity of nano-TiO_2 on algae and the site of reactive oxygen species production. Aquatic Toxicology, 2015, 158: 1-13.

[29] Chen L, Zhou L, Liu Y, et al. Toxicological effects of nanometer titanium dioxide (nano-TiO_2) on *Chlamydomonas reinhardtii*. Ecotoxicology and Environmental Safety, 2012, 84: 155-162.

[30] 王丽艳．纳米 CuO 对小球藻的毒性效应研究．青岛：中国海洋大学，2013.

[31] Bajguz A, Piotrowska-Niczyporuk A. Interactive effect of brassinosteroids and cytokinins on growth, chlorophyll, monosaccharide and protein content in the green alga *Chlorella vulgaris* (Trebouxiophyceae). Plant Physiology and Biochemistry, 2014, 80: 176-183.

[32] Chen X, Zhu X, Li R, et al. Photosynthetic toxicity and oxidative damage induced by nano-Fe_3O_4 on in aquatic environment. Open Journal of Ecology, 2012, 2: 21-28.

[33] Fu G F, Song J, Li Y R, et al. Alterations of panicle antioxidant metabolism and carbohydrate content and pistil water potential involved in spikelet sterility in rice under water-deficit stress. Rice Science, 2010, 17: 303-310.

[34] El-Sheekh M M, Khairy H M, El-shenody R. Algal production of extra and intra-cellular polysaccharides as an adaptive response to the toxin crude extract of *Microcystis aeruginosa*. Iranian Journal of Environmental Health Sciences and Engineering, 2012, 9: 10.

[35] Mohamed Z A. Polysaccharides as a protective response against microcystin-induced oxidative stress in *Chlorella vulgaris* and *Scenedesmus quadricauda* and their possible significance in the aquatic ecosystem. Ecotoxicology, 2008, 17: 504-516.

[36] Hourmant A, Amara A, Pouline P, et al. Effect of bentazon on growth and physiological responses of marine diatom: *Chaetoceros gracilis*. Toxicology Mechanisms and Methods, 2009, 19: 109-115.

[37] Cima F, Ferrari G, Ferreira N G C, et al. Preliminary evaluation of the toxic effects of the antifouling biocide Sea-Nine 211™ in the soft coral *Sarcophyton* cf. *glaucum* (Octocorallia, Alcyonacea) based on PAM fluorometry and biomarkers. Marine Environmental Research, 2013, 83: 16-22.

[38] Li Z, Greden K, Alvarez P J J, et al. Adsorbed polymer and NOM limits adhesion and toxicity of nano scale zerovalent iron to *E. coli*. Environmental Science and Technology, 2010, 44: 3462-3467.

[39] Katsumata M, Takeuchi I. Delayed fluorescence as an indicator of the influence of the herbi-

cides Irgarol 1051 and Diuron on hard coral *Acropora digitifera*. Marine Pollution Bulletin, 2017, 124: 687-693.

[40] Sousa G T, Neto M C L, Choueri R B, et al. Photoprotection and antioxidative metabolism in *Ulva lactuca* exposed to coastal oceanic acidification scenarios in the presence of Irgarol. Aquatic Toxicology, 2021, 230: 105717.

[41] Muller R, Schreiber U, Escher B I, et al. Rapid exposure assessment of PS Ⅱ herbicides in surface water using a novel chlorophyll *a* fluorescence imaging assay. Science of the Total Environment, 2008, 401: 51-59.

[42] Ferreira V, Pavlaki M D, Martins R, et al. Effects of nanostructure antifouling biocides towards a coral species in the context of global changes. Science of the Total Environment, 2021, 799: 149324.

[43] Magnusson M, Heimann K, Negri A P. Comparative effects of herbicides on photosynthesis and growth of tropical estuarine microalgae. Marine Pollution Bulletin, 2008, 56: 1545-1552.

[44] Vats S. Herbicides: history, classification and genetic manipulation of plants for herbicide resistance. Springer International Publishing, 2015.

[45] Chen H, Zou Y, Zhang L, et al. Enantioselective toxicities of chiral ionic liquids 1-alkyl-3-methylimidazolium lactate to aquatic algae. Aquatic Toxicology, 2014, 154: 114-120.

[46] 姚海芹，梁洲瑞，刘福利，等．利用液相氧电极技术研究“海天 1 号”海带（*Saccharina japonica*）幼孢子体光合及呼吸速率．渔业科学进展，2016，37：140-147.

[47] Kim D, Langmead B, Salzberg S L. HISAT: a fast spliced aligner with low memory requirements. Nature Methods, 2015, 12: 357-360.

[48] Hansen K D, Wu Z, Irizarry R A, et al. Sequencing technology does not eliminate biological variability. Nature Biotechnology, 2011, 29: 572-573.

[49] Robinson M D, Oshlack A. A scaling normalization method for differential expression analysis of RNA-seq data. Genome Biology, 2010, 11: R25.

[50] Yin H, Casey P S, Mccall M J, et al. Effects of surface chemistry on cytotoxicity, genotoxicity, and the generation of reactive oxygen species induced by ZnO nanoparticles. Langmuir the Acs Journal of Surfaces and Colloids, 2010, 26: 15399-15408.

[51] Li M, Balch C, Montgomery J S, et al. Integrated analysis of DNA methylation and gene expression reveals specific signaling pathways associated with platinum resistance in ovarian cancer. BMC Medical Genomics, 2009, 2: 34.

[52] Kanehisa M, Araki M, Goto S, et al. KEGG for linking genomes to life and the environment. Nucleic Acids Research, 2008, 36: 480-484.